台灣科學社群40年風雲

——記錄六、七〇年代理工知識份子與《科學月刊》

■本圖為《科學月刊》創辦人在芝加哥合影，背面為《科月》第一期封面。

僅以此書，

感念所有為台灣科普奉獻的《科月》人。

因為您們的努力，

為台灣的科學啓蒙開了一扇窗；

更傳遞了最真誠的科學熱情。

同時，也以此書紀念我摯愛的女兒亦恩，

在她生前，是多麼地熱愛寫作，以及支持我寫作。

■寒冷的芝加哥，是林孝信與一群伙伴構想《科月》的基地。圖為林孝信年輕時在芝加哥。
（林孝信提供）

■林孝信（前）、劉源俊（後）兩人是台大物理系好友，相知近五十年，一直為台灣的科學教育盡心盡力。圖為兩人出國前在海邊合影。
（林孝信提供）

■前台大心理系教授楊國樞（左立者），與當時的清大教授李怡嚴通力合作，才讓《科學月刊》順利出刊。
（科學月刊提供）

■張昭鼎獨具的草莽性格，能與社會不同身分的人誠懇交往，是學界中的異數，他過世後至今仍為科學界人士懷念。圖為一九七九年張昭鼎於清大辦公室。
（出自《惜別張昭鼎》一書，科學月刊提供）

■林孝信有二十一年無法回台灣，劉源俊説他等於為好友承擔起這項任務，個人參與《科月》達四十年。圖為劉源俊任總編輯時於台北市八德路一段拍攝。
（科學月刊提供）

■台大心理系教授楊國樞的學生劉凱申（左一），早期也曾熱心參與科月，合影者為《科月》成員江建勳（中）、袁家元（右）。
（科學月刊提供）

■中國醫藥大學校長黃榮村（中），也是《科月》早期的參與者之一。
（科學月刊提供）

■筆名「辛鬱」的作家宓世森（左），一直是《科月》的重要工作者。圖右為周成功。
（科學月刊提供）

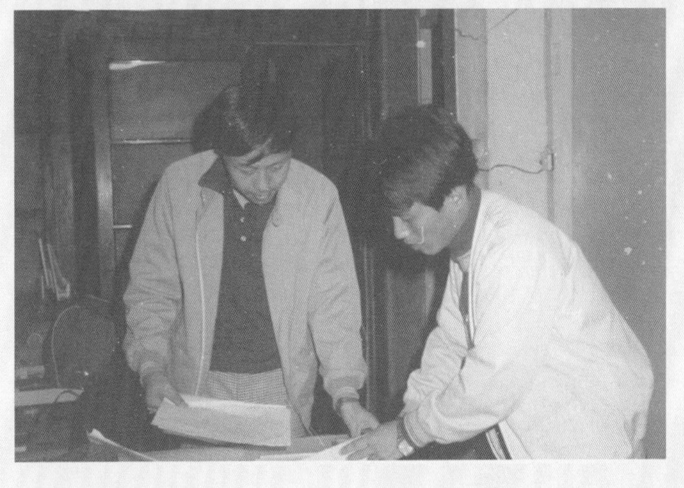

■早期科學界人士多認為參與《科月》是一件社會公益，值得投入。圖為張之傑（左）與吳惠國（右）。（科學月刊提供）

■民國六十七年間，台大數學系教授朱建正（左）便已投入《科學月刊》，周成功（左二）回國不久也加入。（科學月刊提供）

■台大流行病研究所教授金傳春（中）覺得《科月》最重要的是撒下科學的種子，也是《科月》積極參與者之一。（科學月刊提供）

■早期《科月》的參與者，都是當時年輕教授，左一是東吳大學物理系教授陳國鎮；左二是中央大學教授劉康克。（科學月刊提供）

■中研院數學所李國偉（左）長期參與《科月》，從年輕到現在，圓圓帶笑的臉龐，一直是他的特徵。　（科學月刊提供）

■年輕時的韋端，也是《科月》成員。（科學月刊提供）

■《科月》每次開會，都有一個人說話特別風趣，那個人就是劉兆玄（立者）。　（科學月刊提供）

■學土木的茅聲燾雖然非常重視《科月》，但他認為《科月》要正常發展，學理科的還是扮演較重要的角色。　（科學月刊提供）

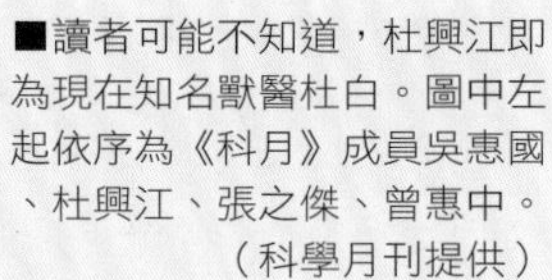

■讀者可能不知道，杜興江即為現在知名獸醫杜白。圖中左起依序為《科月》成員吳惠國、杜興江、張之傑、曾惠中。（科學月刊提供）

■謝瀛春曾任《科月》專任總編輯，她要出國讀書前，《科月》人士為她餞行。後排為韋端（左）、劉廣定（右），前坐者為謝瀛春（左）與李怡嚴（右）。 （科學月刊提供）

■已不知楊國樞教授在說什麼？（著藍衣者），只見現場人士聽得專心。依序為姜善鑫（左一）、扶著眼鏡笑的周成功（左二）。中間者為馬志欽。

（科學月刊提供）

■張昭鼎（左）代表贈紀念牌予林孝信（右），感謝他對《科學月刊》的貢獻。

（科學月刊提供）

■《科月》二十周年慶時，張昭鼎（前坐者）邀李遠哲演講。張昭鼎介紹時對來賓說，科學的重要性不用說大家都明白，但他當天邀李遠哲演講的題目卻是「科學的重要性」。這件事還被李遠哲當場拿來開玩笑。

（科學月刊提供）

■一九八九年十二月二十二日《科學月刊》創刊二十周年紀念餐會。（科學月刊提供）

■《科月》三十年時工作同仁合影，沒想到又過了另一個十年。（羅時成提供）。

■《科學月刊》於二〇〇九年九月十九日慶祝第零期創刊四十年紀念，創刊過程依然歷歷在目，卻已是四十年前的往事了。　（劉俊源提供）。

七七級畢結業生致贈
科學月刊
《科學月刊》第零期
出版四十周年
慶祝茶會

台灣科學社群40年風雲

——記錄六、七〇年代理工知識份子與《科學月刊》

目　次：

前言：風起雲湧

■回憶年輕時期，總有欲上青天攬明月的宏願，就算不能真正實現，但至少努力過了。

照片中人為曹亮吉（前排右二）、魏弘毅（前排左二）、陳達（後排左一）、鄧維楨（後排左二）、劉容生（後排中）、林孝信（後排右二），其他人林孝信已記不得了。　（林孝信提供）

四十年前，一個尚在冷戰對立、物質相對匱乏的年代，一群心繫科學救國的海外留學生，在愛國愛鄉情懷的驅使下，決定辦一本介紹科學新知的刊物，以啟迪台灣新一代對科學有興趣的學子，《科學月刊》因此誕生！

然而，誰能想到，這本當年印刷平庸、外表毫不起眼的刊物，竟然一直持續發行，一路存活了四十年。

四十年不是短暫的歲月，冷戰早已逝去，匱乏年代更已只在記憶裡，當年那群年少輕狂的知識份子，如今大多已屆耳順之年；而當年閱讀《科月》受啟發的青少年，也都已成學院或科技界的中堅。面對過去這四十年，曾經創立《科月》、參與《科月》、乃至由《科月》伴著成長的幾個世代中，曾經發生許多令人悸動的故事。這些往事，不但是個人人生的回憶，也是台灣科學發展史的重要內容。

今天，《科學月刊》只是台灣眾多的科學刊物之一，不足為奇。然而，《科月》能夠擁有四十年的發展歷史，在台灣卻是一件少有的事。在台灣近代史的書寫中，歷史的視角經常是聚焦在民主化的歷程。早期戒嚴體制對台灣的民主化形成嚴重的牽制，民間社會力受到嚴厲的控制。不論是一九五〇年代的《自由中國》、或是六〇年代的《文星》，這些提出新價值與反傳統思想的媒體刊物，到最後都遭受打壓與停刊的命運。政治高壓與白色恐怖讓民間噤聲，民主化在當時，是一條走不通的路。

相較之下，《科月》一場四十年的歷史騷動，因為受到的政治干擾較少，卻意外帶給幾個世代年輕人意想不到的科學驚奇。特別值得指出的是，帶動這段驚奇的，則是文史哲政以外、一群以自然科學為主的理工科知識份子。

《科月》誕生於台灣物質條件極差的一九七〇年代（民國五十九年），許多熱愛台灣的科學理工科知識份子，以興奮、熱切、同時富有高度使命感的心情，悄悄在台灣撒下科普的幼苗，若從科普的發展源頭找起，外人很容易在台灣的科學史中，找到《科月》獨特的位置。《科月》所引起的騷動，或許不如政治運動那般壯烈，也不像政治民主化可以數人頭來壯聲勢，但是，它卻默默在科學意念間，對特定年輕人產生啟蒙的作用。

基於科學播種的信念，讓《科學月刊》持續了四十年。這段心路歷程，一直是理工科知識份子心中最內斂的情感。只是，這些學理工的科學家，他們不擅於感性抒情，也忘記停下腳步來敘說往事。因而，《科月》四十年豐富的故事，從未完整記錄。值此《科月》四十不惑的生日之時，才使得這些科學家想起年輕時的科學豪情，憶及曾有的科學夢，或是反省並非全無缺點的科學實踐。

冷戰世紀 科學的召喚

只要一談起科學，華人幾乎是完全地臣服與嚮往，這段歷史情愫，要從清末一連串的戰敗經驗說起。代表船堅炮利、富國強兵的科學，幾乎毫無爭議地成為全中國努力的目標，在華人的潛意識中，多數人存在科學可以救國的信念。以致「科學」是成功、進步、與現代的一種象徵，受到國人一致地推崇。這使得《科學月刊》在推動時，比民主運動多了一份安全感。

而在重新還原《科月》這段歷史時，出現了幾個值得討論的社會背景。首先，冷戰世紀的科學競賽與華人在科學界逐漸嶄露頭角，在當年對台灣的年輕學子形成深遠有力的科學召喚。從一九五七年的美蘇太空競賽起，同一年中國裔學者楊振寧、李政道獲得諾貝爾物理獎，都在台灣形成科學熱潮，吸引更多優秀的年輕學子進入理學院，並且出現以台大物理系為第一志願的狂熱現象。理學院的特質與工學院不同，其間隱含對科學純粹知識的渴望與追求，功利色彩較為淡薄，以致台灣的科學啟蒙運動，是先以理學院為主，後續再加入工學院、醫學院等其他領域的知識份子，相繼成為這場科學運動的主體。

同時，這群理工科知識份子，在當年美蘇較勁的歷史背景下，很容易就獲得赴美就學的獎學金，形成了台灣理工學子大量到美國留學的風潮，而有「來來來，來台大；去去去，去美國」的說法。他們到了美國後，內心受到極大的衝擊。這些理工留學生充分感受美國的現代化與科學的進步，相較下台灣還是遠遠落後的發展中國家；有不少留學生因此心向美國，學成後都不願回台灣；但也有些留學生心繫台灣，更因此加深他們投入科學教育的心情，並驅動他們為台灣創辦了《科學月刊》——一本民間自主的科學刊物。

這些留學生在六、七〇年代台灣物質條件匱乏之時，藉著《科學月刊》的平台，讓無數的台灣年輕學子有機會感受到科學世界的遼闊。《科月》的創辦者不但是無償地付出奉獻，更基於科普的普世價值，提供台灣讀者低於成本的訂閱價錢，這些理念都是《科月》創辦的初衷，與今日部分文化工作者只追求金錢市場的價值全然不同。

而在此同時，美國也反映了與台灣完全不同的政治環境。美國當時正值反越戰的學生運動高潮，其他有關性別、種族等自由主義運動亦正熱烈展開。美國的開放環境與台灣當時的戒嚴封閉形成強烈對比，台獨思想在美國不是禁忌；而努力躋身國際舞台的中國政府，也開始針對台灣留學生進行祖國的溫情召喚；各種不同立場的政治理念在自由開放的美國社會公開辯論著，這些主、客觀因素均使得美國的台灣理工留學生彼此間也有了政治理念的隔閡與間隙。

以致，這群台灣留學生一方面致力於台灣的科學教育運動，但隨著當時的釣魚台事件，對台灣政治的不滿情緒也跟著宣洩出來，因而出現台灣理工科學學生政治左傾現象。其結果不但震撼了台灣，對許多個人也造成一生的極大影響，至今仍是爭論不休的歷史事件。

回想這一群在六、七〇年代長成的理工知識份子，多半是在民國三十幾年出生，他們若不是生長於國共內戰的中國，便是在日本殖民時期結束後的台灣本地長成。但即使出生地不同，卻都是在台灣經濟條件最困頓的環境中長成。與文史人士相當不同的是，這群理工科知識份子同樣在戒嚴政治控制中成長，卻因為在科學中安身立命，純粹的科學本身就足以令他們著迷，那種沈浸在科學知識的享受與快樂，成為這群理工科知識份子樂於推動科學啟蒙的動力，進而在台灣進行了一場前所未見、「安全性」也較高的科學運動。

這場運動在台灣引發了不小的科學騷動。這股騷動一方面形之於個人層次，另一方面更帶動了四十年台灣社會的科學脈動。而這些推動科普運動的自然科學家，也呈現了濃烈的人文關懷，在他們心中並無衝突的兩種文化，無疑是最值得探索的心靈活動。對這群理工背景的人來說，台灣最主要的課題不僅僅是民主，還有科學。他們以理性、客觀的態度來反抗教條、迷信，這些信念，到今日還值得人們繼續努力。

換言之，起源於這群自然科學家心靈、而後開展的科學啟蒙面貌，是《科學月刊》可以提供的觀察線索，《科學月刊》補足了「科學社群」這個認識論的缺口。正如同中研院數學所研究員李國偉意指的，「科技」的次文化至少要包含兩個向度：一是「科技知識」所架構的世界，二是「科技人員」所集結的社群。李國偉說，知識世界的探討，著重在理性、邏輯、方法、真理、演化等問題。而科技社群的描寫，需要借重政治、經濟、社會的概念，進行權力網絡的動態分析[1]。

就李國偉提到的第二個面相，從政治、經濟、社會等概念出發，針對台灣的科學社群進行動態分析，便是本書嘗試書寫的初衷。雖說科學知識的探索是由理性與客觀的心靈出發，但當近距離檢視理工科成員組成的科學社群時，自是包含政治、經濟、社會等時代背景，並無可避免有著個人的情感與主觀的想像。這些自然科學家從科學的理想出發，以台灣這塊土地做為實踐的場域，並且開始思考科學與台灣本土文化的關係。如今回頭書寫這段歷史，毫無疑問，必然充滿古早台灣味。

註：1 李國偉，一九九二年十月，〈科技需要倫理來復明嗎？〉，《科學月刊》，頁：七二四—七二五。

台灣科學史的記錄者

在這樣的歷史氛圍下，發跡於四十年前的《科學月刊》及其參與者，提供了一個歷史的縮影，足以讓後來的人理解當時的時空背景，這也成為本書開展的主要架構。《科月》創立於台灣物質生活困頓、民主條件不足的時代。在這樣一個「缺陷」的時代中，卻有為數極多的科學家知識份子，不計酬勞代價，個個以志工身分投入《科月》的工作中，親身參與科普工作，這些熱情在同世代的科學家中傳染，他們點燃年輕人對科學的熱情，也展現自己對台灣的熱愛。

《科學月刊》記錄自己的成長，也記錄台灣科學的發展進程。重新回顧其中的點點滴滴，《科學月刊》無形中成為台灣科學歷史的忠實記錄者。因而，本書正是想透過《科學月刊》的檔案紀錄，以及《科學月刊》參與者的口述歷史，為台灣理工學者為科學撒種與發芽的歷程重新拼圖，並還原台灣社會與科學結緣的那個年代。

循著走過的足跡，不禁讓人反省，《科月》存在的意涵，其實並非只是科學知識的單一面相而已。《科學月刊》以一本雜誌的型態，透露了科普、科學社群、科學本土化、科學與政治等多重意涵。本書一章章娓娓道來，提供讀者認識台灣另一種參考面相。

本書不但記錄了《科學月刊》參與者的心路歷程，也寫下了台灣幾近失傳的民間科學史。《科月》從創立者林孝信的起心動念開始，逐漸串起包括劉源俊、李怡嚴、張昭鼎、曹亮吉、周成功、劉廣定、李國偉、林和……無數理工科學家奉獻科學教育的熱忱。

本書試圖重現當時林孝信風塵僕僕地奔走美國各大校園的情景，他的苦行僧身影，為《科月》留下強烈的影像記憶。而不同於林孝信的情感外放，劉源俊以其嚴謹的人生態度，幾乎是陪伴《科月》走過四十年。還有律已甚嚴的李怡嚴，為了《科月》，竟然把自己的存摺整個奉獻出來，他對《科月》的投入熱情，讓當時共事的盧志遠，至今還把這些事掛在嘴邊，念念不忘。

這麼多年來，這些理工科知識份子像是欠缺宣傳般地，第一次在本書中展現出他們動人的人生故事。因而像是以「阿草」為筆名的曹亮吉，不但為《科月》開創科普的可能性，科普更成為他一生努力的目標，目前已是台灣著作等身的數學科普作家，展現了台灣阿草的原汁原味。還有周成功，無意間竟發展出免費報形態的《科技報導》刊物，他自己找廣告商、找訂閱者、還充當記者採訪，不但解決了最棘手的財務問題，難能可貴地延續了《科學月刊》的命脈，更使得《科技報導》成為科學社群集體發聲的管道，發揮了前所未見的科學監督力量。

另外，還有在台灣致力催生科學文化的林和、牟中原、李國偉，以及桀驁不馴的王道還，他們的心情與故事，均在本書各個章節中登場。另外還有太多無法一一提及的科學家，他們總是默默地付出，從未到處嚷嚷他們的理念與曾做的事。但是這些人共通的理工醫科背景，以及他們對科學的情感，均在《科月》四十年的歷史頓點中，形成了群聚的力量，值得當代的台灣民眾駐足聆聽。

或許，由《科學月刊》所引發的騷動，在台灣今日議題總是尋求辛辣、衝突的輿論圈而言，實在不夠引人注目。但是，當進入台灣的科學歷史脈絡，去尋找知識發展的軌跡時，會發現《科月》已經建立四十年的歷史生命，實是台灣珍貴的資產。而在民國六、七〇年代，這群理工科知識份子主導的科學思惟與行動，更已在歷史上留下清晰的身影。《科學月刊》成為台灣的自然科學者們共同參與的平台，幾乎可視為是台灣第一個隱然成形的科學社群。循著這條看得見的清楚軸線，可以重新閱覽科學社群的心路歷程，也可以理解科普在台灣播種的心態。

因而，本書認為，《科學月刊》不僅僅是一本雜誌而已。《科學月刊》記錄了科學價值在台灣發展的歷程；而《科學月刊》的參與者，基於他們堅信的科學理念，具體實現了科學教育啟蒙的理想。

但其中也有一些遺憾。來自台灣理工界的這場科學盛宴，雖曾經上演一場迷人的科學沙龍，也曾經形成凝聚的科學知識力量，對於台灣的科技政策提出諍言與建議。只是，到目前為止，這個科學社群的力量仍然無法形成更具結構性的影響力，這個未竟之事，將是台灣科學界眼前最大的試煉。

最終來看，藉著《科學月刊》四十年故事的集成，將可為台灣的科普發展、科學社群，刻畫出清晰的面貌。本書願讀者能藉著書中所提示的科學腳步來認識台灣；而在明白這段歷程後，也能充分理解這一群為台灣努力的自然科學家不為人知的心情故事。四十年來，他們總是靜悄悄的；在四十年過後，願心領神會的讀者，能夠不吝給予熱烈的掌聲。

1 我們都讀物理系

■林孝信。

■胡卜凱。

■劉容生。

■顏晃徹。

■劉源俊。

■由於受到楊振寧、李政道獲得諾貝爾物理獎的感召，當時台灣的年輕學子，許多人都是以就讀物理系為志向。右下一是基隆中學畢業的劉源俊，其餘的林孝信、胡卜凱、劉容生與顏晃徹都是從建中畢業，他們後來都成了台大物理系的同班同學。

（本照片翻攝自建國中學民國五十學年度畢業紀念冊，與劉源俊提供）

一九五七年，蘇聯成功發射人造衛星，華裔物理學家楊振寧與李政道獲得諾貝爾物理獎。這些事件在當代年輕人看來或許早已是過往的歷史，但他們可能不知道，這些當年的歷史事件，曾經驅動著一個世代的有為青年，選擇就讀物理系。

一九六二年，包括曾任東吳大學校長的劉源俊、前清華大學物理系教授顏晃徹、清華大學光電所教授劉容生、致力推廣科學教育的林孝信等人，當時都才剛從高中畢業，他們有的是第一名保送、有的是轉系，最後都到了台大物理系。

當年同時也是一個冷戰與反共旗幟高漲的年代，即使世界如此晦暗不明，科學卻依然打動了年輕人的心。

那一年劉源俊初二，學物理的心願，在當時就已經確定了。

火車緩緩地從基隆開到台北，當時的火車還是柴油車，從基隆到台北要五十分鐘，劉源俊下了火車，還要再搭三十分鐘的公車，才能到台大理學院物理系報到。台北對他來說是個陌生的地方，他是基隆中學第一名畢業，以第一志願保送台灣大學物理系，但是他的父親對他學物理卻非常不以為然。

劉源俊在昆明出生，兩歲半來台灣，他的父親在民國三十七年來到台灣，在造船公司擔任工程師，當時大陸還沒有淪陷。劉源俊的父親畢業於交通大學理工學院機械系，一生相信「工業報國」。他告訴兒子：「交大的科學學院（理學院），我們都看不起，都是成績差的人去唸的。」在學工的父親眼中，學理科是沒有用的。

楊振寧、李政道的震撼

但是劉源俊心裡想的卻是更大的遠景，這些想法讓他的心跳加速。民國四十六年十月，那一個月裡，就讓他狠狠地興奮了兩次。十月二日時，蘇聯發射人造衛星。十月底，又傳出李政道、楊振寧獲得諾貝爾物理獎的訊息。李政道、楊振寧兩人雖然均已入籍美國，但他們在大陸接受中國式教育，身上流著中國人的血液，劉源俊感覺是與自己血源親近的人得了國際大獎，這對他產生了極大的鼓舞作用。他因此確定自己將來要唸物理系，這是他的第一志願。

與台大相距不遠的建國中學，一群高三生即將畢業。應屆的顏晃徹，以建中第一名成績保送台大物理系，同學議論紛紛，他的成績大可進入眾人欽羨的台大醫學系。顏晃徹從初中到高中都是在建中就讀，建中的同學都說，「幾年來，建中學生沒有人成績比得過顏晃徹。」顏晃徹成為建中的傳奇人物，他的成績幾乎都是滿分，但同學卻經常在足球場看到顏晃徹踢足球，好像都沒在讀書的樣子。

這種優秀的同學讓從宜蘭鄉下到台北讀書的林孝信，看了心裡直冒汗。建中有顏晃徹這樣的同學，其他優秀的人也很多，讀書非拼不可。林孝信說他是一天到晚都在讀書，坐公車時，都是一隻手抓著吊環，另一隻手拿著書讀；同學間都有強烈的競爭感，好像一分鐘都不敢浪費；下課時間除了上洗手間外，其他時間幾乎都在讀書。林孝信無法形容，他從宜蘭鄉下到台北讀高中的心情有多緊張。他的父親在電力公司上班，家裡有七個兄弟姐妹，沒有祖產，只靠爸爸一個人的薪水過活，家境非常窘困。林孝信還記得他小時候，很少有機會吃水果，如果買一個橘子來，媽媽會先撥開，幾個兄弟姐妹每個人只能分吃其中一兩瓣。

當時林孝信功課不錯，全家都鼓勵他到台北讀書，他順利考上建國中學。建中集結了本省、外省等年輕精英，除了顏晃徹外，他注意到另一個風雲人物劉容生。

劉容生和顏晃徹是同一屆建中最知名的兩號人物。不同於顏晃徹總是第一名的課業表現，劉容生是個外向型人物。他經常代表學校參加演講比賽、作文比賽。他的口才很好，上台能講，下台能寫，高二的時候就是《建中青年》總編輯，高三時還主編畢業紀念冊，一直是社團活躍的領袖型人物。劉容生的功課還不錯，但不算是頂尖，在高三畢業時是保送台大電機系。

林孝信和劉容生的交情不錯，兩人還一起編他們那一屆的畢業紀念冊，最後兩人為了紀念冊究竟應該由右向左翻、還是由左向右翻爭執不下，兩人一度鬧翻。高三要畢業時，林孝信得知他自己是保送台大化學系。

胡卜凱也是林孝信、劉容生在建中的同班同學，他的父親胡秋原是早期台灣政界的知名人物，曾任立委，在台灣主張復興中華文化，並且創辦《中華雜誌》。胡秋原學的是歷史，胡卜凱自小受到家中氣氛影響，對文史哲也發生極濃的興趣，經過文史薰陶後，胡卜凱心中充滿了經世濟民的思想，對政治也有一定的興趣，心中篤定書生報國的志願。

但臨上大學前，父親胡秋原卻告訴他：「學理工可以找到一份能吃飯的工作，不需要看人家臉色，最好是學理工。」個性並不叛逆的胡卜凱聽從父親的話，選了甲組，最後考上台大地質系。

因為楊振寧、李政道得了諾貝爾物理獎，年輕學生個個都有衝動要念物理系。於是，這些學生從大一要升上大二時，劉容生從電機系轉到物理系；林孝信從化學系轉到物理系；胡卜凱也從地質系轉到物理系。並在大二時，三人與劉源俊、顏晃徹成了物理系同班同學。

以台灣當時的經濟情況來看，一般人普遍相信學理工的人出路較好。胡卜凱說，他們建中那一屆共有十班，有一班是乙組，讀的是文法科；有一班是丙組農科醫科；其餘都是理工科甲組，共有八班，可見讀甲組是當時的時代趨勢。甲組可以選電機系或是物理系做第一志願，因為楊振寧、李政道得諾貝爾物理獎，所以學生們更想學物理。胡卜凱說：「大家都躍躍欲試，心裡想的是光宗耀祖，所以我們就讀大學那幾年，物理系就取代了電機系，成為第一志願。」

楊振寧、李政道對年輕人的衝擊實在太大，年輕人為了追求理想，都以台大物理系為第一志願，但是物理系卻是在民國三十四年光復後才創立。為何台大先有數學、化學、土木、建築、醫學等科系，卻直到光復後才有物理系？有的意見認為，日據時代，日本政府的殖民政策是「農業台灣」，台灣只能發展農業，才不會影響日本的國防，在這種考量下，物理系自然不被允許[1]。以致當時台灣學生在日據時代無人就讀物理系，亦無人到日本留學讀物理。

在台灣光復以前，台灣本地沒有人在大學讀物理，台大前身台北帝大當時只有「物理學講座」，只是屬於化學系的一個研究室，原本物理學講座有一座Cockcroft-Walton加速器和Hilger分光儀，但日本人由於戰爭的需要，研究人員被迫進行與戰爭有關的研究，以致講座中的重要儀器因乏人照管失修，加速器只存殘骸，分光儀則殘缺不全。直到從大陸留學日本學物理的戴運軌教授接收台大後，正式成立物理系，這才開啟台灣人學物理的紀錄[2]。

台大物理系草創

負責接收台大的戴運軌曾經留學日本學習物理，他在台灣光復後最艱困的時期，草創了台大物理系。緊接著國民政府從大陸撤退，當年台灣的物理博士只有三人，大學師資非常缺乏。台大物理系在創系之初物質條件極差，得靠校方撥出的二十萬元台幣訂購普通物理實驗室的儀器。當時物理系因為外匯短缺，因而除精密儀器外，多是在台灣設法仿造。民國四十六年到四十九年間，清華大學復校時，第一年還借物理系上課。當時政府積極提倡原子能研究，清大也成立原子科學研究所，這個時候，吳大猷決定來台灣，並在台大物理系與清大同時任教，講授高等力學、量子力學等課，雖然有很多學生搶著來聽講，可惜吳大猷停留的時間並不長[3]。

註：1 此一看法見民國八十（一九九一）年，林和所編的《科技與本土》一書，有關陳卓的發言，頁：四三—四四。

2 這方面資料見台大物理系《時空》雜誌第五期，民國五十六（一九六七）年，頁：一。

3 同右，頁：二。

■台大物理系光復初期系館。（台大物理系提供）

■台大物理系成立初期即有原子核實驗室，做出許多領先的研究。（台大物理系提供）

台大物理系理論物理的課就由克洛爾（Walfgang Kroll）教授負責教授。克洛爾不是猶太人，但是卻因為正義感批評納粹，而被迫流亡。在一九七〇以前，他是全台灣唯一擁有博士學位的理論物理專任教授。克洛爾一直不會講台灣話或國語，他唯一的「親人」是許雲基教授等會講日語的物理系同事。當時台大物理系學生許仲平曾說，上他的理論課，表面上看起來極其單調無味，只要上過一次課就可以體會出來，永遠千篇一律的形式。他說：

他一進教室來，第一件事就是把皮包放在大講桌上，打開來拿出筆記簿，一翻開來就是上次講到的地方，然後把裡面的推理公式抄滿整塊大黑板，從左上角開始一直到右下角，一邊寫一邊念著或解釋著。學生就拼命地抄，有時還怕看錯或抄錯符號，就問問左右同學那個符號是什麼，因此哪有多少時間聽他解釋，只好回家再仔細看、慢慢消化吧！他一步步引學生進入物理奧妙的殿堂，授課內容本身沒什麼好挑剔的，講的都是原原本本的「正宗貨色」。例如說，他依照愛因斯坦原本的思考方式，以運作觀點來推導羅侖茲變換式（Lorentz transformation）。（目前教科書都採用比較簡潔了當的方法。）

克洛爾每抄完一段、碰到需要說明時，就轉過身來面向學生，「一副倦容」掛在臉上，深深嘆一大口氣，接著才說一個日語單詞「內——」。長長瘦瘦的雙臂，伸直直地放在黑色的講台長桌上，撐著他的上身，然後瞄學生一眼，低下頭去看他的筆記，繼續念下去。他的樣子，給人有點怪異的感覺：像長腳蜘蛛。極少學生能用英語問他問題或與他討論，所以一下課他就走了。即使有人問，他都只以一言半語來回答。因此學生要靠自己的努力去尋求進一步的理解，這對學生來說，到頭來確實有點像「塞翁失馬，焉知非福」[4]！

註：4 許仲平，一九九三年十一月，〈嗨，克洛爾教授〉，《科學月刊》，頁：八二九—八三二。

克洛爾教授獨立培養台大物理理論的水準，學生一方面懷念他，但劉源俊也說，上克洛爾教授的課非常痛苦，因為他講的是德國英文，寫的字看得很累。「我們這一屆，台大物理系的師資，剛好最差的。」劉源俊又說，有些教學較好的教授剛好都不在台灣。如教授大一普通物理的教授到香港去了；受學生歡迎的方聲恆老師在劉源俊這一屆時剛好出國研究，後來有一名較受學生歡迎的鄭伯昆老師，但劉源俊當時也沒能遇到。「我們的感覺是上課時根本沒有人在教，學生就得自己讀書。」劉源俊接著又說：「當時到處都是翻版書，翻版書較便宜，所以大學生都在讀翻版書。翻版書的大宗主要就是物理，因為那時候的氣氛就是全世界的人都在讀物理，另外一個大宗科學就是數學。」

當時大學裡的學生經常感覺學校師資不夠好，這點研究科學史的張之傑有一些心得。他指出，早期大學文科與理科的師資有極大差異。來台灣的文科大學老師素質較好，這是因為文科的人對時代的變遷、政治的變動較敏銳，看得出共產黨執政後的問題，所以都到台灣來了；反觀理科的人想法就較單純，往往覺得好不容易建立了基礎，丟掉很可惜。甚至會覺得，中國就這麼一點人，我們走了以後中國怎麼辦？所以反而有很多優秀的理科老師都留在大陸。

早期台灣的大學老師幾乎都是從大陸過來，第一批師資不錯，但接收完就回去了。接著再來的老師素質卻極差，多是大陸上各大學淘汰的，基本上好的老師不多。這些被認為狀況差的老師中，有的本來就差，也有的本來不差，只是因為國破家亡，非常灰心喪志，所以上課時就是拿大陸的老講義來應付台灣學生。

張之傑歸納說，早期大學理科的師資很差，上焉者還能夠看懂英文教科書，然後講出來給學生聽；下焉者則是看不懂、講不出來，所以只能把他在大陸當學生時候的講義拿出來講一講。而且，老師不管認真或不認真，觀念大部分都是老舊的。

因為師資極不理想，在劉源俊等人大一過暑假時，台大物理系同班同學倪維斗就組織讀書會，約十來個同學一起來讀書，大家輪流講解。因為師資實在太差，劉源俊記得學生開會，討論要不要罷課。後來認為罷課也解決不了問題，於是跟老師商量，全部由學生上台講。到大二時的主要三門課，如電磁學的課都是同學自己上台上課。「老師自己根本不懂，有的甚至不是學物理出身的。」劉源俊說。

留學生為什麼不回來？

林孝信的感受和劉源俊很相似。他覺得很奇怪，在他進台大物理系前，已經有很多學長出國讀書，但是為何這些人到了國外學到先進知識後，卻失去聯絡，都沒有人回來台灣任教？根據台大物理系的統計，光復二十年來，台大物理系的畢業生總數共四一〇人，其中出國的有三五〇人，留在台灣的僅四十人，二〇人則是回到僑居地。初估當時得到博士學位的約有八十五人，但是出國者多半不願回國服務[5]。

台大物理系學長在國外學成、卻不願回台灣的現象，讓林孝信感覺到是問題的關鍵所在。於是在他大二升大三的時候，就推動成立學生的「台大物理學會」，當時林孝信的主要著眼點是要聯繫眾多在美國不回來的留學生，「因為我們的師資很差，所以我們強烈感覺到，這些學科學的人到哪裡去了？為甚麼不回來服務？」林孝信非常熱心地提議海外留學生有加強聯繫的必要，因此他召集大家一同商議編輯系刊的必要性，他的提議很快獲得所有同學的支持[6]。

林孝信還想得到師長的支持，當時吳大猷就在台灣任教，林孝信想去請教吳大猷的意見，一些同

註：[5] 見台大物理系《時空》雜誌第四期，民國五十五（一九六六）年十二月十日，頁：一。

[6] 見台大物理系《時空》雜誌第一期，民國五十四（一九六五）年一月十日，頁：一。

學像是顏晃徹、劉容生、歐陽博、周同培等，聽說可以跟吳大猷見面，都一起跟了去[7]。

林孝信一行在早上七時四十五分時，在皇后大旅社門口集合，準八點就和吳大猷在旅舍的會客室見面。見了這位當代非常重要的物理大師，林孝信首先開口說話：「我們創系刊的目的，是希望能和先進學長取得聯繫，以直接獲取寶貴的教誨。」吳大猷聽完後表示讚許，他鼓勵這群和他一樣學物理的年輕學子，讀書是個人一定要下的苦工夫，除此之外，大家可以多聯繫，一方面增進社交情誼，一方面交換讀書心得報告。

身材高大的劉容生接著問吳大猷「中國留學生在外國物理系的情形」。吳大猷回答，由於他一直在加拿大，直到前一年秋天才去美國。他自己都是住在單身宿舍中，他覺得中國的研究生都很用功，除了吃飯睡覺外，大部分時間都在讀書。

聽到這裡，林孝信忍不住地問吳大猷：「我們出國的留學生很多，可是回來的很少，最大原因是什麼？」

林孝信個兒高高瘦瘦、經常理個光頭，大家都叫他「和尚」。他心裡一直非常詫異，為什麼物理系優秀的學長卻不回台灣？吳大猷看著這個充滿疑惑的年輕人，這樣告訴他：「原因很多，例如待遇太少，設備不足；但這些原因都不算太嚴重，只要每年有少許人回國，造成風氣，慢慢培養，改良環境，問題就可以漸漸解決。去年，我曾寫過七十六封信給著名學人，要求他們回來，其中有一半寫了回信，表示有興趣，因為國家總是自己的。但是，真正能回來的，都只限於短期。關於這個問題，我們不能強迫每個人回來，只有改變此地風氣，讓人們願意自動回來。這個情形，自己出國後就會了解；最先，可能立定志向一定要回來，可是，唸多了之後，可能發現自己有困難，尤其是成家之後，更覺力不經心了。」

歐陽博聽完吳大猷的說明，直接衝口就問：「照這樣看來，是否是因為大家不肯犧牲的關係？」

吳大猷聞言後說：「話也不能這樣說，犧牲要有價值才行；問題的癥結是，單單一個人回來，可以說是毫無用處，就算教書，也是能力有限的。所以，這是很複雜的問題。」吳大猷只能這樣告訴這一群還在就學的同學。

吳大猷當時回答這群物理系學生的談話，如今仍完整地刊登在台大物理系系刊《時空》第一期中，台大物理系推舉出來《時空》第一任社長就是劉源俊。當時台大物理系學生決定向學校申請成立學生社團「台大物理學會」，後來更名為「時空社」，並創立《時空》系刊，但是台大校方認為「時空社」範圍不固定，不如「台大物理系」來得名正言順，於是要求沿用舊名，但刊物名稱不變。

劉源俊說，《時空》雜誌是林孝信所創，但是由他接下來做。林孝信是開創型的人物，劉源俊則是守成穩重型，兩人的個性截然不同。後來《科學月刊》的發展，兩人也幾乎是扮演相同的角色。

《時空》系刊以聯繫海外校友為刊物主要目的，也很努力與畢業系友展開聯繫。隔了五個月第二次出刊時，就刊出了幾個聯繫上的系友來信。當時在美國阿拉斯加大學地球物理所就讀的趙寄昆就來信說到，在美國讀研究所有機會投入研究工作，有幾個在太空物理、地球物理相當有成就的科學家，都在他們所上；而且，所上的教授與研究生關係很像同事，可以無顧慮的討論問題，所上還有相當完備的圖書館。他又說：「每個研究生在所中皆有一精緻的辦公桌，對於讀書及研究方便不少，所有的儀器如望遠鏡、圖表、資料，完全是公開給研究生使用的。工廠、汽車等設備為了研究亦可使用。所中教授、研究生共八十餘人，每年經費卻有二百萬美元以上，若台大物理系有如此的環境，其成就絕對會超過此地的。」[8]

註：[7] 以下有關吳大猷談話，見《時空》雜誌第一期〈吳大猷博士訪問記〉，民國五十四（一九六五）年一月十日，周同培著。頁：二四—二五。

[8] 此一信件為物理系系友趙寄昆來信所言。見《時空》雜誌第二期，民國五十四（一九六五）年六月十五日，頁：三一。

台大物理系的系友信中提到在國外研究的優渥條件，在台灣的學生則是忍不住親情喊話。在第二期幾封系友的來信最後，《時空》系刊上便附上了介紹回國的「國家客座教授」的辦法。這篇短文屬名是「物理系同學的呼聲」。標題則是：「歸來吧！歸來！」[9]。

與政治隔離的安全傘

物理學當時雖然非常熱門，但研究主流已有多次變動。在廿世紀初，因為鐳的發現，以及相對論、量子物理的建立，原子物理成為最熱門的主流研究。繼之出現的是核子分裂，隨著原子彈、氫彈的發明，核子能的應用逐漸成為物理學門主流。後來又出現高能物理，但是高能物理研究耗資龐大，動輒幾千萬美金，使得高能物理的研究愈來愈困難。一篇論文列名者往往二、三十人，成名就像登天一樣地難。但是太空物理的發展卻不同。自一九五七年蘇聯發射人造衛星，美國想要急起直追，太空物理因為美俄間的國防競賽獲得更多的研究撥款[10]。在民國五十年間，還是一個進展迅速的階段，所以美國就提供了極多的獎學金。因而，包括物理系等理工科學生，畢業後第一件事就是申請洋學校。

當時「留洋」指的就是「到美國留學」，留學生中有本省子弟，更多是大陸籍，也就是台灣民眾口中的「外省人」，這似乎與外省民眾戰亂的經驗有關。由於對台灣局勢缺乏信心，外省籍父母很想把他們的孩子送到國外，內心其實認為台灣是保不住的，這種心態很常見。對科學史頗有鑽研的張之傑說，楊振寧、李政道得諾貝爾物理獎後，很多較優秀的年輕人，就很盲目地學物理，這主要還是以外省人居多，本省人受的影響相對較少，外省子弟會覺得最好是念物理，而且最好是念台大物理系。張之傑說，當時外省人優秀的子弟都去學物理、化學等科目，那個時候就是希望能出國，因為文科不容易申請到獎學金，美國剛好在跟蘇聯競爭，向美國申請獎學金或許不見得很容易，但申請個免學費不是很難，相對文科的連免學費都很難申請，所以就會盡量去學自然科學，理論科學（pure science）就滿受重視的。

外省人因為國共內戰被迫逃難到台灣，國破家亡的恐慌還未褪去，不料從民國五、六十年起，台灣開始面臨外交上的困境；而在民國六十至七十年間，先是退出聯合國，又與美、日等大國陸續斷交。當時的總統蔣介石為了安撫人心，曾經提出：「莊敬自強、處變不驚、慎謀能斷」的談話，但是還是無法撫平人心。那時就讀師大生物系的張之傑記得台灣退出聯合國時，有一天他一大早就到實驗室餵老鼠，換蝌蚪的水，這些都是他的指導教授做實驗胚胎學所需。他的心情一如平常，但一名五十幾歲外省籍女教授很感傷地跟他說：「好不容易安定下來，又要亂了。」說著說著，然後就哭了。

張之傑因此明白早期外省籍民眾內心恐懼的程度，他又想到另外一個例子。他的一個同學想出國留學，曾經來問張之傑：「你要不要走？你認為台灣還可以撐多久？」張之傑回答：「不知道耶，大概十年吧，」他這個朋友認為當時的台灣最多只能撐五年。張之傑說，當時或許會覺得這些人沒有志氣，但想想他們的父母原本在大陸，來到台灣時什麼都沒有了，那種國破家亡的衝擊非常強烈。因為父母都是這種心態，孩子自然受影響。

劉容生也非常能理解上一代父母的心態。他的父親劉行之是監察委員，也是書法家，父母兩人卻也是流離顛沛了上半生。劉容生的父母兩人跟蔣經國一樣都是留學俄國，當時的知識份子懷抱著社會主義的理想，都很嚮往俄國在一九一七年無產階級革命成功的歷史。劉容生說，那時俄國曾幫助中國兩件事情。一是仿照紅軍在中國建軍，就是黃埔建軍，蔣介石從那時候掌握這一批人，成為第一屆的

註：9 見《時空》雜誌第二期，民國五十四（一九六五）年六月十五日，頁：三三。

10 此處資料出自《時空》雜誌第一期，民國五十四（一九六五）年一月十日，〈丘宏義博士訪問摘記〉，魏弘毅著。

黃埔校長；另外一件事則是俄國幫助中國訓練財經人才，並在莫斯科成立中山大學。當時劉容生的父母親兩人二十歲不到，都在俄國讀了四年大學，並由莫斯科中山大學畢業。「我的父母他們那一代一直在打仗，先後歷經北伐、剿共、抗戰、又被共剿，一生流離，所以都希望自己的孩子平平安安。那時又受到楊振寧、李政道的刺激，所以十多年來聯考最高分數都是物理系，打敗電機，甚至醫學，我們班以前有好多可以進醫學院都放棄，最後去讀物理。」劉容生回憶說。

比劉源俊小四屆的盧志遠，讀的也是台大物理系。後來也一樣到哥倫比亞大學留學，和劉源俊是同一個指導教授。他還記得當時外省籍留學生出國的心情，盧志遠說：「其實大家都有一個心情，這種心情反而不敢講，因為那個時候大家都認為，台灣快要完蛋了，能逃出來最好。每個家庭能逃一個算一個。那時候不能出國，不能觀光，一般人根本連護照都拿不到，只有留學是正當理由。留學還要去教育部受訓，參加留學訓練班，結訓後才能出境，所以出去的人就像風蕭蕭兮易水寒，這個心情每個人都有，但是都不敢講。」

盧志遠在受訪時彷彿又再次經歷了當時的情景，滿腦子都是當時的記憶。他清了清喉嚨，接著又說：「呵呵呵，大家都覺得跑到美國來，就像是逃出來，自己的任務就是要在美國落地、生根、發達，將來好把全家人都接出來。因為外省人覺得台灣可能快被解放了。大部分的人也不喜歡共產黨，更多的外省人父母都是逃共產黨才來台灣的。如果喜歡，留在大陸就好了，何必還要跑來台灣？」

民國五、六十年間，就讀物理系為年輕人帶來科學的夢想，也帶來留學熱潮。當時台灣雖然還沒有民主，卻已經遠離白色恐怖。至少，科學是與政治隔離的安全傘，科學也讓年輕人興起社會改革的理想。這個年代值得記錄，因為在更早之前，台灣是一個連集體做科學夢都不可能的時代。

追憶那個年代，李遠哲彷彿跌進了回憶中。年紀較長的李遠哲學的是化學，他在第二次世界大戰中成長，曾經有一年半的時間在山上躲避空襲。熱愛科學的他不懂得害怕，反倒從炸彈落下、燃燒的軌跡中，去思考科學的現象。二次大戰結束後，日本一群年輕的物理學者，曾經反省科學家在戰爭期間扮演的角色，當時還是小小年紀的李遠哲也目睹了世界巨大的轉變，他看到中國社會主義的革命、台灣的回歸、以色列的建國，以及巴勒斯坦的難民潮，內心很渴望可以親自認識這個世界。李遠哲還記得小學五年級時，在《開明少年》中讀到〈藍色的毛毯〉的寓言故事，故事中提到蘇聯社會革命的事，農奴如何獲得解放，「這個故事讓我深刻感受到，社會是可以改變的。」李遠哲以他一貫緩慢的口吻談到。

威權時代 社會力的出口

民國四十六年時，蘇聯的載人衛星首先成功升空，華裔科學家楊振寧與李政道獲得諾貝爾物理獎，當時李遠哲已經大三，這些現象對苦悶的台灣產生極大的鼓勵作用，年輕人心中沒有恐懼。但是，年紀更長的李遠哲卻曾經歷民國四十年代的白色恐怖歲月。李遠哲清楚地記得他高三的時候，有一天正在學校上物理課，吉普車直接開進校園來，幾個便衣警察站在大樓兩側，其中一個便衣走進大樓，幾分鐘後，校長帶著點名簿走進李遠哲上課的教室，叫出一個學生的名字。這個學生站了起來，忍不住哭了，人被帶走時，他的哭聲還沒有中斷。

當時台灣實施威權統治，沒有人權的民間社會，確實對李遠哲這一代人民，造成巨大的內心創傷。李遠哲說，同學被抓走了，很多跟他要好的人開始擔心：「他的日記裡會提到我嗎？」「日記裡會不會提到我對社會的理想？」「這些會不會被認為和社會主義有關？」因為白色恐怖，自此人和人之間再也沒有互信，「這些陰影，在我們這一輩是去除不掉的，」李遠哲提到他們這一輩的人對別人總是擔心，不知道誰會出賣自己，其實是時代背景因素使然。

大學時李遠哲進了台大理學院，李遠哲學的是化學，化學系與物理系同樣歸屬理學院。當時功課好的人多半是進工學院，或是讀醫科，有些考不上工學院、醫學院的人也進了理學院，但是另有一些滿懷理想、追求真理的人，也是同樣來到理學院。「理學院成績好的人，往往是能夠把功利主義拋掉的人。」李遠哲說。他還記得到理學院以後，他的同學問他：「遠哲，你不擔心你將來的飯碗嗎？」李遠哲還記得自己很不高興地回答：「你們這一群人，這麼年輕就這樣，真是俗不可耐。」

李遠哲知道，學科學的人不能盲從，而是要敢於和別人不一樣，「學科學的人較不容易接受既有的一切，會去思考是否有別的解釋的方法，這種心情很像是叛逆。」李遠哲這樣詮釋理學院的學生。

民國五十年，白色恐怖已經過去，但是人民記憶猶新；反共的口號雖然沒變，只是「一年準備、二年反共、三年掃蕩、五年成功」的說法，已經沒有人相信了。民間社會還是極度的拮据與貧窮，《自由中國》、《文星》都已遭到停刊的禁令。人民內心充滿著極大的苦悶，民主自由的價值都與執政當局發生極大的衝突，台灣的社會力需要一個安全的缺口。

那個缺口就是「科學」，科學象徵著希望與前景，學物理、或是學科學是當時年輕人公認的方式，到美國留學則是必經的路途。

走進台灣大學，校園內筆直的椰林大道將人的視線不斷向前延伸，椰林大道旁的傅鐘，輕敲了二十一響。之所以是二十一響，是因為首任台大校長傅斯年曾經說過一句名言：「一天只有二十一小時，剩下三小時是用來沉思的。」台灣年輕學子對於物理的狂熱現象，以及出國留學的深層心理結構，是民國五十年間，台灣知識份子最深的印記。

2 從自覺運動到《新希望》的誕生

新希望

第一期

榮耀屬於中國

——這一代青年的呼聲

劉容生

■由劉容生發起創辦的《新希望》刊物，期待喚起民族熱情，激發大家的愛國心。

（照片為《新希望》第一期頭版）

自民國三十八年國民政府撤退來台後，在政治上堅持代表全中國，中國論述成為當時台灣政治論述的主體，「中國」這個名詞也專屬於台灣。同時，在台灣五、六〇年代間，本土意識尚未崛起，台灣人的概念也未建立。台灣主流論述中的「中國」，指的是不包含中國大陸，以「中華民國」為名的台灣。台灣當時還是聯合國的成員，相較下，中國大陸則是被共黨統治的鐵幕。

那時節，儘管台灣自我定位是自由的燈塔，但對應到民間社會，則是極度的欠缺物資，清華大學光電工程研究所教授劉容生當時還只是個孩子。他的家庭生活處境較一般民眾的生活要好上許多，他的父母與國民黨關係良好，生活的物質條件比一般人都來得好。劉容生還記得，當時台灣很窮，小學時全班合照，「就我一個人穿鞋子。」劉容生說。

劉容生那時候讀北投國小，他的家就在山上的溫泉路，他每天都會從溫泉路走到學校上課，「我的記憶力其實不好，很多事大半記不住，但記得住的事，卻像照片一般清楚。」劉容生說。

劉容生始終記得那一幕。

當時溫泉旅館的窗子都是打開的，讓一個小孩看到了不該看到的畫面。劉容生看到美軍抱著台灣的女孩子，他心中湧現連他自己都不太明白的不愉快感受，那一幕一直烙印在他幼小的心靈中。台灣從民國四十年開始接受美國一年約一億美金的經濟援助，一直到民國五十四年才結束；美軍也自韓戰爆發後開始在台灣駐軍。和劉容生幼年時候一樣，很多人都是吃美援奶粉、穿麵粉袋衣服長大，當時最高級的東西就是到美軍免稅店去買美國貨，一般民眾還要透過關係才能買得到。在美國人面前，劉容生說：「台灣民眾心裡充滿了自卑。」

台灣在民國四十六年發生「劉自然事件」，當時一名美軍槍殺台灣職員劉自然，本來應該接受台灣的司法審判。但是美軍強行以外交豁免權不讓台灣司法單位處理，後來美軍審判庭以殺人證據不足釋放，第二天就把這名肇事美軍遣送回美國。這件事情引起台灣社會輿論極大的震撼與抗議，甚至引起群眾示威、暴動，闖入美國大使館內。「那年我高一，也是我第一次能夠記得的人為暴動，這件事在很多年輕人心裡留下創傷，包括我在內。」劉容生有感而發地說。

當時島內不正義之事何止劉自然事件？那時候，台灣民間充滿著極大的苦悶。但在戒嚴體制下，台灣沒有人權與民主可言。社會上依舊充滿著政治高調，人民追循著蔣總統，只是反攻大陸其實已是遙遙無望，國家前途茫茫。台灣島內依然必須靠美援救助與軍力保護，強盛的美國還是年輕人渴望新生之地。

因此，不少父母在當時都會鼓勵自己的孩子，有辦法就離開台灣，才會形成大量年輕菁英離台赴美的現象。人們一方面因為美援感到自卑，另方面也發現美國國力日益強大，那時候已經有美國人登上月球了。所以，大家就是「來來來，來台大；去去去，去美國」。而且，去美國的多，回來的卻極少。

俞叔平〈遊德觀感〉丟下震撼彈

在台大校園內，一切顯得那麼平靜，不料民國五十二年四月二十六日，登在中央日報的一篇文章，首先在年輕人脆弱的心情中，丟下一顆震撼彈。曾任駐德大使的台大法學院教授俞叔平在中央日報副刊寫了一篇〈遊德觀感〉，文章中提到德國如何從戰敗中復興，箇中原因包括他們的職業教育與社會制度，另外最基本的還是因為他們的民族性。俞叔平以訪問教授名義到德國，卻發現德國所謂的「中國」是大陸。俞叔平告訴他們，唯有中華民國才能代表中國，中華民國政府在台灣，不在共產黨統治的大陸。俞叔平對德國人說：「你們有東、西德之分，我們有自由中國與大陸之別。」[1]

註：1 俞叔平，民國五十二（一九六三）年四月廿六日，〈遊德觀感〉，《中央日報》副刊。

但是，德國人卻這樣回答俞叔平：「對不起，教授先生，我們和你們不同，我們因為打仗失敗，領土被蘇俄佔去，沒有辦法。你們是五強之一的戰勝國，戰勝者怎麼跑到台灣去？可見得是你們自己不行。」德國人的直言，令俞叔平心驚。

與德國不同的是，中華民國在二次戰後其實是戰勝國。為了吸取德國經驗，俞叔平的文章中很仔細地從教育、生活、職業、法律等面相，來談德國復興的成功經驗，並嘗試激勵年輕人。他在開頭與結論，都是把重點放在留學生身上。他認為我們的學生，視留學為必經之路，但是他卻認為留學不是一種光榮，而是很丟臉的事。因為在自己的國家沒有東西可學，所以非到外國不可，到了外國就好像伸著兩隻手，跟人家要飯一樣：「我們一年一年送很多留學生出去，國家精華被人吸收，等於一個人的血液被人抽去一樣。……這個問題不解決，國家就沒有多大希望。」俞叔平說。

俞叔平最後提到中華民國在歐洲的國際地位很低，他個人在巴黎與柏林向英國領事館辦護照簽證兩次，都不成功，「英國政府可惡極了，但由於我們自己不爭氣，有什麼辦法？現在一般留學生上了飛機就罵政府，罵一切，這真是錯誤極了！你在外國人面前，愈罵自己愈使人瞧不起，因為你失了立場。」俞叔平這樣認為。

俞叔平的文章談到德國人如何從廢墟中重建自己的國家。他說德國人不像台灣，年輕人都跑到國外去。這篇文章觸及年輕人最脆弱的一點，俞叔平一針見血，但是這篇文章並沒有引起太大的迴響，對於留美美夢，多數人無法勇敢地批判與反省，他們似乎在等待另一個較不沈重的議題再發洩。

半個多月過去，五月十八號，一名外籍人士狄仁華投稿到中央日報副刊，文章名稱為〈人情味與公德心〉。狄仁華在文章上說，台灣人富有人情味，但是他說他要回國了，所以想給個臨別箴言。他提到台灣的朋友沒有公德心，隨地吐痰、排隊成了暴民、學生考試作弊、違規抽菸等等。狄仁華認為年輕人缺乏公德心是一件很嚴重的事，等到這些年輕人將來站在社會的重要地位時，他們也不會突然產生公德心。而且他覺得最可怕的是，這些年輕人的良心都沒有任何感覺，良心麻木了的一代不能遵守法律。但是別的同學看到這些損及公眾的行為，也沒有人肯提出抗議。「在民主國家，輿論重要得很，犯罪的人沒受輿論壓力，恐怕下一次要更大膽。」[2]狄仁華的文章中透露著憂慮。

狄仁華最後說他是一個很感激中華民國的客人，也很愛他的中國同學們，因此，他建議中國的青年發起一個提高公德心的運動，他認為這是學生在讀書的時候對國家最大的貢獻。最後，狄仁華寫著：「願你們能夠儘快反攻大陸，建立一個大有人情味兒、大有公德心的國家！」

狄仁華這篇文章，讓台灣年輕學子積累的鬱悶心情，終於藉機宣洩了出來。當時先有一署名為「一群你的好同學」，在台大校園每個角落張貼海報，他們標舉「不要讓歷史評判我們是頹廢自私的一代。」劉容生還記得當時的情形。劉容生的家雖在台北，但讀大學後他已經不想住在家裡，所以台大四年，他就住在新生南路懷恩堂旁的信義學舍，信義學舍是兩層樓，由教會承辦，共住了約三、四十名學生。當時的學生談起狄仁華的文章，情緒都非常激昂，甚至激動得晚上都不睡覺，「跑到別人的房間一直聊到天亮，這種激情現在感覺不到了。」劉容生說。

當時的所有過程似乎就是很自然發生，開始有人張貼標語，和劉容生一樣住在信義學舍的台大同學認為不能讓這件事就這麼結束，他們並沒有用「運動」這兩個字，只想讓這件事情可以持續下去。當時參與的主要台大學生依然是以物理系的學生為主，包括劉容生、李學叡、徐大麟、王憲治，另外還有醫學系的高鷹、外文系的陳鎮國，他們幾個人討論的結論就是辦個刊物。

註：[2] 狄仁華，民國五十二（一九六三）年五月十八日，〈人情味與公德心〉，《中央日報》副刊。

《新希望》創刊帶起自覺運動

因為劉容生曾經是《建中青年》的主編，已經有兩年編刊物的經驗，加上他也認同此事，所以就由劉容生擔任主編、發行人的工作，其他同學則負責募錢。在眾人合作下，一本名為《新希望》的刊物，很快地在民國五十二年六月六日正式出版，「這是一本完全由學生自編、自導、自己發行的一份刊物，沒有任何外力介入。」劉容生說道。

《新希望》三個字是因劉容生的靈感而生，他一提出來，大家都跟著叫好，而在正式出版時，則是由劉容生父親劉行之題字。在劉容生的主導下，《新希望》第一期就顯現出高漲的民族主義色彩，劉容生在第一期寫了第一篇文章，篇名是：「榮耀歸於中國——這一代青年的呼聲」，他的文章呼籲大家不要消沉、不要沉默，文字排滿一整版，用了許多驚歎號，慷慨激昂的言辭充斥其間，基本目的就是要振奮人心。這份刊物強調要「激發愛國心，喚醒沈睡已久的中華民族的靈魂」。劉容生說，因為在台灣的中國人很自卑，但也意識到中國長期被壓制，所以人民要自覺，要追回屬於我們的自尊心。

劉容生萬萬沒有想到，當時學生的一時動念，會成為今日的歷史。五〇年代的台灣，國民黨是以戰敗者的身分退避到台灣，隨著戰敗而來的貧窮與自卑，複雜的感受充斥人心。整個社會卻又是高壓的政治控制，人民沒有言論自由，不敢講話，也不敢投書。但是大學生便不相同，由台大學生主導的《新希望》像是個希望的種子，激發大家產生堅強的信念。後來事件漸漸發展，就被大家稱為「自覺運動」，報紙也以「自覺運動」稱呼。「因為台大校園的運動還是頗受社會重視，我那時候刊物一期就發了兩萬份，很厲害吧！」劉容生有點得意地說。

劉容生還記得，當時有一個牙醫很支持他們，私下都會捐錢；很多社會人士也寫信來支持，同學間也會捐錢，就這樣把辦雜誌的經費湊齊了。「總之，就是沒有收過政府的任何一毛錢。」他提到他們幾個學生居然這樣就辦起一份刊物，還辦得轟轟烈烈，這個訊息很快傳到全省各地的學校，發行到第四、五期時，各校聯絡員的名字已有相當累積，這些聯絡員都是學生身分，他們來自師大、政大、中興、文化、還有建中，美國加州大學也來也參一腳，等於各校校園開始串聯了。

林孝信是劉容生的同班同學，他到台大就學後，也感覺到台大已有極大的改變。那時候台灣的整體氣氛依然呈現高壓戒嚴，曾經有的自由空氣，卻已蕩然無存。林孝信說，五〇年代還有雷震，有《自由中國》，但是卻因為組黨失敗，後來還被迫停刊，台灣的中國民主黨也胎死腹中。後來苦悶的民間又找到《文星》雜誌做為另一個出口，李敖在當時異軍突起，文筆那麼好，所以那時候也是非常的瘋狂，可是《文星》雜誌後來演變成複雜的官司糾紛，最後也面臨停刊的命運。這些刊物接連停刊，民間的苦悶更強烈了。

或許是因為這樣的氣氛，當自覺運動發起時，各校串聯很快形成。林孝信還記得，高信疆、王拓，當時都來參加了，《新希望》刊物因此產生。「《新希望》吸引了一些苦悶的年輕人。」林孝信認為。

劉容生也說，那時候串聯是很大的忌諱，事實上台大以外的學生也沒做什麼，主要就是幫忙發刊物，或是捐一些錢，但是從外界看起來，卻顯得頗為轟轟烈烈。「說實在我們沒有心要做什麼運動，也沒什麼目標，就是一種自發性、壓抑很久然後出現的反應，但是沒有想到那時候擴散得那麼快。後來又有王曉波、鄧維楨、楊國樞、張系國、殷海光，以及好幾個心理系的同學都來參加。還有很多人看了《新希望》寫信來支持我，就是風起雲湧，真是超出意外。」劉容生到今日還是這麼說。

帶著強烈運動性格的《新希望》，對當時的社會自然帶來一定的衝擊。然而，仔細去看《新希望》，會發現兩個不同階段的轉換。在劉容生負責的第一階段，文章筆調均是出自民族主義，讀來總會令人內心澎湃，愛國意識濃烈，但冷靜的反省意味則較淡。後來鄧維楨接手編務，比劉容生晚一年進台大的王曉波也加入。劉容生說：「我們開始時是滿腔熱情，民族的感情成分很重。後來有心理系的同學加入，比較理性，就會思考我們到底需要什麼。」

其實，在劉容生主編到第二期的時候，一般年輕人的心情已較為平靜，運動也由情緒激動逐漸趨於平淡。台大學生陳達就寫了一篇〈留學！自覺！〉的文章，他認為在自覺運動中，絕大多數都是提到狄仁華的〈人情味與同情心〉一文，極少提到俞叔平所寫的〈遊德觀感〉，這正顯示自覺運動缺乏認識與捨本逐末[3]。陳達認為，對國家民族自覺最值得做的事，就是「阻止留學狂熱病」的蔓延。所謂留學狂熱病，指的是許多大專學生一到畢業之際，不管自己的財力與能力，就是要設法出洋留學一事。

陳達在文章中說：「他們的頭腦裡除出國兩字外，就沒有別的東西了。他們以出國為受教育最後的目的，絕大多數以做美國人，賺美鈔、住洋房、坐汽車為他們人生最大目標。他們的家長以他們的子女能夠出國為光宗耀祖，以他們自己能做美國人的爸爸為最大光榮。據統計，五十一年免試出國的，有七七六人，其中留美的有六七六人，其他經過留學考試出國者，不在此數。我雖然不肯定留學為不自覺，但是卻敢肯定大半的留學生為不愛國。為何？國家花如此多的經費，從小學培養到大學，台大學生每人每年國庫負擔是一萬零四百元，省立大專學生負擔為五千二百元，中學生為一千二百元。他們只享權利，而不盡義務。」

陳達的文章引證數據，對台大學生的出國熱，提出最嚴厲的批判。他說到美國留學第一位的是加拿大，加拿大與美國國境相連，又無滯留不歸現象。但是留美學生第二位的就是台灣：「我認為這是中國人極大的恥辱，這表現出中國人不愛國程度之高，達世界第一位。」

因為自覺運動是劉容生發起的，因而台大物理系的同班同學像是林孝信、劉源俊等人都參加了，雖然不是自覺運動的核心人物，對這個運動也很關心。林孝信自己也漸漸意識到每一期談的內容有些重複，「因為都是要寫慷慨激昂的話，第一次寫大家很感動，第二次效果就有些下降，到了第四期，連劉容生都覺得這樣不行了。」林孝信講到。

「五廿運動」再啟蒙

林孝信記得那時候台大心理系的楊國樞辦了一個讀書會，談科學哲學，他們就找了《科學哲學的選讀》（The Reading of Philosophy of Science）這本原文書，為了遊說出版社出版，讓老闆相信這本書一定有銷路，學生還要保證能賣掉多少冊。於是，林孝信就被同學拉著一起買了這本書，買了以後林孝信接著就參加他們的讀書會，便因此認識了鄧維楨，兩人變得非常熟。

後來林孝信與鄧維楨還成了台大第六宿舍的室友，鄧維楨記得林孝信是個興趣很廣泛的人，大學時還曾經對佛教產生興趣。林孝信則說鄧維楨的年紀比他們大，在上台大前，已經先讀過淡江中文系、高雄醫學院，後來又重考，再來讀台大心理系，因而思想、情緒看起來比其他在學同學成熟很多。「我們那時候毛毛躁躁的，只會讀書，除了讀書之外對社會的事、週遭的事，還有怎樣跟人相處都不是很清楚。我跟鄧維楨住在同寢室，他常常聊、也很會分析，我那時候其實蠻受他影響。」林孝信說。

林孝信還記得，有一天就讀台大哲學系的學生王曉波跑到他們的寢室，跟鄧維楨大談特談，兩人從下午談到晚上。主動來找鄧維楨的王曉波看起來熱血沸騰，王曉波是台大哲學系教授殷海光的

註：3 此處資料出自台大學生陳達在《新希望》第二期第二版寫下〈留學！自覺！〉的文章。日期為民國五十二（一九六三）年八月十八日。

學生，殷海光當時在台大對學生有相當的影響力，所以王曉波、鄧維楨都有點反叛的氣質。王曉波自己也談到，當時他們一些朋友碰在一起時，好像都有說不完的話。「那時候內心都有國家民族，對台灣前途充滿焦慮，如今回想起來覺得有點莫名其妙。」

王曉波很熱情，又主動去找劉容生，並且接辦《新希望》，使得《新希望》又維持了幾期。由於鄧維楨的加入，第六期的《新希望》便從報紙型態轉變成雜誌型態，也開始介紹較有思想性的內容，已經不再只是純粹的政治口號了。

《新希望》在第五期時，由鄧維楨寫了一篇〈民族的自卑感〉一文，文章洋洋灑灑一整版，其中的論述卻非常冷靜。鄧維楨認為，我們民族的自卑感，隨著西方科學及工業的突飛猛進而愈陷愈深。他認為民族的自卑感反映在兩方面，他第一個提到的就是「盲目的崇洋心理」，第二個則是「虛妄的自大狂」。心理學背景的鄧維楨以「父親意象」來解釋當時的崇洋心態。他說：「在兒童時期，父親是我們心目中權威的象徵。有什麼了不起的事，找爸爸就是，父親可以為我們解決一切，我們只要順從他就是。……崇洋心理就是一種「父親意象」情緒行為的表現。我們對自己的能力沒有把握，自己覺得沒有安全感；而西方人卻樣樣都行，科學、藝術、音樂、哲學、建築、軍事力量、政治制度……都比我們強，我們就認西方文化做『爸爸』算了，我們跟著『爸爸』做絕不會犯錯，一切事情爸爸都想過了，我們何必多費腦筋？」[4]

《新希望》從五十四年一月出版的第七期開始，正式把發起自覺運動的五月廿日稱為「五廿運動」，對照民國初年的「五四運動」。並認為如果「五四運動」代表中國的第一次啟蒙，「五廿運動」之後，中國將啟動新一波「再啟蒙」運動。這一期的主編是王曉波，編輯有謝勳、藍震坤、汪其楣、黃碧端；負責出版的有陳鉞東、林孝信、陳鎮國、陳達等。而負責審稿的有王曉波、袁家元、鄧維楨、劉凱申、劉君燦與劉容生。

第七期的編輯人員又多了汪其楣、黃碧端、謝勳，該期以〈扛起「科學與民主」的大旗——兼論「再啟蒙」的意義〉做為社論名稱，執筆的人正是主編王曉波。這篇社論認為發生在民國五十二年的「五廿運動」象徵著現代青年的覺醒，但是經過將近一年半的苦思焦慮，已知公德心的缺乏和中國之衰弱並非問題的根本，只是表象而已；真正問題的根源，在於傳統文化和現實環境。文章中說：「誠然，傳統文化使我們有眷戀之情，但許多地方已不能適應現代環境的需要，作為時代前鋒的知識青年，不得不忍痛來斬除妨礙我們前進的羈絆。我們認清了，而且只有『科學與民主』是我們步上現代化的正途，但由於時代的關係，我們對科學民主的認識，將不止於『五四』時代的青年。同樣地，繼『五廿』運動後的再啟蒙運動，仍然是以『科學民主』為目標。」

在自覺運動中，把「科學與民主」的大旗扛出來後，同一期中，又再次批判理工科出國現象，認為「如果讀理工的目的只是出路好，易出國，中國的科學一天不能發達，科學的精神也一天不能建立。科學不是一種『干祿』的手段，而是對自然界態度根本的改變。」同一期，劉容生以七頁的篇幅，翻譯了〈科學的情操〉長文，「科學」的大旗，跟著民主一起扛了出來了。五四時期談到的「德先生」、「賽先生」，也在五廿運動後出現。「我現在看都覺得那時學問很大，大學時做了這麼多事情。」劉容生笑著說。

《新希望》由鄧維楨接任主編後，明顯看出登載的文章凸顯強烈的批判反省風格，因為鄧維楨，自由主義的殷海光與楊國樞也開始在《新希望》寫文章。同時，刊物的文章風格有了極大的轉變，曾因此引起自覺運動第一階段參與者的疑惑。《新希望》第七期刊出了李學叡的來信。李學叡是發起自覺運動的主要學生之一，後來畢業到軍中服役，他來信表達他對《新希望》改版後的一些想法。李學

註：4 鄧維楨此文登在《新希望》第五期頭版。日期為民國五十三（一九六四）年四月廿五日。

叡大意是認為《新希望》有了過多的學術味，顯得過於理智，這就像「中國人的老成，是很難被鼓勵起來，使中國人更活潑一點的。」因此，可以看得出李學叡認為《新希望》還是應表達出年輕人的熱血，「慷慨激昂的文章不可多，也不可少。」[5]

在李學叡的來信後，同一期有了鄧維楨的回覆文章。大體上鄧維楨不認為《新希望》存在學術味過濃的問題，還認為熱情不能過度任由外在刺激，任何由外在刺激激起的興奮狀態，例如悲傷、歡笑、憤怒、和恐懼等情緒行為並不能持久；每一個正常人的自主神經系統不允許個體經常處在興奮狀態，因為這樣有礙健康。因此，鄧維楨認為，《新希望》如果企圖用這種方式來鼓勵別人，將是非常危險的。

鄧維楨在回覆的文章上說：「我一直不認為，為了辦刊物把褲子、腳踏車拿到當舖，或咬破手指頭寫血書這一類的行為，是聰明的舉動。……我以為《新希望》是要鼓勵一個人的熱情，而非興奮，慷慨激昂的作品和軍樂、詩歌一樣，只能激起後者，只有冷靜地和理智地提示一個人對問題發生思考，才可能激起熱情。」同時，鄧維楨也強調《新希望》所能做的只是「貢獻一個知識份子所能貢獻的力量」，他也希望《新希望》的朋友們，不要再在自覺運動上搖旗吶喊。因為刺激別人的交感神經是一種不道德的行為，就他個人來說，如果他有能力，他寧願教導別人獨立思考。

如今再談起這件事，鄧維楨的立場依然沒變。他認為，其實那個時候他並沒有很認同自覺運動，「那只是一種廉價的愛國運動，只是少數學生的行為，」鄧維楨在接受訪談時，一再重複類似的話，對當時這場運動，並未給予太高的評價。

敏感文章觸犯校規被停刊

《新希望》到了第八期則是個關鍵，並在出刊後就面臨停刊的命運。當期的社長是台大中文系學生汪其楣，除之前參加的名單外，另外又包括文化大學學生高信疆、台北醫學院學生官裕宗、以及高雄中學、台中一中、嘉義中學、高雄醫學院、高雄海專等學生。劉容生事後回憶：「很明顯，從負責監控我們的情治單位來看，我們在搞學運串聯，這在當時是不容許的活動。」

第八期還刊登了三篇「敏感」的文章。一篇是王曉波的〈容忍與姑息〉；還有兩篇是羅素的翻譯文章〈我願意生活在的世界〉及〈自由或者死亡〉。由王曉波於凌晨二時完成的這篇〈容忍與姑息〉一文，從現在的角度來看，實在很難揣測何以被禁。重新把文章從頭到尾看一遍後，會覺得應該是當中涉及言論自由問題，例如文章中談到：「在一個新聞自由的國家，人民的新聞自由裡，便包含了政府的容忍。如果權勢（如當政者）妨害了新聞自由，那麼也要受到法律的制裁。」但是，王曉波在文章中寫到：「讀過中國歷史的人都知道，在言論自由沒有保障的專制時代，多少讀書人在刀下緘默、容忍。……今天是一個言論自由的時代，思想家們、知識份子們，為什麼不負起人類良知的責任，揮毫疾書，讓自己的思想加添人類的理性之光？難道放棄屬於自己權利的自由叫做容忍嗎？」[6]「姑息著不合理的存在，而不敢也不肯揭發，這種姑息的存在並不表示我們有容忍的雅量，而是透露我們價值觀崩潰的消息。」王曉波在結論處說明：「我贊成胡適所提倡的守法的容忍，但是我決不同意姑息的容忍。」

導致停刊的另兩篇文章都是翻譯羅素的文章，當時鄧維楨經常看羅素的文章，對羅素非常推崇。羅素是當時有名的反共哲學家，在台灣當時的翻譯著作如志文出版社等，很容易就可以看到羅素的作品。換言之，羅素其實並不是敏感人物，因而，刊登羅素的文章，實在很難想像需要多考慮。

註：5 李學叡的文章與鄧維楨回覆的文章分別刊登於《新希望》第七期，頁：廿六—廿七。
6 王曉波所寫的〈姑息與容忍〉一文，登載於《新希望》第八期。頁：十一—十三。

在羅素的〈我願意生活在的世界〉一文中，似乎是對冷戰中兩個集團可能為人類帶來傷害，表示他個人的憂慮[7]。而在〈自由或者死亡〉一文中，羅素更是直接提到他反對核子戰爭的立場[8]。他的論點是，當在討論核子戰爭的正當性時，如果有人說出「寧可選擇人類種族的滅亡而不選擇共產主義的勝利」，這樣的觀點羅素將無法同意。因為，過去的歷史中有許多畏人的暴政，或遲或早都已被改革者掃除。羅素相信，如果人類繼續存在，改進總是有可能的；但是在屍體堆的世界上面，共產主義與反共產主義都無從建構起來。

羅素的文章充分展現了反戰的立場，他認為東西方都應該停止彼此的敵意。羅素其實在文章中並沒有為蘇俄辯護，因為他認為：「蘇俄，尤其在匈牙利和東德，曾經對它一直迫害的那些人，表現出一種令人戰慄的輕蔑，以及極端的殘忍，它所表現的偽善姿態，並不比西方國家來得差。但，東方國家曾經犯罪的事實，並不能證明西方國家的清白。以自我為中心的正義觀兩邊都流行，不論是哪一邊都同樣令人噁心。」

因為上述幾篇文章，觸犯了台大校方的規定，台大訓導處在五十四年四月三十日給了通知，表明將取消《新希望》的登記。台大校方在通知書中說：「查《新希望》第八期所刊編輯委員包括各大專及一部分中學，超過本校規定範圍，應不能列為本校學生社團。且該刊第八期稿件之發行，復不接受本校之指導，應即取消該刊登記。」此一命令副本還抄送給救國團總團部。

台大校方認為，因為《新希望》是台大社團登記刊物，文章刊登前學校要審查，學校在審查後就下達「不准刊登」的指示，但是幾個主辦人知道後都很氣憤。劉容生說，當時大家經過討論後，認為這些都是好文章，應該要登，「所以我們就登了，結果收到學校的停刊處分。」《新希望》已被勒令停刊，幾個主事者決定把這件事告訴大家，所以又出了最後一刊，還把訓導處的命令寫在第一頁。

劉容生說，《新希望》於民國五十四年五月十五日出刊最後一期，即停止發行。那時候陸續還有

新希望

中華民國五十四年五月十五日

給讀者的話

五月一日，我們收到了台灣大學訓導處的命令，命令上這樣寫着：

> 一、查新希望第八期所刊編輯委員包括各大專及一部份中學超過本校規定範圍應不能列為本校學生社團且該刊第八期稿件之發行復不接受本校之指導應即取銷該刊登記。
> 二、希遵照。
> 三、副本抄送救國團總團部。
>
> 國立台灣大學訓導處（印章）
> 五十四年四月卅日

事實上，本刊的編輯委員並沒有包括其他學校的同學，第八期所列的各校員責人，只是負責轉發「新希望」的工作。沒有接受學校的指導，是因為我們在第八期上刊登了王曉波的「容忍與姑息」，羅素的「我願意生活在的世界」及「自由或者死亡」。

接到了訓導處的命令之後，在「服從法律」的原則下，我們決定解散「新希望」社，及停刊「新希望」雜誌。

第九期稿件早已整理好，但我們遺憾不能刊行了。這裏，我們只把第八期的徵文印了出來，這樣我們覺得才能對得起讀者。餘下的地方，我們刊登了讀者的來信。其他的稿件，我們交給其他的刊物發表。

二年來，我們感謝許許多多讀者給我們的鼓勵，和許多沒有拿稿費的作者給我們的支持。當然，學校二年來對我們的關懷，我們也寄予同樣的感激。

這個事件發生的時間是：中華民國五十四年四月卅日。地點：自由中國的最高學府國立臺灣大學。

■台灣大學在民國五十四（一九六五）年五月一日，下令《新希望》停刊。（翻印自新希望）

很多人捐錢，也一直有讀者來信表示支持，但已經無法再出刊了。

停刊之後，台大校長錢思亮召見劉容生，對劉容生而言，能夠被校長召見，是他在台大四年唯一的一次。錢思亮訓了劉容生好多話，劉容生都不記得了，但是有一句話他是記得的。錢思亮說：「劉容生，停刊是最輕微的處分，你可能被退學的。」

註：7 羅素〈我願意生活在的世界〉，鄧維祥譯，登載於《新希望》第八期。頁：十四—十六。

8 羅素〈自由或者死亡?〉，許慶生譯，登載於《新希望》第八期。頁：十八—廿一。

當時，與劉容生一起參與此事的台大外文系學生陳鎮國，因為口才極佳，有組織力，但他卻因為自覺運動的活動擴大到全國，被執政當局認為從事不法活動，而被學校勒令退學。

台灣科學運動的前奏

《新希望》從自覺運動展開到停刊。運動整整持續兩年的時間，劉容生從頭參與到底。他說：「我到台大是保送，大一時還曾得過電機系的書卷獎，但我畢業的時候是幾乎被當掉，對我個人來講也是一個重大的投資。」

從自覺運動到《新希望》的誕生，當時包括台大等大學生，透過社會運動刊物的發行，漸漸引導出科學與民主的論述，也將科學民主與台灣的主體性相連。以致這兩個前後期的學生運動，幾乎可以視為是台灣科學運動的前奏，成為《科學月刊》誕生前的重要序曲。

3 狂狷科學夢

同學：

多時不見了，這一向可好？

來美後我們都驚羨於人家多方面的進步，同時感慨於留學生的無根；種種的因素又令很多數的留學生變成「流學生」。的確，那個留學生沒有這份思想？而你卻能有積極的主張：為什麼我們不做些有意義的事呢？固然要使我們會趨於理想，政治、經濟等方面是很有影響力的因素，但一般民眾知識之提高，健全的社會價值判斷，俾學之建立等更屬基本的內涵要素。為什麼我們不腳踏實地從這方面做點工作呢？」真的，讀了這段有力的話，再看看今日科學進展的神速，而國內一般民眾科學水準的低落。如我們把範圍放得切實點，出一份以中學生及大一程度為對象（亦包括一般民眾）的科學月刊，應是一件可以做且是不少留學生所願意効力服務的事。

根據這個構想我們討論了如何實行的辦法。

現在把討論的結果列於後，希望有您的批評和建議，更希望您也加入我們的行列，一齊工作。

祝

近安

李怡嚴、吳力弓、林孝信、洪秀雄、徐均琴、陳宏光、曹亮吉、許景盛、勞國輝、劉源俊[illegible]正

■民國五十八年三月，以李怡嚴為首的十一人，共同簽名發起《科學月刊》，圖為當時原稿。（科學月刊提供）

自覺運動從熱烈的愛國運動，逐漸透露流於口號的無力感，到最後終於扛出民主科學的旗幟，成為民國五〇年代，年輕知識份子努力的明確方向。然而，民主與科學畢竟有別，台灣當時還是戒嚴時期，與民主性質相近的幾個刊物像是《自由中國》與《文星》雜誌，前後遭停刊的殷鑑不遠，民間社會已經不敢出聲。但是，倡議科學似乎是一個安全的閘門。對於熱愛科學、學習理工的年輕學子而言，獻身科學更是一個價值中立、與政治無涉的遠大目標。追求科學不會引人猜疑，更不會引發政治敏感，具有一定的安全性。

五、六〇年代間，報紙與電視媒體都是壟斷的局面，平面雜誌成為台灣尋求言論突破的重要媒介。從歷史的角度來看，這些雜誌所代表的意義，往往不只是一本刊物而已，因而，《自由中國》其實是台灣政治民主化運動的象徵，《文星》代表的則是新文化運動。而當時帶有學生運動色彩的自覺運動，則以《新希望》做為代表性刊物。然而，這些刊物在當時全遭到停刊的命運。換言之，比較具有反抗意識的運動，在戒嚴時代幾乎全被壓制了下來。這時，一場與民主看似無關的科學運動登場，在五、六〇年代那一場靜默的科學運動中，代表刊物自然非《科學月刊》莫屬了。

《新希望》先是表達出民族的感情，再逐漸演變成對民主科學的渴望。在自覺運動中，從初期以理工科學生為主力，到後期的核心主力為鄧維楨、王曉波，並且開始帶進殷海光、楊國樞等人之自由主義思想，但最後終於遭致查禁的命運。這個結果讓全程參與自覺運動的劉容生頗有感觸，他說：「那時還是處在一個比較獨裁、國民黨控制的大環境裡。自覺運動被停刊、打壓，真的感覺到，不能談民主，只有科學教育能談了。」

談起科學，在華人的潛意識中，常會伴隨著失敗、亡國的慘痛歷史記憶，這種心情，與西方國家對科學的態度非常不同。特別是中國人，自從一八四二年鴉片戰爭被迫簽訂南京條約以來，中國人已經認清楚「科學」的重要，但是晚清在「科學」方面的努力，並不能挽回其覆亡的命運。民國初年的五四運動，雖喊出「民主」、「科學」救中國的口號，由於內憂外患，始終無暇紮下科學的基礎。也因此，從十九至二十世紀，華人的潛意識中，多半相信科學可以救國。

從自覺運動的《新希望》到《科學月刊》，活動的場景都是台大校園，行動者中也有重疊的身影。劉容生雖然在自覺運動中非常活躍，後來的科學教育行動參加已較少，反觀在自覺運動中較被動的林孝信、劉源俊等人，卻在後來的科學教育運動中，角色日益吃重。台大物理系學生林孝信自然也參與了《新希望》，他就是和平常一樣，到處跟人談個不停，並不是核心人物。理組出身的林孝信，自上大學後，還是把多數的注意力放在科學上。

他發現對科學的熱愛是許多理學院學生共同的興趣，進入大學後，不少學生從原文書中感覺到接觸知識的欣喜，但是苦於中文書籍太少，於是早期的大學生經常會討論應該翻譯一些作品。像是著名化學家潘毓剛在大一時，就已經把化學家Linus Pauling有關化學的著作翻譯成中文，因為Pauling是知名化學家，曾經得過兩次諾貝爾獎（第一次是化學獎，第二次是和平獎）。一個大一學生膽敢翻譯大師的著作，有一些國內化學教授曾經嗤之以鼻。但是這件事對林孝信卻產生頗大的影響，他認為自己也應該同樣努力來做點翻譯的工作。後來林孝信曾翻譯過數學集合論類的書籍，只是翻譯完成根本沒有出版的機會。這時有人告訴林孝信，出版太難了，不如辦個雜誌。辦雜誌需要很多經費，林孝信知道自己沒有這個能力。

當時大學的師資不佳、資訊也封閉，但是學生卻非常用功。一心想唸物理的林孝信、劉源俊在大學裡還算用功，一樣是物理系的胡卜凱卻愛看雜書，也比較愛玩，幾個同學雖然同班，未必玩在一起。林孝信卻注意到，胡卜凱的父親胡秋原在當時主辦《中華雜誌》，或許可以為他們出點主意。胡卜凱說，林孝信想辦刊物，其實是直接請教他的父親胡秋原。可能是因為他的父親對新聞界比較熟，所以就向他提了一些建議。

〈中學生科學週刊〉與《時空》雜誌

林孝信從胡秋原那裡得到消息，知道台灣當時最大的報紙《台灣新生報》，正在規劃性質不同的週刊，這些內容是一週出刊一次，其中一天便是〈科學週刊〉。據說《台灣新生報》有意找專職的編輯，卻一直沒找到，這時胡秋原跟報社傳達「台大學生願意來當編輯」的消息，雙方一拍即合。林孝信說：「他不用花錢僱我們，也沒有給我們編輯費用，但是有點稿費，我們也不計較這個錢，我那時候已經大三了。」

林孝信於是同意負責版面議題規劃與編審的工作，《台灣新生報》原本是要將這個週刊訂名為〈科學週刊〉，但林孝信說他們只是大學生，不敢說是編〈科學週刊〉，因為科學週刊好像給大人看的，他們覺得自己還沒有這個程度，但編給中學生看是可以的，所以最後就把這個週刊定名為〈中學生科學週刊〉。

〈中學生科學週刊〉每週一出刊，為了維持版面正常運作，林孝信把他所認識的大學同學都集合了起來，並提供有關傳記、歷史、短文與基本的科學概念等介紹科學。民國五十四年五月二日，林孝信在〈中學生科學週刊〉第一期〈我們的目的〉一文中談到：

> 大部分的中學生不瞭解科學的真相，因為在科學主義與一道道難題下，所謂科學已經失去了其應有的意義，失去其原有的面目。另一方面，簡介基礎科學的書籍又顯得非常貧乏，故希望能藉此週刊使同學了解「何謂科學」，並且幫助同學了解興趣所在。

在〈中學生科學週刊〉中，林孝信又不僅止於科學基本知識的介紹，他同時也談科學哲學，其介紹主要是以殷海光的「邏輯實證論」為主，亦即重視印證、懷疑、運作等實證性。為了讓週刊可以維繫下去，林孝信儘量找人參與，包括台大、師大、社會人士均有人投稿，而且都是以理工科的人為主。五月十八日，林孝信再邀集同學，開「中學生科學促進會」成立大會，約有六、七十名同學到場，除了台大同學外，還包括師大同學。當時人在師大就讀生物系的張之傑就聽到這個消息。

有一天，在台大一間空教室裡，張之傑看到林孝信，心裡直覺是個其貌不揚的人，但是這個人卻很熱心，一直說個不停，張之傑後來決定參加。喜歡寫作的張之傑因此寫了一篇〈泥鰍在乾了的稻田裡面也可以活〉的文章，是一篇淺顯的短文，但沒被登出來。另外，張之傑向朋友約來的稿子也沒登出來，他覺得這個週刊怎麼登的都是台大人寫的，不登師大的，不高興之下張之傑就不再與他們連絡了。

但張之傑沒想到的是，他因為這樣認識了林孝信，過幾年等他讀研究所時，在報上看到林孝信辦《科學月刊》的新聞，還開心地主動打電話去，也因此和《科學月刊》有了不解之緣。

〈中學生科學週刊〉開版時間為民國五十四年五月二日，其所標榜的科學精神與自覺運動中的「科學自覺」部分有一定的銜接，而在〈中學生科

台灣新生報
中學生科學週刊
什麼是光？
物理學的性質
檸檬汁能發電
為什麼
人像
ALESSANDRO VOLTA

■一九六六年三月十四日新生報〈中學生科學週刊〉。

學週刊〉開版十三天後，自覺運動的《新希望》便正式停刊了。因而，以台灣學生為主體所展現的科學運動，重心開始轉移到林孝信身上。

林孝信編這個刊物從大三編到大四，到了大四，眼看就要畢業，為了讓這個刊物日後能夠持續下去，林孝信就以「科學要求真」為由，在台大成立了「求真社」社團，負責編輯這份刊物，繼續出刊到民國五十六年的二月二十七日，幾乎未脫期，前後算算，總共編了八十三期。每期有三至四篇一千到一千五百字的文章及專欄，共約六千字。

林孝信在編《新生報》的〈中學生科學週刊〉時，劉源俊在台大物理系主編《時空》雜誌，兩個人都已經先後提出「科學」的重要性。劉源俊與林孝信非常不同，林孝信喜歡與人談話，他的個性豪爽、不拘小節；點子很多，人又特別熱心，別人辦活動缺少聽眾、需要人頭的時候，林孝信都會慨然協助。劉源俊的個性相對內斂，說話做事也較講求嚴謹與定位，兩人在早期台灣的科學運動中扮演著相當不同的角色。林孝信花了很多力氣在內部聯繫與組織建立上，相較下劉源俊較會動筆寫下自己的想法，在正式出版的刊物中，比較可以看到劉源俊具名所寫的文章。

細心的劉源俊，到現在還整齊保留四十多年前的作品，他翻到《時空》雜誌第三期自己寫的：「看到外國科學的進步，我們有多少關於中文的科學著作呢？我們教育簡直是浪費金錢、浪費時間、浪費人才，」劉源俊說當時他的這個感想很強烈。劉源俊在《時空》同一期上面又寫著：「那盲目學習外國科學的時代已經成過去，我們必須自己建立一套，不然我們會永遠趕不上外國的。不錯，我們必須有一些肯犧牲的人來做這些事，但是我問，在國外做一個無名的研究員有意義、還是為自己國家立下百年大基有意義？」[1]

劉源俊在《時空雜誌》的好幾篇文章中，談到他對物理世界的嚮往，他在當時這樣寫著：「日本有兩個物理學家得諾貝爾獎，華人也有兩個，但是兩者的意義卻完全不同。日本的兩位都是在本國研究獲致成就，兩個華人卻都是美國籍的。他們的獲獎，至多只表示中國人的智力不差……[2]。」劉源俊也在另一篇談到〈中國物理學家的責任〉時說：「我們不必空談太空物理、原子核物理，這些研究所需的經費、設備遠非我們所能及，讓美國人、俄國人去做這些花錢的事吧！中國物理學家有太多的事要去做。」在同一篇文章中，劉源俊認為可以做的事包括研究學術、協助工業建設、教育英才、增進民智等[3]。

劉源俊說，當時他們在談中國的科學，講的就是台灣，當時的台灣就是中國，因為大陸根本已經是共產黨，不算中國。「中國就靠我們啦！」劉源俊說，當時大家真的是有這樣的心態。

最佳拍檔辦雜誌

林孝信大三、大四的時候，在他的身邊經常可以看到一個人物，個性卻與林孝信相反。台大數學系的曹亮吉常常跟林孝信在一起，但是林孝信十分健談，曹亮吉則是話不多，因此常常成為林孝信抒發理想、高談闊論時的基本聽眾。曹亮吉當時也目睹了自覺運動，但與劉容生、林孝信相比，他自認自己是比較被動的。曹亮吉與林孝信也是建中同屆同學，他的成績僅次於顏晃徹，對數學有興趣的他，在建中是以第二名成績保送台大數學系。當時在台大一年級的課程中，物理系、數學系共約八十餘個同學一起上微積分，所以，物理系的劉源俊、林孝信就這樣認識了曹亮吉。數學系和物理系的學

註：1 劉源俊，民國五十五（一九六六）年五月，〈偶感雜記〉，《時空》第三期。頁：廿—廿二。
2 同右。
3 劉源俊，民國五十五（一九六六）年十二月十日，〈中國物理學家的責任〉，《時空》第四期。頁：十六。

■林孝信（右）、劉源俊一九七〇年二月在芝加哥，兩人一起從事科學運動，個性卻完全不同。（劉源俊提供）

生經常一起參加活動，數學系的陳達、許世雄，也和物理系很熟，但是來往最多的則是曹亮吉。

曹亮吉說話速度較慢，不像林孝信那麼外向，卻與林孝信形成互補。他注意到他身邊的同學林孝信，他知道林孝信是全身充滿理想主義的。但是，曹亮吉有時也不免覺得林孝信這個人很奇怪，怎麼會從小就這麼關心國家大事？林孝信家在宜蘭，中學時他看到學校沒有圖書館，就立志將來要建圖書館。「他不只是空想，還會真的去研究圖書館。我們一同去圖書館時，我是去看書，他是去看周圍的書。」曹亮吉接著說，有一天一群同學來圖書館做研究，說是要交報告，正在苦惱不知如何下手。林孝信就很熱心地告訴他們，把圖書館好好地從頭到尾介紹一遍。「林孝信就是這樣的人，他這點讓我佩服到現在。」曹亮吉說。

林孝信、曹亮吉、劉源俊三個人也經常在一起，畢業時，林孝信規劃大家同遊天祥，晚上三個人一同坐在大石頭上，無所不談。儘管三個人的心情不同，但在後來卻都成為創立《科學月刊》的關鍵人物。

■林孝信（左）、曹亮吉兩人從大學便是好友。到美國芝加哥大學留學時，兩人也一直是室友。曹亮吉說，從台北到芝加哥，林孝信一直不斷說著想辦科學刊物一事。（林孝信提供）

林孝信在大學裡就常和曹亮吉談他的夢想，說是要在台灣辦一本科學性的雜誌，曹亮吉也一直是他最忠實的聽眾。大四時同學們開始忙著規劃出國留學的事，曹亮吉心想：「出國後他就會忘掉這件事了。」

三個人畢業先當兵，一年後服完兵役便準備出國，依照當時的制度，台灣的留學生到美國都是直攻博士。林孝信和曹亮吉兩個人都申請到美國芝加哥大學，劉源俊則是到了紐約的哥倫比亞大學。林孝信和曹亮吉基於兩人的好交情，便一起在美國找房子。第一年兩個人先住在芝加哥國際學社，成為同寢室的室友。

讓曹亮吉始料未及的是，林孝信在國際學社的寢室內，談的話題還是與在台灣的時候一樣。「他天天談要辦科學雜誌的事，我當他的室友，快要被他煩死了。」曹亮吉談起這段往事，說話的口氣故意顯得煩躁，用以還原當時的心情。他說他真的不懂林孝信：「我們出國不就是來拿學位的嗎，怎麼一直想著辦雜誌的事？」

林孝信對於他的理想，常是說個不停，儘管聽的人有時也會覺得厭煩，但因為他總能表現出無比的誠意，還會產生令人感動的效果，當聽眾的人說不出反對的意見，最後就會跟著參與。但有些人實在無法參與，就會設法躲著林孝信，免得被林孝信找到。劉源俊苦笑地說：「我也很想遠離他，《科學月刊》在醞釀出刊的前幾個月，每天晚上我從學校圖書館回到住處已是晚上十一點多，大約是十一點半左右，林孝信的電話就來了，而且電話一講就是兩個鐘頭。美國電話還算是便宜，要我講這麼久我也辦不到。但林孝信就是有這個本事，他就是有這麼多話要講，有時候真的很煩啊！」劉源俊想起這些，還是忍不住抱怨。

後來林孝信和曹亮吉搬出國際學社，兩人又找了中央大學的洪秀雄、成功大學的賴昭正，四個人一起在芝加哥合租了一間公寓。林孝信愛說話的個性沒變，不過聽眾又多了兩個，但是林孝信主要說服的對象並不是這群室友，而是外面廣大的留學生。「他主要是對外，在那種氣氛下，我們只好幫他了。」曹亮吉這麼說，而四個人同住的公寓便成了將來辦科學雜誌的聯絡中心。

回想起四十多年前在芝加哥，林孝信的記憶還很鮮明。林孝信認為，當時許多留學生到了美國後，經常對台灣提出批評，罵多了以後，這些學成的留學生多半不願回台灣。但是，林孝信心中難免懷疑，你們之所以罵台灣，是否是貪圖美國比台灣更好的物質條件，想留在美國，才會把台灣罵成這樣？林孝信覺得，台灣是很不理想，比起高速公路、摩天大樓這些面相，台灣和美國差距很大，科學更是差距遙遠。但是，台灣還是有很多人奮發向上，很多年輕學子，都希望留學生可以趕快學成歸國。

這種心情林孝信從大學時代就很強烈了，當他來到美國，看到留學生提出各種理由說台灣的不是，在政治上很天真的林孝信說：「我承認，聽到有人在講戒嚴不對時，我覺得也有道理，只是我對政治沒有多大興趣，也沒有能力反駁。另外我又覺得留學生這樣罵沒什麼用，台灣根本聽不到你們罵的聲音，也不會改變。所以，我才想，與其這樣罵，不如我們實實在在來做一點事。」

「因為我是學科學的，我能夠做的事情就是科學，這是一件很重要的事。」這是林孝信的基本信念。因而，林孝信就開始找人積極做這件事。林孝信的幾個同學像是劉源俊、曹亮吉、洪秀雄、賴昭正、吳力弓、徐均琴、陳宏光、許景盛、勞國輝等都是當時的留學生，大家因為林孝信的號召，都願意協辦這份科學性的刊物。這些人中，除劉源俊在紐約、勞國輝在長島外，其餘均在芝加哥。

除了已經擁有基本班底外，這時林孝信聽到有一知名的台灣物理教授，正巧也來芝加哥大學進行博士後研究，這個年輕學者就是李怡嚴。林孝信說，因為早期願意到台灣任教的人很少，年紀輕輕的李怡嚴很快就到清華大學當教授，報紙曾經介紹這名年輕學者。

為了慎重，林孝信先是透過李超駿介紹，由他先寫一封信給李怡嚴，再由林孝信找他當面談。至今李怡嚴還記得，有一天他在芝加哥圖書館，林孝信走過來向他自我介紹，並且向他說明創辦《科學月刊》的構想。「我聽完以後覺得很有意思，」這是李怡嚴對林孝信的第一印象。後來林孝信又把曹亮吉、賴昭正、洪秀雄等都找來，四個人經常和李怡嚴一起討論該如何辦這本科學性的雜誌。李怡嚴的熱情也被激發了出來，他向四個人承諾，他回台灣時可以來做這件事。

民國五十八年三月，以李怡嚴為首的十一名共同發起人，以手寫油印的方式，向留學生發出第一期簡報，參與者心情五味雜陳，最重要的是必須讓別人了解這份工作的意義。他們在一封簡單的信函這麼寫著：

同學：

多時不見了，這一向可好？

來美後我們都驚羨於人家多方面的進步，同時感慨於留學生的無根；種種的因素又令絕大多數的留學生變成「流」學生。的確，那個留學生沒有這份思衷？而你能有積極的主張：「為什麼我們不做些有意義的事呢？固然要使社會趨於理想，政治、經濟等方面是很有影響力的因素，但一般民眾知識之提高，健全的社會價值判斷體系之建立等更屬基本的內涵要素。為什麼我們不腳踏實地在這方面做點工作呢？」讀了這段有力的話，再看看今日科學進展的神速，與國內一般民眾科學水準的低落。如我們把範圍放得切實點，出一份以中學生及大一程度為對象（可包括一般民眾）的《科學月刊》，應是一件可以做、且是不少留學生所願意效力服務的事。

根據這個構想我們計劃了如何實行的辦法：

現在把討論的結集列於後，希望有您的批評和建議，更希望您也加入我們的行列，一齊工作。

祝

近安

李怡嚴　吳力弓　林孝信
洪秀雄　徐均琴　陳宏光
曹亮吉　許景盛　勞國輝
劉源俊　賴昭正

利用「循環信」籌劃聯繫

第一期的「簡報」確定未來《科學月刊》的讀者為高中到大一程度。而每個發起人都要就其專長進行約稿與籌劃事宜。於是曹亮吉負責數學、劉源俊負責物理、許景盛負責物理化學、陳宏光負責有機化學、徐均琴負責生物、洪秀雄負責地球科學、李怡嚴負責讀者信箱專欄，並由林孝信擔任總負責人。但這些人畢竟都是還在求學的博士生，台灣方面除了李怡嚴以外，需要更多人手幫忙。

當時，已在台大心理系任教的楊國樞到美國伊利諾大學求學，完成學業正準備回國時，有一天接到電話得知林孝信要和他洽談，當天是由曹亮吉陪著林孝信來看楊國樞。楊國樞說他在與林孝信、曹

■林孝信在美國芝加哥攻讀博士時，奔走美國各個大學凝聚留學生力量，並以「循環信」方式，作為《科學月刊》聯絡訊息的管道。（林孝信提供）

亮吉的初次見面中，起初聽不懂他們在說什麼話，後來才漸漸了解他們的理想，目的是希望先回國的楊國樞可以在國內幫《科月》做些工作，「裡應外合」；一方面由海外熱心人士募款、邀稿，另一方面由已回國者敲響出刊的大鑼。

楊國樞在《新希望》時就寫文章，《大學雜誌》創刊後，也是其中非常重要的寫手，自由主義色彩濃厚，因此，他很快就答應了。

但是，當時的留學生散在美國各處，林孝信沒錢，所有成員都是義工，有些要發給大家的通知需要刻鋼版，曹亮吉因為字比較漂亮，常常被林孝信拜託來刻鋼板。同時，那時候沒有E-MAIL、沒有傳真、就連複印機都還沒有的時候，要怎麼樣跟大家聯繫其實煞費苦心，打長途電話在美國雖是國內線，但也要有一定的花費，而且這麼多人，寫信又太花時間，林孝信想和一些美國的留學生聯絡就很不方便。

後來林孝信就想了「循環信」這個辦法。循環信這個構想原是源起於一九六七年七月三十日，劉容生邀約大部分原屬《新希望》的朋友們聚會，宗旨是要讓留在國內的人與即將出國的人彼此認識，增加聯繫，以免將來大家分道揚鑣後，失去可貴的團結力，當時共約到三十人。大家談到為增加聯絡，以後也許每三個月出一份聯絡通訊。後來，在一九六八年間，有一份循環信（後來名為「我們的信」）流傳，大家各抒己見，流通在美國的各種訊息，同時也互相鼓勵。特別是留學生剛到美國，接觸嶄新的社會，又正逢政治意識與思想行為都處於混亂的局面，感觸尤深。劉源俊記得，這個循環信約一個月一次，傳到後來就遺失了，無以為繼，他記得一九七〇年時，鄧維楨從台灣發出第九期，應該是最後一期了[4]。

而由林孝信發起的循環信一開始大約是二、三十人以上，後來發展到五、六十人。開始是循環一次，第一個人把信寄給第二個人，第二個人再寄到第三個人，第三個人就可以看到第一個人跟第二個人的，以此類推，然後再寄到第四個就看到前面三個人的，就這樣成為一個完整的系列。

林孝信想，一個循環完畢以後，然後就把第一個環循信設法給第二個循環的人，目的就是要讓大家都能夠看到。為了讓這個循環信能夠有效運作，林孝信在內部曾經定了規則，要大家收到信後幾天之內一定要把它寄出去給下一個人。一個一個循環下去，對大家來講也還不錯。後來覺得因為人數太多，循環一次的時間太久，所以又改以林孝信為中心來發信。林孝信把所有人分成六組，共六個循環，然後排出次序，開始進行循環。

循環信弄了大概一年左右，到了一九六八年九月到十月間，林孝信通過博士資格考試，心情較輕鬆，就開始把重心放在籌備《科學月刊》工作上，然後《科學月刊》這個網絡便取代了循環信。換言之，循環信大部分的人都加入《科學月刊》了。

在李怡嚴等十一人於一九六九年三月共同發起《科學月刊》後，同年三月廿六日，也和林孝信同時通過博士資格考試的劉源俊，寫了一封信給物理界的朋友，信中固然是在談有關物理稿件的規劃內容，但他的第一段也談到了《科月》的宗旨。劉源俊寫著：

各位學物理的學長及朋友：

我一直有這樣的感覺——現代的科學進步得這麼快，但科學與社會大眾之間的距離卻愈來愈遠了。科學家的言語很難為大眾所了解，甚至這一行的科學家也無法跟另一行的科學家交換心得。這種情形以物理學及數學最為嚴重，而中國的情形較科學先進國家更為嚴重。我們身為科學家，有義務將知識傳播給大眾，我們身為中國人，知曉中國語言，更有義務將知識傳播給自己的同胞。林孝信兄發起辦《科學月刊》，我熱望有志於此的人們貢獻出力量，使它開花結果。在物理這一組，我願意做一個聯絡人，將大家的智慧融合起來，創造一個好的開始。因為大家各處異地，聯絡不是一件容易的事，所以我希望大家能互相合作。

雖然一些留學生承諾幫忙，但最忙碌與帶勁的人還是林孝信，如果不是因為林孝信的那股傻勁，《科學月刊》可能辦不出來。但當時林孝信還只是個研究生，書也沒念完，別人實在無法想像，人在美國，如何為台灣辦一份刊物？

因為理工科出國的多半都有獎學金，不像文法商的留學生，為了生活費還得打工。同時，美國大學對研究生也比較放任，沒有老師會抓學生來讀書。因此，林孝信希望聯絡更多留學生一起努力，為台灣辦一份科學刊物。當時初估預算要三、四萬以上，甚至可能要五、六萬，這麼大的一筆錢讓一些原本熱心的留學生，心裡涼了半截，信心也動搖了。就在大家情緒最低潮的時候，林孝信感覺光是藉著通信聯繫已不足夠，於是開始醞釀到美國東部各大學，進行面對面的溝通[5]。

註：4 這部分資料見劉源俊〈《科學月刊》與保釣運動〉一文，該文發表於二〇〇九年五月清華大學所舉辦的「一九七〇年代保釣運動文獻之編印與解讀」研討會。

5 原天美，〈路是人走出來的〉，出自《科學月刊十週年紀念文集》，頁：一四四—一四五。

「苦行僧」克難環校之旅

林孝信決定拜訪各個大學校園，目的就是要找人，除了要請大家捐款外，最重要的就是要他們寫文章。但是林孝信旅費很少，只能當省則省，能克難就儘量克難。

林孝信曾經採取搭便車的方式。林孝信當兵時認識的成大物理系畢業學生楊紀中，留美後在聖路易大學讀書，有一次他剛好來芝加哥，隨後要開車到多倫多，便讓林孝信搭便車，並且花了好幾天的時間，陪著林孝信一站一站地拜訪留學生，最後在水牛城把林孝信放了下來，這樣林孝信便可省下很多車錢。

此外，別人沒用完的票，林孝信也拿來用。林孝信解釋說，美國灰狗巴士（Greyhound）會發行一種兩個禮拜均有效的優待票，就是兩個禮拜內可以隨意搭乘，沒有任何限制，票價則是九十九元美金。有一次曹亮吉的哥哥曹元鼎買了這樣一張票，但是在時間範圍內還沒用完，曹元鼎就把那張票給林孝信，林孝信就用這張票去進行他的旅程，所以，也沒花到錢。

林孝信從一九六九年六月底開始他第一次的環校之旅。六月底他到了費城、紐約、石溪、麻州艾摩斯特市（Amherst）、波士頓、馬里蘭等諸城各大學，遇到許多朋友。當時李遠哲已到芝加哥大學任教，還介紹了許多已經在教書的朋友給林孝信認識，林孝信在東部聯絡到的有桂行、湯廷尉、李遠川、袁旂等人。此外，林孝信在此行聯絡到的學界人士還包括負責核子工程的王文隆、哈佛的祝開景、柏克萊的項武義、哥大的游昌禮、馬里蘭大學的李雅明、石溪念物理與化學的朋友等人，林孝信同時也向留學生展開募款活動。並且確認由李雅明負責「科學哲學專欄」，沈君山負責「書評」專欄[6]。

回到芝加哥後，林孝信把所有捐款與做事的名單全列了出來，並寫在七月份的簡報中寄給其他成員。他說：「除不願列名者外，這些人都是《科學月刊》的共同發起人。」

就在林孝信全心籌辦《科學月刊》之時，八月底陳省身正好來芝加哥大學接受榮譽博士，林孝信和曹亮吉一同去拜訪陳省身。據林孝信說，陳省身很細心地聽取《科學月刊》籌辦的動機與現況，表示「全力贊成，並願捐款」，同時陳省身又介紹一些學界人士給林孝信。

林孝信為了辦這份科學雜誌，用最克難的方式進行美國環校之旅，他的外表狼狽，說起話來卻滔滔不絕，以最大的熱誠感召每一個認識或不認識的朋友，在留學美國的師生間，形成極大的影響力。當時在芝加哥大學任教的李遠哲說：「記得一九六八年時，我到芝加哥大學教書，第二年就遇到林孝信同學。那個時候，我看到他滿懷理想、滿懷希望，想為家鄉的弟妹們做一些事情，於是他創辦了《科學月刊》。我非常地受感動，因為我想如果我們大家都能像他這麼有心的話，一定非常有希望的。」[7]

另一個在普渡大學教書的沈君山也有這樣的印象：「我還在美國印第安那州的普渡大學教書的時候，家裡來了兩位從芝加哥來的不速之客，背著書包，垮著褲子，頭髮蓬鬆，鬍鬚依稀，有點像游牧的吉普賽人。其中一位是我的舊識，李怡嚴先生；另外一位只是聞名，林孝信先生，剛剛坐定就說明還沒有吃飯，一面唏哩呼嚕的吃趕燒出來的生力麵，一面大談其理想：要以留學生的力量在台灣辦一個通俗性的科學刊物。」[8]

沈君山把這些第一印象，寫在後來出版的《科學月刊》中。他強調李怡嚴與林孝信兩人既感於成

註：6 一九六九年七月，《科學月刊》工作簡報。

7 李遠哲主講，邱淨華整理，一九九〇年四月，〈李遠哲談科學的重要性〉，《科學月刊》，頁：三〇六—三一一。

8 沈君山，一九七七年一月，〈憶《科月》誕生〉，《科學月刊》，頁：七五。

千上萬的留學生滯留國外，對祖國的貢獻一片空白；又感於國內科學界的寂寞和期刊的貧乏，因此主張經常接觸新知的留學生應出錢出力來支持一個科學刊物，貢獻給國內的大眾，豈不是極具意義的一件事？

林孝信每到一個地方，就會有聯絡人先幫他找十來個留學生或是已經當教授的人相互認識，林孝信就會跟他們說明要辦《科學月刊》的過程，並聽取各界不同的意見。雖然有不少留學生表示贊同，但是，也並非每個留學生都這麼支持，有些留學生也很有疑慮。例如有些人覺得林孝信應該要先把學業顧好，或許等他得到諾貝爾獎後再來登高一呼，會更有效果。還有人說，辦雜誌要花很多錢，他建議林孝信把募來的錢先去買股票，賺了錢後再來辦雜誌。

還有人說：「台灣不是說，要害一個人就叫他去辦雜誌，現在當研究生哪裡有空搞這個玩意兒？」

總之，大家都覺得辦雜誌很難，辦科學雜誌更難，畢竟不是吃喝玩樂的雜誌。然後留學生都在海外，要為隔一個太平洋之外的台灣辦雜誌，更是難上加難。林孝信明白這些意見都很真誠，不是故意諷刺他。他們也感覺到林孝信的熱忱，都會先把林孝信誇獎一下，再說一些困難等話。林孝信知道不能聽了他們的好意就馬上打退堂鼓，還要反駁與回應，《科學月刊》仍在持續蘊釀中。

科學月刊「第〇期」出版

一九六九年暑假，李怡嚴回到台灣，很快與楊國樞聯絡，開始在台灣展開《科學月刊》的印製工作。而在芝加哥，各組的稿件陸續送來，芝加哥的同學開始進行第〇期的準備工作。林孝信知道學科學的人文筆可能不夠好，還特別提出「外行人改稿」的建議，當時就是請文學界的王渝修辭改稿，以便增加可讀性。其他的工作還包括蒐集稿件、審稿、請人畫插圖，並研究編輯印刷的細節，然後再將稿件編好，再寄到台灣印刷。

等林孝信第二次東遊時，他的手上已經有《科學月刊》第〇期了，留學生的信心更堅定了。林孝信也在一九六九年九月份的工作簡報中，向大家報告《科學月刊》試印本「第〇期」已經於九月十五日出刊。他認為這本試印本的意義是：「對整個工作而言，它更象徵大家合作的結晶。從沒有聯繫的一盤散沙，到大家一齊寫稿，合力出錢，在這合作的成果裡是含有多少歷經困難的熱忱與高貴的奉獻。」

而在第〇期出版後，一九六九年九月十八日，林孝信帶著第〇期再度東遊，訪問了匹茲堡、約翰霍甫金斯大學、馬里蘭大學、費城、紐約、石溪、耶魯、波士頓、麻州大學、雪城大學、康乃爾、羅切斯特大學、水牛城等諸市學府，出發前先到過伊利諾大學，回來後還去南灣聖母大學。這一趟，主要是為在上述各個學校聘請校聯絡員，同時也傳閱第〇期，並聽取大家的意見。

此外，只是研究生的林孝信還拜訪了好幾個當時已成名學者，包括孫觀漢（物理）、李宗基（化學）、劉占鰲（醫學）、楊振寧（物理）、李政道（物理）、項武忠（數學）、王瑞駪（生物）、梁達（土木）、王憲鐘（數學）及吳大猷（物理）。林孝信當時在第一期《科學月刊》通報中告訴大家，這些人都對《科月》表示贊同，多數願意捐錢支持，一部分答應為本刊審稿顧問。吳大猷還表示，要在維持《科月》獨立民營的原則下，每年捐助本刊二、三十萬台幣。[9]」

林孝信是個研究生，為了這本雜誌到處找人，就連李政道、楊振寧、李遠哲都找，這些都算是林孝信的老師輩人物。但是林孝信當時有一種心理，他覺得辦《科學月刊》並不是要靠名人來支撐，所以雖然他曾經找到李政道與楊振寧，他們也都表示支持，如果按照很多人的作法，既然李政道、楊

註：9 第一期《科學月刊》工作通報。

振寧都已表示支持，不如採訪、記錄他們講的話，或許馬上就會有廣告效果。林孝信說他那時候完全不做這樣的事，在《科學月刊》創刊時都沒有提到他們。其實他們都幫了一些忙，林孝信覺得，雖然說他們幫了一點忙，可是跟劉源俊、曹亮吉比起來，他們幫的忙沒有那麼多，所以，他不想打「名人牌」。

在第〇期出版後，《科學月刊》決定在民國五十九年一月一日正式出刊。在第一期《科學月刊》工作通報中，林孝信寫著：「《科學月刊》現已聯絡了一千多位朋友，這件事的意義在於聯絡留學生共同替自己的同胞服務，因此我們還需聯絡更多朋友。」

回憶當時，如果不是林孝信個人如此賣力，以不退縮的精神繼續集結留學生的力量，幾乎可以斷定，《科學月刊》根本無法誕生。雖然當時各地留學生對於第〇期的內容仍有許多批評，但是大家都承認這樣的雜誌在中國是創舉，並希望能因此真正達到普及科學教育的目的。

四十年後，許多台灣科學界人士，都還記得林孝信風塵僕僕的模樣，也還在數落他獨一無二的「纏人的工夫」。就連當時還在台大就讀牙醫系一年級的程樹德，也已耳聞林孝信的科學熱情，後來才會毫不猶豫參與《科學月刊》。談起林孝信這位科普前輩，現任陽明大學微生物及免疫學研究所教授程樹德，以尊敬的口氣說：「林孝信是最認真的科學推銷員」。

4 隔著太平洋辦《科學月刊》

■《科學月刊》創刊前一群發起人在芝加哥王渝家中合影。前排是洪秀雄（右一），謝克強（右二），林孝信（右三），劉源俊（左二），王如章（左一），後排為賴昭正（右一），曹亮吉（右二），王渝（左二），徐均琴（左一）。

（科學月刊提供）

■《科學月刊》第零期試刊號。

《科學月刊》從一開始，便是美國、台灣兩邊合作，林孝信等人在美國約稿，李怡嚴、楊國樞就在台灣負責出版印務。在當時還沒有電子郵件、傳真、影印機的情況下，當時的通訊最快的方式就是航空信件，溝通既費時又困難。然而，就在共同的科學播種信念下，兩邊人馬隔著太平洋，開始籌劃《科學月刊》的試刊號。

在李怡嚴回國後，籌辦的時間已經不多。所有的稿件在七月，也已經全部寄來台灣。八月時，包括李怡嚴、楊國樞、趙玉明、宓世森、王重宗、賴其鵬、賴東昇等，在國內開了第一次籌備會議。楊國樞對當時的幾個工作伙伴這樣形容：「我回台灣後與李怡嚴接洽，發現李怡嚴也有林孝信那種摩頂放踵的精神，辦起事來吃也吃不好，穿也穿不好，有那種完全忘我的態度。」

為了讓《科月》順利誕生，楊國樞笑稱自己曾在台大心理系辦公室「揩油」找資源，又請來一些研究生幫忙，因為師生過去從沒有一起著手完成有意義的事的經驗，有幾位做得很起勁。楊國樞記得，那時一起工作的還有宓世森，以及任教於中山大學外文系的黃碧端。還有一位奇怪的熱心人，就是後來任職聯合報總編輯的趙玉明，趙玉明後來甚至將它的兒子取名為「小科」。

楊國樞說，那時大家都很有幹勁，起先他聽到要辦第〇期時，覺得很詫異，印象中沒有雜誌是如此出刊的，後來想想這可能就是《科月》的「科學精神」吧！

試刊號取名是第〇期，李怡嚴說：「是林孝信取的。」李怡嚴和林孝信談好，要把試印品做為一個嘗試，先測試看看《科月》該有多少篇幅，以及該付出多少成本。同時，第〇期出版後，必須很快寄到美國給林孝信，好讓林孝信帶著去募款或者是募文章。

從零開始 美國約稿、台北印行

第〇期是由李怡嚴掌大舵，李怡嚴幾乎是把全部心力都放到第〇期上，過去台灣從來沒有這類的出版經驗，一切就好像是「從零開始」一樣。林孝信在美國張羅了所有的稿件，李怡嚴開始構思封面。他想，這本雜誌其實是起源於芝加哥，因此他回想起自己曾在芝加哥拍到一個紀念雕塑，以此為封面，或許可以表現出其中的象徵意義。

第〇期出刊後，「許多人像沒見過雜誌似的，歡喜得不得了。」楊國樞這樣形容當時工作人員的心情。第〇期出刊時，共同發起人國內外加起來共一〇四人，該刊同時宣示《科學月刊》創立的宗旨是：

> 不僅要做為學生們的良好課外讀物，也要成為一項有效的社會公器，不但要普及科學，介紹新知，並且要啟發民智，培養科學態度，為健全的理想社會奠定基礎。

第〇期出刊後，在台灣獲得熱烈的響應，單是大學生部分就有五千多人簽名預約。但是美國的留學生卻在異鄉一直苦等第〇期，台灣在十一月三日以「水運」寄出，林孝信在十二月五日發出工作通報時，都還沒有收到。林孝信於是先帶著空運寄來的第〇期，展開他的第二次東遊。

當林孝信正積極展開募捐活動，並與國內約定好，日後將由在美國的留學生，負責籌畫蒐集與審稿的工作，國內則負責印製與發行。為了次年元旦正式創刊一事，李怡嚴在十月時，還在台北中國大飯店，主持了記者會正式對外宣布。

林孝信充滿了熱情，在美國四處旅行，很多留學生都知道林孝信這號人物，也覺得辦《科學月刊》是很有意義的一件事。但是，因為辦《科學月刊》，林孝信似乎與自己的博士研究漸行漸遠。《科學月刊》第〇期創刊時，已經是林孝信到美國的第三年，其他一起去的同學，都已經開始在忙博士論文了。林孝信最好的朋友劉源俊，原本也是林孝信籌辦《科學月刊》重要的伙伴，但看到林孝信整個人投入雜誌中，學位很可能拿不到，格外讓劉源俊感到焦慮。

如今重談往事，劉源俊說來彷如昨日。劉源俊從他的資料夾中取出一封長信，寫信的時間是民國五十八年十一月五日，收信人是他的同班同學林孝信。劉源俊在信裡苦口婆心地勸林孝信先拿到學位，《科學月刊》暫時先撒手不要管。

他在信中提到，關於籌辦《科學月刊》的意義，他們兩人中間沒有歧見，「問題在誰辦？」劉源俊在六頁A4大小信紙上，寫上密密麻麻的字，一方面苦勸林孝信以學位為重，另一方面也反映自己矛盾的心情。劉源俊在信中感覺到辦這樣一份刊物，其實得不到太多的支持。信中說：

孝信：

如果我近來的沉默增加了你的焦慮，則我非常抱歉。如果說，我對《科學月刊》的熱忱減低了，那也許是事實。現在我已陷入很深的矛盾之中。以往，心裡有許多話想說出來，但是看到你的熱心與信心，總無法出口。有些話說出來，怕會洩了你的氣，傷了你的心，所以放在心裡不說了，轉而反省自己，也許是自己不對，自己的信心不夠堅定，應該要堅強些的。所以當別人澆冷水時我會為你辯護……。現在我覺得藏在心裡的話必須要對你說個明白。那真是我想到的話，倘若不說，那就是虛偽了，虛偽雖然能維持一段時間，終要被揭破。

在哥大，每當有同學聚會時，我發覺無法把話題轉到辦雜誌這方面，或類似的方面。各人似乎有各人的問題。聊天的話題大部分是政治與女人，我想各處的留學生皆是一樣。為什麼呢？因為這是切身的問題，別的事都無關痛癢。每期的「台灣青年」上言詞如此激昂，令人怎不感動？一會「東方紅」音樂歌舞史劇演出，一會又是黃色電影貼滿校園，一件件的事都吸引了大家的注意。平常聊天，總談到女人，這個時候正是對女人的需要大的時候（你看班刊上不都談這個問題嗎？）寫一篇與他的前途沒有關係的文章實在困難。我發覺很難叫別人在追女朋友時坐下來寫稿。一個人有權利要求別人做事嗎？

劉源俊在信中很直接地把自己的感覺說出來，他覺得林孝信人在芝加哥，他人在紐約，兩人相隔如此遙遠，以致無法密切合作。如果這樣，感覺由兩人鑄成的理想，其實是建立在空中閣樓般，基礎是非常不穩固的。因此，他覺得繼續辦下去是個錯誤。他在信中最後又說：

拿出勇氣來決定吧！把心胸放得寬一些。我們應創造理想、實現理想，不要為理想而奴役。如果你決定放棄了，我們都鬆一口氣，可以好好地為將來計畫一下。如果你決定還是要辦下去，我還是出力幫忙。

祝

愉快

弟 源俊 敬上 五十八年十一月五日

劉源俊洋洋灑灑地寫這封信給林孝信，句句語重心長，苦勸林孝信放棄辦《科學月刊》。劉源俊把這封信完整保留到現在，但收信人林孝信談起此事，卻說「沒什麼印象」，由此可見兩人個性實有天壤之別。在博士學位未完成的階段，劉源俊認為必須勸林孝信暫時放手，不要管《科學月刊》。但是他自己內心也很複雜，尤其看到自己最後一段寫著：「如果你決定還是要辦下去，我還是出力幫忙」時，劉源俊也忍不住大笑，他說難怪林孝信不把這件事放在心上，因為他知道老朋友還是會幫忙做下去的。

台灣為了創刊的工作正加緊趕工中，創刊號的稿件在十二月五日時已經寄來，二月號的稿件卻發生延遲，美國的稿子還未蒐集完畢。但是，已經對外宣布一月一日要創刊了，還是要如期出刊。

創刊號熱賣一萬八千本

民國五十九年一月一日，《科學月刊》創刊，反應果然非常熱烈。創刊號總計發行一萬八千份。在售價方面，林孝信認為創辦《科學月刊》的信念是「要馬兒跑，又要馬兒不吃草」，意思是要把價錢壓到最低。因此，最初價錢是每本十元，學生只要五元，學生訂一年六十元。

創刊號的市場反應帶給太平洋兩端的工作人員很大的信心，一開始先印的一萬兩千本（一說是一萬四千本），發到台灣幾個城市後，「就是很快，幾天就賣光了。」當年參與《創世紀》詩社創立的詩人宓世森（辛鬱）這樣形容當時熱賣的情形。他認為，這可能與《科月》已經先在幾個大學裡面，發展了學生義務推銷之類的活動有關，因為有些同學非常熱心。宓世森就深刻記得台南成功大學有一名同學非常熱心，他一個人在成大就推銷了一千七百多份。這一千七百多份零售讀者中，有三分之二後來轉成訂戶。

《科學月刊》創辦時就決定以高中生與大一學生為目標讀者群。當時，中研院史語所助理研究員王道還是建國中學高二的學生。王道還說，那時候他看到《科學月刊》時很興奮，立刻就訂了，而且是非常地貪讀，早期《科學月刊》第一年、第二年的作品，王道還到今日還記得。例如，當時沈君山寫了不少文章，可以看到當時的人討論問題的態度。譬如說應該怎樣翻譯一個科學術語，如何進行關於科學的陳述，以及到底應該用什麼樣的中文來表達等，這些作者的態度都非常認真。

事實上，《科學月刊》剛剛發起的時候，希望效法的有兩個對象。一個是《科學美國人》（Scientific American），另一個則是英國的《新科學家》（New Scientist）。後來大家覺得《科學美國人》過深，每篇文字也較冗長，不容易吸引讀者，所以決定努力辦一份比它淺顯一些的刊物[1]。

同時，不同於民主運動先驅內心充滿過多的國家認同焦慮，投入科學運動的《科學月刊》成員，

註：1 劉源俊，一九九〇年八月，〈《科學的美國人》的啟示〉，《科學月刊》，頁：五九六—五九七。

不論是源自大陸的外省人，或是台灣本地的本省人，都對科學有著濃烈的自信，相信科學可以為台灣社會帶來進步。甚至有些《科月》成員在他們想像科學的時候，會與五四運動進行歷史的聯繫，進而延續了五四運動以來的反省，一直認為未來中國壯大要靠科技。因而，當時的科學普及工作，還包含了救中國的思想，有著濃厚的民族主義色彩，以致創辦《科學月刊》的時候，還有人建議把這份刊物命名為「中國科學」。之所以會有這樣的想法，主要是因為參與創辦《科月》的人都有一個共同的願望，那就是希望藉著《科學月刊》，為科學在中國生根盡一份力[2]。

知識啟蒙 讀者反應熱烈

其實，當時的「中國」，指的就是台灣，但是考慮當時的稿件絕大部分都是從國外來，介紹的差不多都是外國科學家的研究。文章內容雖然都是科學性的，但唯一和「中國」比較扯得上關係的，是這份刊物所用的語文是中文，因此稱為「中國科學」並不妥當。然而，從《科學月刊》發展的歷史來看，可以得知在台灣科學資訊貧乏的時代，《科學月刊》的參與者，仍然逐步完成科學通俗化的工作。

《科學月刊》發行後，這份刊物影響的不只是高中生，一些大學生由於大學資源匱乏，也成為《科月》非常主要的讀者。一九七〇年《科學月刊》創刊時，長庚大學生命科學系教授周成功，那時候是中原理工學院化學系三年級的學生，他記得當時的學生很少有機會接觸課本以外的知識，整體的學習環境頗為貧瘠，《科月》的內容令他相當驚奇。以生化領域來說，周成功談到，《科學月刊》那個時候裡面幾個專欄，像人體的故事、雙螺旋，這些都提供太多當時學習生化的學生從來沒碰過的內容，「那個時候坦白講是眼界大開，是非常興奮的事。」周成功又說，旁人可以想像在一九七〇年，學術環境相當閉鎖的環境裡，突然有一本刊物提供這麼多的素材。「我記得很清楚，包括孫觀漢寫書評，還有介紹量子力學，我看了非常exciting，我覺得對我個人來說，帶有一種啟蒙的色彩。」周成功說。

欣銓科技董事長盧志遠，當時是台大物理系大二同學。當他看到《科學月刊》試讀版第〇期時，他這麼形容他的感想。盧志遠說：「我一看，哇！這麼好的雜誌，非常興奮。沒有看過可以學習到這麼多東西的刊物，筆法很流暢，印刷又很精美，現在看當然不精美，可是那時候看是相當精美的。那時候一般雜誌都粗糙，你知道我們那時候是刻鋼板的時代，學校裡面的雜誌可能都是寫鋼板，所以相較下感覺《科學月刊》的印刷很精美。我看了就在想該怎麼支持它，才能不讓它倒掉。」

盧志遠當時還只是個大學生，在他第一次與《科學月刊》接觸後，他們就讓盧志遠幫忙做校對工作。為了校對，盧志遠得跑到台北萬華大理街的印刷廠，只要工廠一印出來他就開始校對。盧志遠還記得，那家印刷廠看起來破破的，是一個鐵皮屋的家庭工廠。當時大概只有一、二個人在裡面校對，做校對工作的人都是大學生，都是來當義工，沒有領任何費用。

直到今天，很多人都還記得《科學月刊》剛剛發行時，帶給他們的衝擊，東吳大學物理系副教授郭中一的經驗更讓人稱奇。郭中一是一九六一年生，《科月》創刊時他只是個小學生，他說他在小學時有一次跟媽媽一起搭公車，在公車站看到《科學月刊》社的招牌廣告。因為當時科學方面的刊物很少，於是他就一直吵，要媽媽去訂，但當時家裡環境不是很好，等於多一個開銷，媽媽認為應該等他大一點再訂。

等到郭中一就讀師大附中後，《科學月刊》就成為他與同年齡同學經常性的讀物了。郭中一說，他們師大附中同學每個週末會聚在一起，每個人各講一個主題，當時《科學月刊》是他們很重要的知

註：2 劉凱申，一九七七年一月，〈仍須努力〉，《科學月刊》，頁：七七。

識來源，大家把裡面的內容翻來覆去地念，因為就只有極少的讀物可以閱讀。他提到當時除了《科學月刊》、以及他們的科學出版品之外，光復書局也曾經出過馬里蘭大學編的一套口袋書，徐氏基金會也有一些翻譯作品，這些出版品對他們的影響也很大，但他們依賴最深的還是《科學月刊》。

從《科月》早期的讀者來信，或是目前還保留的一些讀者來信中，確實可以感受到，一些年輕學子對於《科月》的喜愛程度。高中生是《科學月刊》當時非常主要的讀者群。他們的問題千奇百怪。但從他們的來信可以明白，這些高中生多半反映他們在學校學習科學時，缺乏合適老師的教導，以致他們往往來《科學月刊》尋找各種可能性。例如，一九七二年十二月時，包含黃育禎等高中同學來信這樣寫著：

編輯先生：

我們這一群具有高度研究興趣的高中生，都是貴刊的忠實讀者。在強烈求知慾的驅使下，貴刊是我們每期必買，每篇必讀的刊物。可是無論用集體研究或個別探索的方式進行學習，總覺得其中有許多高不可攀、深不可判的生硬文章，使高中生無法理解。當然我們也知道，《科月》的讀者不是限於高中程度，它的對象還有大專同學以及社會大眾。

在我們祈禱之下，貴刊最近兩三期——舉行座談會後——內容大有改進，確能把握重點，切合實際需要，將傳播科學知識的領域擴大，特別注意到科學基礎的奠立，多供應適合高中生的題材，以及端正科學觀念，提示科學方法和精神的文章，對此，我們向貴刊表示最誠摯的謝意。

讀貴刊十月號，周曉明同學所寫的「理想氣體」一文，使我們神遊之外，欣喜若狂！閱讀時，就好像與周同學共坐春風，同沐化雨，內心有說不盡的「滿足」喜樂。想編輯先生採登此文時也有同感。所遺憾的，在周同學生動的筆觸下所描繪的「理想氣體」老師是一位未曾提及，使人費盡猜想、追尋，甚至夢寐難求，發生了嚴重的單相思……[3]。

後來，《科學月刊》也在雜誌上刊出了這位老師的大名為王競擇老師。另外有一封高中生來信也這樣寫著：

編輯先生：

看到貴月刊將協辦兒童暑期科學研究班，首先當然為那些未來主人翁高興，但身為青年（高中）的一羣乃至國中的青少年，實在也急需於「科學活動」方面予以指導，以當下想即有下列諸理由：

1學校雖有實驗課，但未徹底認真去做，而且甚少由實驗入手啟發至課本內容者。

2現在市面上適合中學實驗的教材太少，有一本「徐氏」出的趣味實驗，如由學生去單獨摸索，仍然有些技術性或其他問題無人請教，而青年真正感興趣的科學新知如鐳射等，卻只吊人胃口式的說可自己做，卻不說怎麼做。

3可請教的人如學校老師，學生對之常存「不好意思多麻煩他」的心理，尤其是課外問題。因此甚盼您能念及當前熱愛科學的「眾生」所需，能繼續協助青少年辦如「青少年科學研究班」者，乃量為眾所樂其成者。

順祝

近祈

讀者　曾世雄　敬上　0730

還有一個名為「孫以豐」的高中生讀者，在民國六十八年十月十日來信說：

註：3　一九七二年十二月，〈讀者來信〉，《科學月刊》，頁：十一。

或許沒有稱謂的寫這封信是十分沒有禮貌的，但是我不知道這封信的對方是誰，只知道《科學月刊》的人都是熱心推廣科學知識的人，所以我就寫這封信了，還希望原諒我的無禮。

我是個高中三年級學生，對於理科尤其是地球科學非常有興趣，每次上課時或回家看書時，總會發生些疑問，有些問題是可以問老師的，但是在我們學校的地球科學老師，大多是師大地理系的，對於人文地理較精通，對於我們的疑問，他們的表現是那麼的冷淡和不屑，真令人心寒，而且同學間又因為這一門功課聯考不考，沒有人願意討論它。於是我想到《科學月刊》社或許會有人願意給我點幫助，替我解決一些疑惑，但是我又怕自己的問題太淺，不夠深度，所以不敢寫到讀者信箱，只想要求有人給我幫助，那麼我有問題時該如何問法呢？該問誰呢？你們能不能告訴我？

有些讀者的來信，會反映了他們複雜令人難懂的情緒。如在《科學月刊》社，可看到一封寫著「敬致第五卷第十期中的黃敏晃與林華青先生」的讀者來信，信是這樣寫的：

我很感傷！我是建中三年級的學生，昨（五月二十八日）剛考完畢業考，回到台南，拿起《科學月刊》的第五卷合訂本來看，結果翻到您們所寫的開方法，因在去年十月中也是我班剛上完二項式定理之時，而我於一年級，已想出開立方之法，正好藉此剛學之二項式定理，便如魚得水的完成開n次方根法，參加我校於二月七日所舉行的校內科學展覽，題目即：「開n次方根與大膽假說」，最近這期之建中青年，因沒數學專欄（上一期有），故沒刊登，今見這方法早已有，何能不感傷呢？

現在我只想使《科學月刊》上，已看過您們作品的我校同學與老師，不要誤解我是抄襲的。

我所舉的方法是與黃先生與林先生您們所舉的方法大致相同，形式有些差異罷了。

（下面開始列出他寫的方法……）

讀者林同利敬於5、29

換言之，其實來信的高中生，都有各種科學問題想發問，但卻苦無諮詢對象。還有兩封信這樣寫著：

編輯先生：

我有二個問題想請您為我解答：

1若有二個完全一樣的物質，也就是他們的物理性質或化學性質都相同，將它們相互摩擦以後，它們何者帶正電？何者帶負電？如何決定？

2將一張紙拿去燃燒，在燃燒時為什麼它會動？又為什麼燃燒後，它不能和原來相同，而變得破爛了？

明道中學初三八班　趙詠絜　68、2、16

此外，高中同學莊晉德也來信說到：

編輯先生：

我是一位高中生，因為所學不多，所以有幾個問題向您請教。

1、我們可以用兩支手電筒，把這兩支所發出的光交叉在離自己不遠的地方，然後再把它們快速靠攏起來，這個交點就會很快的前進。如果用這種方法在地球和月球間的距離做實驗，就能得知光和光的交叉點移動比光速還快。

所以，我們可以認為光在真空傳播的速度，仍然有快慢之別。

2、在我們學校的化學試題曾問過$LiOH$的化性和$Be(OH)_2$、$Mg(OH)_2$兩者，何種較相似？在我認為$LiOH$是弱鹼，所以化性應該和$Be(OH)_2$較為相似。但是學校有些老師卻說是$Mg(OH)_2$，請問到底何者較為接近，主張氫氧化鎂的是何原因？

3、在相對論上說在加速中的太空船會產生暫時重力的現象。因此如果有一太空船以水平方向加速飛行，那麼在太空船裡的東西是否也以水平方向往加速器掉？若是這樣，人造衛星以高速水平方向飛行，所產生的重力並不是由下向上，而是向水平方向，因此不能抵消地球由上向下的引力，所以在人造衛星裡面沒有重力是另有原因。

讀者 莊晉德

在當時，幾個教授包括李怡嚴、劉兆玄、沈君山等，都曾經排班負責回答讀者的問題。曾經有一專科生郭榮茂來信問李怡嚴一些問題：

李先生：

你好！我是一電子科專科的學生，由於對物理發生興趣，但自己程度又不太好，故有一些無法解決之疑難想請教您。問題如下：

（一）如何將數學與物理連串起來，應讀哪些書呢？（因目前的書大部分都以一公式或方程式來表一物理意義。）

（二）數學之「場」和物理之「場」有何不同呢？

（三）電與磁之關係以及為何電流通過導線，則在導線周圍就會產生磁場呢？

讀者 郭榮茂上

以下是李怡嚴的回答：

榮茂先生：

我以為，對物理來說，數學只不過是工具而已。數學本身為一演繹的系統，其本身對物理意義並無增減，僅有適不適用以及方不方便的問題，因此，在看物理的一般書時，首先必須要注意每一個物理概念的定義以及範圍，（那些往往是用文字來敘述的。）千萬不能錯過。至於公式方程式，不過是那些物理觀念之關係（很多是由實際觀測歸納而來的），用比較簡潔的語言符號來描述，而數式的運算，也不過是演繹的過程。只要原來每個物理概念能夠清楚地了解，就不會被那些數式嚇住了。

2、一般數學中的「場」是一個抽象的概念，指一特殊的集合，其中的運算有「加」和「乘」兩種，相當於「加」的存在有零元素，對每一元素存在負元素，相當於「乘」的，存在有單位元素，對每一元素（零元素除外）存在其倒數。此兩種運算均服從交換律和結合律。另外，還服從分配律。至於物理中之「場」，指的是一種空間的分佈，以及物體在此分佈中所受的影響。常見的一些場，是用某些特殊的質點，在此分佈中所受的力來定義的，如電磁場即是。

3、電場與磁場的關係與場對場源（電荷、電流）的關係，很難用一二句話來描述清楚，如果可以用數學符號（在這裡，也可以看到數學符號的有用性），則這些關係完全包括在馬克士威爾方程式內。然而物理定義僅敘述各現象之間的關係，而物理學說更進一步將各定律聯繫成一整體。無論如何，並不回答此一問題：「為何某一定律會成立？」。這一類的問題可以說超出物理之範圍之外。

李怡嚴謹覆

如今在台北羅斯福路《科學月刊》辦公室，還可以看到早期讀者的來信，讀者的問題有的會登在《科月》上，有的則是單純回信即可。這些讀者來信所言千奇百怪，可以從中感受到年輕學子學習科學青澀卻又急切的心情。而《科月》這些大學教授，能夠及時提供指導與解答，在當時，確實是難能可貴的社會奉獻。

早期林孝信也曾談到與讀者互動的編輯理念，林孝信對這份刊物懷有極高的理想，他在發刊半年後進行檢討時，又強調讀者的重要性。他說：「我們的理想之一，是要使社會共同擁有這份刊物，不是知識單方面的灌輸。有些專欄，如讀者來函（信箱）、門外漢、教學心得等等，著眼點都在此——希望引起讀者們的參與。就是說，我們要社會的feedback[4]。」

當然，也有這樣的讀者來信：

敬啟者：

我買了貴社所有定期月刊（從試印本至現在），也買生活與自然叢書二套，及一些書籍，我的熱忱是不能形容的。此次我拜託您們刊登我另二張所寫的「讀者來信」，希望您們也很熱忱的，求您們，好嗎？

不是套交情，是真心求您們，我會很感謝您們。

祝您們都健康愉快

讀者來信

在《科學月刊》辦公室看到這樣的信，可就有點啼笑皆非了。

吸引有志青年加入投稿

《科學月刊》初出刊時受到當時讀者極高的重視，可見當時台灣社會追求科學的渴望。《科月》的發刊辭也強調科學對台灣現代化的重要性，同時，在創刊號的〈編輯室報告〉中，也提到「科學家的任務」。並且說，《科學月刊》未來將有「科學與社會的關係」、「科學教育」、「書評」等類的文章，說明科學家也是社會的一份子，不能老關在研究室裡做「室內」高人，他們應該關懷科學的普及與教育工作，更該了解許多科學研究對人類社會所可能造成的影響。

但同時，《科學月刊》也想提醒讀者，或許在許多人的想法中，科學還是那些唸理工的人的事。但從空氣污染的影響看來，科學不是少數專家的學問。亂傾垃圾，不單是個人良心或警察罰款的問題，共同的生活環境，如果不是每一個人有共同的理解，一起來維持，是很難奏效的。

然而，從實際情形來看，《科學月刊》還是吸引了相當多的理科學生，一起加入投稿行動中。《科學月刊》創刊時，中研院數學所研究員李國偉正好大學畢業，進入部隊生活。他服兵役時，士官學校需要數學跟英文的教官，台大數學系畢業的他很快就考上，接著在中壢第一士官學校當教官，軍中生活過得並沒有其他部隊那麼緊張，這使得李國偉有閒暇閱讀與寫作。這時他發現《科學月刊》開始出試刊版，也燃起他投稿的興趣，於是他在當兵的那一年裡，投稿了一篇翻譯文章〈塵埃後的世界〉，雖然文章不長，但是在一九七一年七月號登出來了，也因此使得李國偉與《科月》結下了不解之緣。

相較下，目前在中央大學水文科學研究所任教的劉康克，第一次投稿的經驗就稍有不同。《科學月刊》創刊時，劉康克就讀清華大學化學系大學二年級。劉康克曾經回憶寫道，在他大二寒假時，《科月》在台大辦了一個推廣活動，他也跑去參加。當他拿到第一期時，封面的大氣層結構圖令他愛不釋手，那時候，他家裡連電視都沒有，更不用提現在經常可見的彩色科學節目了，因而《科月》的內容讓他大開眼界，腦子裡都是愛因斯坦、波爾等偉大科學家的影子。

當時他人在清華大學，剛好《科學月刊》的核心人物李怡嚴、張昭鼎都是清華大學教授。劉康克說新竹的大學校園風氣跟台北不太一樣，在新竹，學生跟老師之間的關係比較密切，學生可以跟這些

註：4 一九七〇年六月五日，《科學月刊》通報十八，林孝信筆。

科學家們直接接觸，可以知道他們怎麼樣做、他們的想法如何等，那樣的經驗很重要。因為和老師直接接觸，他知道科學不是迷思，不是神祕，更不是只能遠遠看、只能仰慕而不能進入的。因而，當他有第一個投稿意念時，他與兩位教授有一些對話。劉康克說：

> 大二時，我曾經不自量力拿了一篇布魯克海汶國家實驗室的專題演講稿來翻譯，似乎是Edwards講的有關無線電天文的演講。其中有一段有如科幻小說，說的卻是星際旅行的「不可能」。照作者的計算，如果要做星際旅行，太空船使用最有效的燃料——正、反物質消毀（annihilation）都未必能辦得到。其中另一段提到隨機（random）分布有如Social security number（社會福利密碼，有如美國人的身分證號碼）。我不懂，有天晚上就跑到李怡嚴的辦公室去問他，他解釋了一番。我好不容易連夜把它譯完了，很興奮地拿去給張昭鼎看，他看了一下原文就說：「這個材料太老了，現在無線電天文學已經進步很多了。」於是我的第一篇譯作還沒有送出去就被退稿了。不過，我已嘗到科學的樂趣，就是無窮的想像[5]。

《科學月刊》基於科學傳播的理念，動員了美國留學生的力量，有的在美國邀稿、寫稿、審稿，台灣方面則全力支持印刷、排版與發行等工作。不但對許多年輕學子產生科學的啟蒙作用，讓他們意識到科學知識的吸引，也因此形成一股凝聚力，把一些熱愛科學的人集合在《科月》中。

台灣師範大數學系教授洪萬生與《科學月刊》結緣過程又有些不同，他一開始是以讀者來函的方式，與《科學月刊》討論數學在科學中的定位，並且對當時主持數學專欄的曹亮吉的文章提出了一些自己的看法。台北市讀者洪萬生的來信這麼寫著：

> 本想在二月份出刊前就寫這一封信，忙著大考，耽誤了，同時也看到了你們的第二期，有些感想（毋寧稱它是困惑）想向你們請教一下。在第一期的「編輯室報告」中，我發現數學被歸類在自然科學裡面（見第七十四頁，第一行（Column）第十列（Line））。為較多數人所接受的觀念是：數

學被分類為純數學與應用數學；而科學通常被區分為經驗科學與非經驗的科學，（視依賴經驗程度而定），經驗科學包括自然科學與社會科學，而純數學被視為非經驗科學。（請參看Carl Hempel：Philosophy of Natural Science，或三民文庫何秀煌譯本科學的哲學）。在第二期「科學家傳記」中（第七十頁第一行（Column）倒數第4列（Line））曹先生這樣說：「而在十九世紀，數學方面，各種模糊觀念之澄清，論證之嚴格，數學之脫離經驗而獨立……。」我以為「經驗」一詞容易發生歧義（Ambiguity）。

若對「經驗」無明確的說明，很容易被誤解為「學習的過程」或一般我們泛稱的「一種過程」等諸模糊不清的概念。

因此，假如我的想法是正確的話，那麼我願提一下對貴刊之建議。貴刊在第一期的編輯室報告中曾說：「假設預備知識只是大一以下」，所以撰文方面諒必發生很多困難，（若能克服，必為中國開介紹科學通俗讀物之先河），顧及讀者程度和可讀性，我覺得你們已經做到了精簡而不陋之地步了，只是我以為不要過略以免讓讀者建立錯誤或模糊的觀念，否則便去「科學」甚遠，不妨把原文中無法說明很清楚的或有必要做進一步說明的，盡量擺在文後的「註」裏面。我期望（這期望的心情相當沉重）我們的讀者受《科學月刊》之賜，能逐漸擺脫左右他正確思考的因素，學著去凡事追根究柢，放棄個人的成見，脫離記誦的包袱，革除「不求甚解」的惡習；唯有徹底去改變大多數人的思維習慣，（所以介紹「科學方法」與「科學哲學」乃屬迫不緩待之事）設法去訓練大多數人的思維方式，對我們的情況才有裨益。

基於此我想，研究哲學而不陷於「道」或「迷宮」的學者應該出來說說話了，願貴刊能設法延攬

註：5 劉康克，〈踏在科學的小徑上〉，《科學月刊二十週年紀念文集》，頁：一〇五—一〇八。

> 這一類的哲學家來主持「科學方法論」與「科學的哲學」這兩個專欄。
>
> 第二期的「自然界的照妖鏡」寫得好極了，我想即令是數學系高年級的學生亦會深深折服的。
>
> 洪萬生[6]

洪萬生自己對這些讀者投書已經不復記憶。他記得後來他也開始投稿給《科學月刊》，反而是負責改他投稿文章的曹亮吉對他頗有印象。曹亮吉說，洪萬生投稿時，他剛好看到那篇文章，發現竟然有這號人物，科學性文章從頭到尾寫得很順。曹亮吉說他通篇只改了一個字，即將西元「前」三世紀，改成西元「後」三世紀而已。

後來有一年，《科學月刊》舉辦編者讀者聯誼會，洪萬生那時正在當兵，也抽空來參加了，曹亮吉這才第一次見了洪萬生。雖然曹亮吉也看了其他人的文章，但洪萬生的文章卻讓他印象比較深刻。曹亮吉很驚訝洪萬生以學生的背景，竟然可以寫出那樣的文章來。「嗯，我覺得了不起，等於說他很有底子。那篇文章登了出來，篇名是《中國π的一頁滄桑》，後來似乎也成為他文集的名稱了。」言談間，曹亮吉似乎在說明自己的眼光沒有看錯。

《科月》因為要推廣，就到很多大學辦宣傳活動。高雄中山大學、台南成功大學、台中中興大學、彰化師範大學、新竹清華大學等都辦過。雖然後來因為評估效果並沒有太好而停辦。但宓世森說，這個活動因此讓《科月》聯繫很多教授來參與，那時候一下子發展成四百多名會友，這對當時閉鎖的學術界而言，是件相當不容易的事。

內容走向的檢討

《科學月刊》創刊後，固然發行開始受到注意，內部也開始出現一些檢討的聲音。《科月》在發行一年後，首先就內容的性質來做檢討。結果他們發現，在第一至十二期中，包含物理、生物、數學、天文、環境衛生、化學、心理、地球物理、一般等不同性質的文章中，以物理類最多，共四十五篇；其次是生物的二十五篇、數學的二十四篇；另外天文有十六篇，環境衛生是十八篇；其他如化學是九篇，心理是六篇，地球物理為四篇；其他一般性的文章則有二十五篇。這樣的文章分布也引起了內部的檢討聲音。

在《科學月刊》工作通報第十一期也是第一次的討論號中，許多人對《科月》的文章表現做了檢討。在普渡大學的沈君山認為：「毫無疑問《科月》迄今為止，太偏重自然科學，對目前國內迫切需要之工業知識份量不夠。其實國人在美學工的不比學理的少，其所以與《科月》聯繫不夠，我想兩方面都有責任。」康乃爾大學的劉容生也指出：「《科月》文章我覺得還是深了一點，物理的比重太大了，當然這是由於初期稿源的問題。工程科學的稿件希望多拉。」

美國東北大學的李超駿則認為該檢討的缺點是：「應看重實際和社會上發生的問題，針對某一特殊現象而向各方徵求有關的稿件。而這些問題應該和數理的科學密切配合，而去尋求具體的科學上的解決。例如：每年一度的颱風和洪水氾濫問題，如何整治河道和保養森林。台北下水道的徹底整理，台北市內及其近郊的空氣污染及工廠設廠的地位。台中建港後對其四周環境所引起的生態學上的影響，台電建核能電廠所引起的廢水處理，石門水庫的價值重估以及其對下游農作和水量控制的影響。非洲大蝸牛和引起的血絲出病的傳播等等。這些問題都是連貫性的。物理、化學、數學、生物、工程、醫學等都涉及。」李超駿還建議，刊物所討論的問題應包括整個大陸，至少在美國有很多留學生在研究大陸問題，關於中國大陸的科學及經濟發展，以及走錯了步伐的地方，都可討論。

註：6　一九七〇年四月，洪萬生，〈關於科學的哲學〉，《科學月刊》，頁：四—五。

在哥倫比亞的劉源俊也指出關於內容，大家公認前幾期太偏重理科，一定要加以修正。但劉源俊同時也指出：「美國方面的最大困難在於聯絡不便。現在許多批評都是針對著芝加哥總部而發的，在芝加哥總負責的是林孝信。實際上林孝信目前兼做了總編輯與聯絡中心兩項艱難的事，一個人精力有限，不免有些令人不滿的地方。但他為《科月》從開始到現在所付出的個人犧牲實在令人欽佩。可是他不能永遠犧牲下去的，必須要交給別人或把責任分擔。關於這一點我們必須討論。開一次大會是實際可行且有用的，但我認為根本解決的方法在於將《科月》的重心完全移到國內去。各組的負責人應該都在國內，主要的稿件也應該在國內收集。唯有這樣《科月》才能與國內社會不脫節。在開辦的初期，主要工作人員及稿件來源都在國外，這是不得已，因為總要有個開始。我認為《科月》的第一步是聯絡留學生共同來做件有意義的事，第二步應是發動留學生一同回國去做更有意義的事。」[7]

從當時來往書信中，已可看出海外與台灣合辦一本雜誌的困難，在通信中也會看到美國與台灣在一些事情上會有不同看法。以改稿為例，就是文字編輯上最容易碰到的問題。當美國方面把文稿確定時，台灣這邊一旦認為有修改必要時，因為兩地相隔太遠，就會因為溝通不易，而產生一些誤解。目前《科月》保留著一封「給《科學月刊》社海外工作同仁的一封公開信」，寫信署名的是「國內的《科月》朋友們」，經比對筆跡後，可知是前清大物理系教授李怡嚴所寫。李怡嚴在信中說：

《科月》本身內容的深奧，使《科月》本身幾乎不具備任何獨立生存的條件，若不是靠著國科會和亞洲基金會的補助，光以雜誌本身的收入，《科月》的壽命決拖不過一年。國科會的補助今年有，明年還不知道有沒有，亞洲基金會日前答應了兩年的補助，《科月》的銷路一直在下降（至七月，長期訂戶只剩九千四百六十八份），虧空的金額日有增加（第五期虧兩萬四千餘元），若兩年之內無法站起來，恐步《科學教育》的後塵。

凡是打過橋牌的人，都有過罵 partner 或是挨 partner 罵的經驗，隔一個太平洋辦《科學月刊》，除了communication之外，需要有比橋牌更高的默契，一次的誤叫或誤打，希望換取的是更深度的了解，更深層的默契，而不希望以互相諉過為結果。

一九七〇年八月底，為了增加《科學月刊》的海外參與力量，林孝信又到東部二十幾個地方，拜訪許多朋友，也親自撰寫〈編輯室報告〉，非常忙碌。

只是他沒料到，沒多久，對台灣留學生造成重大影響的保釣運動，就要登場了。

註：7 《科學月刊》工作通報第十一期。

5 保釣運動中的理工科知識份子

■一九七一年在美國展開的保衛釣魚台運動，參與的台灣留學生幾乎都是以理學院學生為主體。（劉源俊提供）

能夠到美國新大陸深造的台灣留學生，都是台灣的科學精英，未必理解國際政治的複雜與詭譎，小小的個人無力扭轉時代，也讓這群理工科學生心中積累不少鬱悶。這些心中的不平，卻在一九七〇年後期，因為釣魚台這個看似不起眼的礁石島，一口氣全發洩了出來。

現在的年輕人可能無法理解，當時在美國的台灣留學生對中國未來，心情異常焦躁。那時節，台灣一切還在摸索起步階段，在國民黨的教育下，一般民眾認為中國大陸已經背離中華文化傳統，人民生活在水深火熱的境地中，急待救援。因此，未來要復興中國，當然是靠台灣。

「中國就靠我們了，」台灣留學生要離開台灣臨上飛機前，心裡都有這樣的想法。

劉源俊的心情也是相同，但人到了美國，他的心裡卻受到極大的震撼。他發現美國這麼進步，台灣與美國相差如此之遠，留學生在美國待久了，心情也跟著變了。

已經到美國留學一段時間的學長跟劉源俊說：「哎呀！你們剛出來的人都是喊著要回去，過幾年就不會了。」聽到這樣的論調，劉源俊就跟他辯論，但這樣的看法一直很普遍。同時，從香港來的學生也跟他說，台灣國民黨講的話都是騙人的。另外，美國的台獨人士又有另一套政治立場。因此，劉源俊很快發現，華人在美國的政治立場實在非常分歧。

比劉源俊資深的數學學者項武忠更早就到美國，他回憶起民國五十年代末期、六十年代初期的台灣，他說：「天是藍的，水是清的，但政治氣氛卻是沈悶的。」[1]他說，當時台大的學生畢業後，大部分年輕朋友你推我拉地出了國，尤其是學理工的，在美國不太困難地就站穩了腳。那個時候想過回台服務的人不少，真正做到的實在不多。他坦承，這自然是因為在美生活容易，工作環境好。這些並不值得驕傲的理由讓不少台灣留學生留在美國，內心卻期待台灣能更進步。

當時，劉源俊在紐約，林孝信在芝加哥，其他留學生在不同的城市裡，都會遇到政治光譜截然不同的人，就連台灣留學生的立場也不同，原本以為來自台灣的中國人可以主導中國的未來，到美國後很快發現並非如此，不同的政治立場導致許多紛爭，一九六七年來到美國芝加哥大學留學的林孝信，很快就注意到海外在政治上爭執得很厲害，這不免讓他感到相當憂心。

林孝信知道自己未必了解政治，但是他卻明白，留學生不能只是談空洞的熱情，應該具體做一些事才對，同時也應該思考，如何可以有效團結大家的力量。當時台灣在聯合國席位的問題還沒有浮出檯面，但是危機已經開始醞釀。在這種情況下，林孝信認為把這些分歧的人結合起來，只有一條路，就是靠科學。這個信念，讓他更堅定籌辦《科學月刊》一事。

為了籌辦《科學月刊》，林孝信積極發展通訊網。由於當時傳播媒介還不發達，還是要靠書信往來，林孝信於是以通信循環系統為起點，再加上自己三次東遊，以滾雪球的方式，快速蒐集了全美各大學台灣留學生名錄，名單幾乎遍布美國各大學校園。

林孝信像個僧人，朋友幫他取了「和尚」的綽號，當時就看到林孝信在美國各處不斷遊說留學生支持《科月》。台大哲學系教授王曉波談到這段往事時說：「當時黃樹民寫信給我，說和尚在北美各地到處化緣，五元、十元、二十元，他統統都要。為了辦《科學月刊》，他的足跡踏遍北美校園。」王曉波之所以特別提起這一段，是因為後來美國的釣魚台運動之所以可以很快組織起來，就是靠林孝信蒐集的《科學月刊》通訊網。

在林孝信完成三次東遊後，大量蒐集了台灣留學生的名冊，並且確立了聯絡人的身分與地址。依照林孝信初衷，蒐集台灣留學生名冊，是為《科學月刊》所做的，不料後來卻成為保釣運動能夠快速集結的關鍵因素。

註：1 項武忠，一九八九年〈釣運的片段回憶 並寄語青年朋友〉，頁：二一八。該文出自沈君山所著的《尋津集——從革新保台到一國兩治》一書。遠流出版。

釣魚台事件爆發

《科學月刊》正熱烈興辦中，就在此時，爆發釣魚台事件，美國有意將釣魚台列嶼還給日本，台灣民眾譁然，在美國的台灣留學生也群情激憤。

同一時間，正好也是美國社會變遷的年代。一九七〇年代的美國正面臨動盪期，包括反越戰的學生運動，種族、性別所引發的世界性運動，幾乎都是在當時發生，美國大學生經常在學校發動罷課、示威等活動。台灣留學生來到美國後，看到示威活動或是不同意見的表達，在美國簡直是家常便飯，因而開始思考能不能在保釣上做一點事。

胡卜凱自台大物理系畢業後，也跟著留學風來到美國費城，因為他跟林孝信是同班同學，很自然成為《科月》在費城的聯絡人之一。後來胡卜凱同時又參加了另一留學生組織「大風社」，成為「大風社」社員。費城的「大風社」社員不多，都是在普林斯頓就讀航空系的李德怡家開會。李德怡那時候還在念研究所，他和胡卜凱一樣，是「大風社」社員，同時也是《科月》成員，也會幫《科月》寫文章。「那時候專心唸書的留學生會參加《科月》，像我們不是愛唸書的留學生，基於關懷社會的心情，也會參加《科月》。」胡卜凱提到，留學生在海外每個人多少都會幫忙做一點事，像胡卜凱會幫忙募錢，李德怡會寫文章，因為李德怡在研究所有固定收入，也願意幫忙《科月》。

「大風社」與《科學月刊》雖然多數成員都是學理工的，但是「大風社」的成員似乎表現得比《科月》更關心政治，因為非常關心時事，胡卜凱甚至認為「大風社」可以算是留學生的政治性社團。「大風社」人數比《科月》少，在美國約有十五個據點，也是當時的菁英組合。

在美國的保釣運動登場前，台灣的《中央日報》也陸續刊登有關的讀者投書，當時胡卜凱的父親所辦的《中華雜誌》上，則是刊登了王曉波的一篇文章。王曉波這篇文章本來是要投稿給《大學雜誌》的，《大學雜誌》沒登，王曉波於是拿給胡秋原看，胡秋原就答應登了。王曉波在文章中引用〈五四運動宣言〉的最後兩句話，做為對釣魚台主權的註解。他說：「中國的土地可以征服，而不可以斷送；中國的人民可以殺戮，而不可以低頭。」

《中華雜誌》的創辦人是胡秋原，他把雜誌寄給在美國讀書的兒子胡卜凱。胡卜凱看了後心情非常激動，特別是最後那兩句話，令胡卜凱內心澎湃洶湧。他很快就在「大風社」召開讀書會時，帶過去給大家看。大家一看，心情同樣非常激動，就開始討論應該要發起保釣運動。本來大家構想，是否聯合寫一封信跟政府請願，或是投書到《中央日報》；但是香港學生沈平認為投書起不了大的作用，他主張應該要設法引起美國媒體注意，「三個人在路上走，只要手上拿著牌子電視台就來了，這樣就能引起美國人的注意。」[2]沈平這樣一講，大家很快聯想到美國四處可見的學生運動，這些學生反戰的信念正是透過媒體大大傳輸開來，於是便同意沈平的提議。

民國五十九年十一月下旬，在普林斯頓、密西根、紐約、威斯康辛等城市，均陸續有台灣留學生發起保釣組織。以普林斯頓而言，則有包括李德怡、蔡哲彥、徐篤、江立言、胡卜凱、沈平等人，共同成立聯絡中心，由李德怡主持，開始發起保衛釣魚台運動[3]。後來保釣運動決定一月三十日的遊行，他們認為這次遊行真正代表的意義不在遊行本身，而在一向沉靜冷漠的台灣留美學界，從此投入波濤洶湧的政治運動浪潮中，願意去承受心靈與意志的煎熬。台灣來的留學生陸續分別在紐約、華盛頓、芝加哥、西雅圖舉行示威活動，以具體行動表達保衛國土的心意，而非只是書生發發牢騷而已。

胡卜凱說：「我們這些留學生在台灣是不敢遊行的，但在美國，國民黨鞭長莫及。而且我們一天到晚看到美國人遊行示威，也覺得沒什麼大逆不道。」於是，「大風社」決議採取兩個行動：一個是

註：[2] 此段話為胡卜凱口述時轉述。
[3] 此部分人名出自胡卜凱部落格：http://city.udn.com/2976/2836545

將此一消息放送出去，儘量通知可能會支持這個行動的朋友。另外一個就是準備在人數足夠時，就要真正展開遊行了。

《科月》聯絡網發揮影響力

胡卜凱希望可以很快把這個消息傳遞出去，卻苦惱少了一個有效的聯絡網絡，這個時候他想到《科學月刊》的聯絡網。他很快寫了一封信給林孝信，告訴林孝信現在這裡正準備發起這樣一個運動，希望能夠借助《科學月刊》的聯絡網，這是《科學月刊》跟釣運發生關係的開始。

《科月》的網絡確實發揮了極大的影響力。當時台灣每年約有兩千個留學生出國，估計在美國的台灣留學生總數約是六千到八千人間，並分散在美國各大學。《科學月刊》在當時可算是一個大型的聯絡網路，約有五十至七十個聯絡員（點），會固定收到通訊的有三、四百人以上。等於在五十至七十個美國大學校園裡，都有《科月》的聯絡員，再由他們在各校把訊息傳遞出去。這在當時沒有任何快速通訊，也無相關組織的前提下，幾乎是無法想像的事。在林孝信發動後，《科學月刊》的成員，很快從《科月》網絡知道保釣訊息，同時迅速參與到保釣運動中，並開始在自己的校園間發行各式各樣的保釣刊物。這些刊物雖是由不同學校籌辦，卻又都能藉著《科月》的聯絡網發散，使得保釣運動很快在台灣留學生間擴散開來。

全心投入保釣運動的項武忠也指出，那時候立法院有人提及美國將在歸還琉球給日本時，也把釣魚台還給日本。同時，又報載釣魚台藏油豐富，但報導登了一下就停止了。台灣當局為了聯合國席位與經濟外交上種種理由，實在不願得罪美日這兩位大老闆。一個在外交部服務的朋友氣不過，把這消息傳到美國。「《科學月刊》的聯絡網在這裡起了作用，激起了大家的仇日情緒。」[4] 項武忠觀察後如此認為。

除了《科學月刊》外，「大風社」的聯絡網同樣也積極展開留學生的聯絡事宜。胡卜凱認為，「大風社」約有十五個據點，等於在十五個校園有組織的能力，雖然不及《科月》，但是「大風社」的成員政治警覺性較高，組織能力也較強。在《科月》與「大風社」集結後，香港學生沈平又把香港同學會的力量與「大風社」結合，等於幾股勢力逐漸在普林斯頓匯聚起來了。

李雅明也指出，「大風社」是一九六八、六九年間，在美國對於政治經濟比較重視的同學或是留學生所組成的社團，但《科學月刊》是以科普為主，「大風社」則是以政治為主，其中大家較熟悉的成員有胡卜凱、李德怡、沈平、劉大任、唐文標、張系國，還有他自己，共約有三、四十名成員。剛開始的時候社裡以通訊交換意見，然後到一九七〇年中就正式出版雜誌《大風季刊》，由大家一起寫稿，張系國跟香港聯絡，在香港印刷，然後再寄回美國，《大風季刊》一共出了四期。已自清華大學電機系退休的李雅明認為，在一九六〇年末跟一九七〇年初，在美國保釣運動發揮影響力的聯絡網有兩個，一個是《科學月刊》，另外一個就是《大風季刊》。

《科學月刊》網絡負起了最重要的聯絡工作，這些出版品一發就是全美各地。每個地方本來就有一個聯絡處，聯絡處會再把訊息發出去，會參與《科學月刊》的台灣留學生，一定關心台灣發展，就會關心保釣。於是，當林孝信在《科學月刊》的聯絡網發出釣魚台討論號時，總共三期的討論號一發出來，美國各地留學生看了就知道釣魚台這件事情，便呼籲大家都要響應，也因此引來各式各樣的人參與，參與成員就不再僅限於《科學月刊》，各地左派、右派各種立場的人都加了進來，因此又辦各種釣魚台的刊物，這些釣魚台的刊物又利用《科月》的通訊網，美國各地的《科月》聯絡處都可以收到許多刊物，「我就收到來自費城、波士頓、芝加哥不同的刊物，《戰報》我手上都有，能這樣是因

註：4 項武忠，一九八九年，〈釣運的片段回憶 並寄語青年朋友〉。該文出自沈君山所著的《尋津集——從革新保台到一國兩治》一書。遠流出版，頁：二一九。

為我是《科月》在紐約的聯絡中心，所以我都收得到。」劉源俊說。

美國保釣風潮很快形成，對於台灣政府不能積極保護自己的國土，也提出了尖銳的批判。台灣的執政當局實在無法理解，為什麼突然全美搞起保釣運動，而且突然反政府。這時，單純提供通訊網的林孝信因此受到台灣情治單位的質疑，台灣方面就更進一步懷疑林孝信這個人。「我知道芝加哥台灣單位的判斷，他們認為原來林孝信辦《科學月刊》是有陰謀的。甚至認為林孝信的募款是有問題的。」劉源俊知道，林孝信對這件事情簡直恨透，竟然有人質疑他辦《科學月刊》的動機。

其實林孝信當時態度還頗為謹慎，他除了打電話詢問外，一開始還先以討論號的形式，蒐集全美各大學聯絡人對於參與保釣的相關意見。從當時留下的通訊資料可知，一九七一年一月四日的討論號之八中，林孝信便說明提到，在討論號之七時，其實有一封未刊出的信，這封信主要是談到了釣魚台事件。林孝信對於這樣的問題是否適宜放在《科月》通報中討論，他自己也沒有把握，但已有好幾個人向他提出了相同的建議。為此，他先打了二、三十通電話，給《科月》較熱心、較有貢獻的朋友。在打通的十八個朋友中，除一人外，其餘都同意應在通報討論此一事件，因為這是每個中國人都應關心的問題，且較不會引起黨派歧見[5]。因而，《科學月刊》的討論號之八便成為〈釣魚台事件專號〉之一，林孝信前後總共發了三次〈釣魚台事件專號〉。其中，「科學月刊工作通報」第三十九期（也就是討論號之八）由林孝信負責，在一九七一年一月四日自芝加哥發出，內容完全是在討論釣魚台問題，共二十頁，總共印了五百份。劉源俊說：「於是，一下子，釣魚台討論的熱潮就在全美各地展開」。

但林孝信也在〈釣魚台事件專號〉之一強調，為爭取時效，因此發行這份第八期討論號，同時也將處置情形以限時信寄到國內。他認為，「這是一件值得注意的問題。通報決定提供園地，供各地朋友們交換意見，報導有關此一事件的活動情形。但《科月》將不作為名義來活動或聲明，所有意見，均請以個人名義發表。同時，本次討論不得作為以後想借用通報談政治問題『先例』。」

在〈釣魚台事件專號〉之一中，很快就可明白台灣留學生對該事件的看法。郭譽先在其中寫到，《科月》的宗旨除了雜誌本身的目標外，如林孝信所屢次提及，還包括「聯絡熱心朋友共同做些有益的事」。他提到，兩三個月前台灣近海發現可能有豐富油儲，跟著便發生釣魚台事件。同時，無論從歷史、地理、地質、國際法以往判例、條約的角度看來，釣魚台都屬於台灣的一部分。郭譽先說他也知道在美華人對政治問題的看法常常很不一致，然而這一件事卻是無可懷疑爭議的：「學科學的人對能源之重要應當都有些認識，更何況該群島地區一向已是部份宜蘭漁民衣食之所寄。石油是目前最普遍在用的能源，沒有理由放棄；而幫助這些漁民也並不是感恩行善。他們也是納稅人，我們唸書時的耗費也未嘗不包括他們部份的血和汗。無論從主權、利益、經濟發展前途、民族尊嚴的立場，我們都該採取聯合的行動，發出必要的呼聲。」

緊接著，一九七一年一月十五日，由錢致榕負責的「討論號之九」由馬里蘭發出，繼續討論釣魚台問題。各地於是紛紛成立保釣會，醞釀示威遊行。各地的《科學月刊》聯絡人，也大多投入保釣運動，決定向日本與美國抗議[6]。林孝信因為是《科月》的聯絡中心，因此科學成員對於保釣事件的發展，也常會來信問林孝信。隨後，一九七一年二月十五日，由布朗大學發出，鄭永齊負責的討論號之十中，則是綜合報導了一月二十九日、三十日各地遊行的情況。

在當時的留學生社會中，林孝信一開始對政治的興趣並不高，但因為《科月》的聯絡網，這些理工科留學生分散在不同學校裡，平時難得見面，釣魚台運動讓大家更緊密。也是台大畢業的李黎指出，當年在普渡大學所謂核心幹部只有五個人，感覺非常孤單，普渡大學因為離芝加哥不遠，因而她

註：5 見《科月》一九七一年一月四日的討論號之八。

6 劉源俊著，〈《科學月刊》與保釣運動〉，發表於二〇〇九年五月清華大學之「一九七〇年代保釣運動文獻之編印與解讀」研討會。

和先生薛人望夫妻倆常常週末就開車去芝加哥，找林孝信、王渝、夏沛然等人。

李黎和薛人望都是畢業於台大。在台大就讀大學時期，動物系的薛人望就已經認得林孝信了，林孝信比李黎高三屆，李黎是歷史系的，大學時期還不知道林孝信是何許人。那年寒假李黎和薛人望剛結婚不久，到芝加哥就認識了林孝信。「林孝信很喜歡告訴人家說，我們的蜜月是睡在他們家廚房地上。」李黎說在林孝信家中時，遇到一個美麗的長髮女子王渝，那時候王渝跟夏沛然夫妻都在幫忙做《科學月刊》。「薛人望被林孝信電到，早就知道林孝信，因為《科學月刊》，也就順理成章地加入保釣。」李黎說。

保釣示威行動風起雲湧

留學生的情緒，就這樣很快爆發開來。大家堅持無論自歷史、地理、法理等面向來看，釣魚台列嶼之主權，無可置疑必定是屬於中國的。當時普大同學很快製作許多通訊傳閱，強調「釣魚台事件須知」、「保衛釣魚台」[7]、「釣魚台列嶼是我們的」[8]、「大陸礁層專屬權益不容侵犯」[9]。

保釣行動很快展開，根據袁旂在〈釣魚台事件專號〉之一所提到的，遊行活動即將展開。最初是由普大同學發起，現在連美國東部各校的同學都已經動員起來。大家決議一同組織「保衛中國領土釣魚台行動委員會」，並在各地成立分會。各地分會（如紐約分會）則成立聯絡中心，中心設聯絡人五、七人。學校或社團聯絡人一、二人，這是橫的組織，此組織以行動為綱領，設遊行、募捐、宣傳三個行動小組。並決定舉行保釣運動的第一次遊行，共有六個城市的留學生參與，除了柏克萊是在一月二十九日舉行外，西岸的西雅圖、舊金山、洛杉磯，中部的芝加哥，以及東岸的紐約、華盛頓，都是在一月三十日舉行遊行。

來自台灣的留美學生在美國不同地區，為保衛釣魚台列嶼主權，舉行愛國示威活動。這些留學生頂著寒風，參加這個令他們內心萬般激動的愛國運動。在〈釣魚台事件專號〉之三中，有人談到了一月二十九日遊行當天的情形：

今天我們在晨光熹微中離開波士頓，只有三十五人，但我們知道很快在紐約聯合國面前，中華兒女將群聚，為保衛中國領土釣魚台，為控訴日本軍國主義之復興作盛大之示威遊行。我們的心情雖然沈重，我們的心情雖然悲憤，我們更知道力量微小，但我們不敢妄自菲薄，更不屑被別有用心的謠言所喝止，我們只要團結，中國人民是無堅不克的。

來到聯合國廣場，中華兒女已在那兒整裝待發，意氣昂揚。鮮艷的橫幅上，大字書寫我們的心聲：「日本軍國主義滾出去」、「反對國際陰謀」、「釣魚台是我們的」、「反對出賣中國領土」。從不遠四百哩而來的匹茲堡的同學，到從本地華埠而來的同胞，大家舉著自己地區的標誌，帶著激動的心情，參加這歷史性的行列。十二時遊行正式開始，先由幾位同學、教授發表了幾篇扣人心弦、激人熱血的演說，引起一陣一陣雷鳴的掌聲，震撼山河的呼號。跟著隊伍出發了，長龍蔓延在幾條大街上，人數已增至兩千餘人。遊行隊伍經過了日本領事館，同胞們聚結在一起，喊出了我們團結一致，打倒軍國主義的決心。也表示了我們對在同一陣線

註：7 中華八卷十期。
8 明報五八期。
9 醒獅八卷十期。

■一九七〇年代的保釣運動，曾經激起台灣留美學生強烈的愛國行動。本照片呈現的是一九七一年一月三十日在紐約的遊行。
（資料取自國是研究社出版的《釣魚台事件專輯》，劉源俊提供）

上正義的日本人民與美國人民的敬佩。沿路上我們唱著歌、喊著口號，最後來到日本航空公司，就在莊嚴的歌聲與雄偉的口號下，結束了我們這意義深遠的數里的行程。

海外的中華兒女，今天在這中國的史書上寫下了一頁新篇章。但這僅是一個開始。我們的任重道遠，我們一定要勇敢的負起這一責任，醉生夢死的留學生，已經漸漸在甦醒。同胞們，起來吧！參加我們的行列。

然而，由於留學生的政治立場分歧，在不同地方也開始看到一些奇怪的現象。〈釣魚台事件專號〉之三中指出，由於芝加哥是中西部的中心大城，因此芝城很自然地為附近各校的總聯絡處。一月二十三日，芝加哥大學中國同學會首次召開釣魚台事件的大會，同時邀請鄰近各校的代表參加，希望一舉組成中西部的釣魚台行動委員會，駐芝城的總領事鄧權昌也被邀出席報告。但是會議一開始，即發現有數個來歷不明的人士在場照相、登記人數、記錄等。接著芝大的一名同學起來發言，發言的主旨在於反對留學生舉行釣魚台事件遊行或作其他任何活動，但是所持的理由很奇特，有：（一）不應該只向台灣示威，也要向北京上請願書。（二）中美日三國反共聯盟，不容破壞。（三）校外同學不應在芝大同學會發言。（四）同學會是社交團體，不應該辦遊行等等。

由以上言論判斷，可明白是立場較親國民黨人士，因而，在場的多數同學當機立斷，立即通過解散芝大同學會的大會，臨時召開芝大的釣魚台行動大會，並邀請外校同學參加，當場約有七、八個反對參加的同學隨即離場，中西部釣魚台行動的預備會議才正式開始。

詭譎的情形已開始出現。例如，同學在芝加哥散發傳單時，卻開始有人傳言「傳單中夾帶有毛澤東人像」；同學在遊行時，感覺沿途照相的不少，有他們自己的同學，有的似乎是官方的人士，有美國治安機構的專業人員，也有一些記者。他們也曾突然發現隊伍後面鬼鬼祟祟跟著一輛車在照相，竟然是一個上星期在會議上胡言亂語反對遊行的傢伙。

〈釣魚台事件專號〉之三談到，遊行活動展開後，在芝加哥的留學生在中午十二點到達日本領事館大樓。遊行的代表通過警察的封鎖線進去之後，發現裡面根本沒有人辦公，心裡不免感到失望。大家在大門口繞行了十多分鐘，舉起拳頭高喊，表示永不退讓的決心，遊行就在這種高漲的情緒中結束。

後來留學生檢討第一次遊行，認為力量過於分散，因而商量要舉行第二次遊行，並且把中西部、東部所有留學生，都一起集中到華盛頓，因而促成了四月十日的大遊行。

民國六十年四月十日，據估計約有二千五百餘人在美國政治中心華盛頓，舉行保衛釣魚台示威大遊行。他們喊出的口號是：「為釣魚台而戰」、「我們需要正義」、「釣魚台是中華民國的領土」、「制止陰謀」、「佐藤必須下台」等[10]。

很快地，全美的台灣留學生，激起了同仇敵愾的情緒，所有人密切注意相關資訊，而原本就在留學生心中，對於台灣政治高度的不滿，也因此爆發了出來。

在保釣運動進行期間，《科學月刊》的通訊網起了作用，大家透過這個資料完備的通訊網，可以收到全美各大學有關保釣的各種資訊，一時間資訊非常通達，透過這些資訊，有關「釣魚台是我們的」的愛國情緒很快蔓延開來。

由以上可知，《科學月刊》的聯絡網，在胡卜凱建議林孝信、林孝信再打幾個電話問大家同意，大家借用這個聯絡網作為保衛釣魚台聯絡網後，連出了三期的釣魚台討論號，觸動美國校園中台灣留學生的保釣愛國意識，整體氣氛因而促成了一九七一年一月三十日的運動，後來接著是四月十日的遊行，那是保釣運動的高潮。在這樣的氣氛之下，《科學月刊》的聯絡網雖然沒有停止，但是留學生的心，暫時不在《科月》這本刊物上了。

註：10 見〈保衛釣魚台運動大事年表〉，一九七八年八月，《人與社會》，頁：十四。

6 左傾的保釣運動

■保釣運動後來出現左傾現象，至今仍受到爭論。圖為沈君山1970年在普渡大學提倡革新保台論（本圖出自沈君山所著之《尋津集》一書）

保釣運動為何左傾？迄今仍是許多人熱中討論的一個關鍵點。由於參與保釣的台灣留學生幾乎都是理工科，因而，在保釣發生的一九七〇年代，台灣留學海外的理工科知識份子曾經大量左傾。這個社會現象其實需要更專業深入的研究來進行探討。本文僅能還原部分真相，並納入多名當事人的深思反省，做為對這段歷史的記錄。

從當時參與者的背景來看，多數是與政治無涉的理工留學生，換言之，保釣運動開始時並無左傾現象，抗議示威對象都是日本、美國等外國政府。然而，兩次的留學生遊行之後，卻讓保釣運動開始「向左轉」。

在一九七一年四月十日的遊行過後，保釣運動開始產生質變，訴求議題不再是釣魚台主權問題，而是轉向統一課題，旅美留學生開始策畫一連串的國是會議。當時的氣氛是，保釣已經退居第二線，當前工作重點成了盡情批判在台灣的中華民國及它所代表的一切，並無條件接受在北京的中華人民共和國及它所代表的一切[1]。

保釣「左傾」的歷史背景

保釣運動之所以向左傾斜，有相當成分是受到當時歷史背景的影響。就在理工科學生全心參與保釣運動之運動背後，出現了一股對左派勢力有利的歷史情境。當時美國非常希望能脫離越戰的包袱，因而美方相當渴望能夠得到中國的協助。劉源俊說，大家後來才知道，一九七〇年年底，美國國務卿季辛吉從巴基斯坦進入中國大陸，雙方開始談判美中聯合一事。季辛吉的大戰略是要把對抗共產主義的邊界從台灣海峽，推到大陸邊界，就是聯合中國對抗蘇聯，這是美國的大戰略。

另一方面，戰後的日本藉由韓戰及越戰，已經開始恢復元氣，對釣魚台主權的立場也愈來愈強硬。一九七一年四月十日，當時台灣留學生到日本大使館抗議，並派代表遞抗議書及提問題，都未能得到合理的對待。

林孝信的觀察是，四一〇遊行後，許多留學生對國民黨徹底失望，雖然大家知道國民黨政府的立場存有客觀上的困難，但是卻發現，國民黨政府並不想保護釣魚台，甚至出現打壓保釣運動等事。保釣留學生認為他們做的是監督政府的愛國運動，但是卻被打小報告，留學生儘管心裡苦悶，卻還不知道出路在哪裡。

四一〇遊行後的五月四日，保釣留學生開始紀念當時的五四運動，心中認為保釣運動有一種類似當年五四的背景，歷史彷彿重演般，情緒頗為悲涼。這些理工科學生並不全然了解中國近代史，參與保釣運動後，當代歷史的許多疑問開始湧上心頭。林孝信說，美國各大學都有中文圖書館，其中有台灣出版的書，也有許多大陸出版的書，留學生從大陸出版品得知更多國民黨發展的過程，「大家從歷史中了解國民黨也曾做過喪權辱國的事，已是前科累累，大家才清楚，為何現在國民黨會不想保釣。」林孝信說。

接下來半年，保釣運動一直維持著熱度，儘管台灣留學生的內心都是澎湃激盪，但是組織動員上卻像是一盤散沙，只是靠著通訊刊物與人際網絡傳遞情感與訊息，並沒有什麼有系統的組織與動員。但是，由於歷史情境與集體氣氛使然，卻有一股有利於左派的力量逐漸形成。

一九七一年七月十五日，美國各大電視新聞網聯合插播重大新聞，美國總統尼克森宣布他欣然接受北京邀請，將訪問北京，此一事件令保釣人士大為震驚，心情也非常複雜。由於留學生對國民黨已經絕望，現在又眼睜睜看到台灣快要被美國拋棄，心裡雖然難過，但又似乎不太傷心，只是對台灣

註：1 本段出自劉志同的〈愛盟故事（一）從頭說起〉，頁：三。該文發表於清華大學「一九七〇年代保釣運動文獻之編印與解讀」研討會。

前途感到非常茫然。林孝信說，尼克森要到中國訪問，正說明了中國的重要，因而當時就有人想到：「如果台灣的中國不保釣，說不定大陸的中國會保釣。」

劉源俊則說，保釣運動剛好碰上一個特殊的時代背景。雖然參加保釣的人有不同的政治立場，大家都很單純，在保釣遊行前，彼此原在協議是否各種旗號統統不拿，因為如果台灣留學生拿出中華民國國旗，香港的學生就要拿五星旗，於是後來大家決定都不拿旗，「保釣就是保釣，是可以做到的，至少在一月、四月的兩個遊行都做到了。」劉源俊認為，儘管政治立場不同，大家在保釣這件事情上是可以合作的。但是保釣運動之所以向左轉，劉源俊認為時代背景實在變得太快，一九七一年三月起乒乓外交開始，美國乒乓球隊前往中國訪問，一些消息靈通人士已經從加拿大中共大使館、或是其他大使館得到訊息，有些人馬上靠攏中共，使得整個運動轉向變成左傾運動。

就當時情況來看，左傾有幾種程度上的差異。但最早的左傾亦非立刻轉向統一議題，而是對社會主義的嚮往態度。保釣人士的理想性陳義極高，在當時很容易就接受社會主義，因而政治立場開始左傾。

此外，在一九七、八十年間，隨著「文化大革命」高潮過後，中共表面趨向穩定，在美國留學界已開始醞釀暗潮。無疑，這股暗潮自是針對著台灣前途而來。於是，中共在海外加強了統戰攻勢；香港赴美的親共學生開始談論文革的必需性，並向台灣留學生宣揚國民黨的黑暗面。台灣留學生深切反省留學的目的與生命的價值，因而更加關心國家社會的前途，將希望寄託在中國身上。

為了保釣運動，各地的保釣會、同學會在此期間，紛紛發行各種油印刊物，留學生們丟下了書本，把許多精力放在寫稿、抄稿、裝訂、寄發上面。劉源俊認為，刊物中最特出而具震撼力的是二月十五日柏克萊保釣會出版的《戰報》，《戰報》一共出過兩期，內容中大力批評一三〇的紐約遊行是「沒有氣」，並批評台灣來的中國人「患了政治陽萎症」。批評「大國沙文主義與台獨極端主義」，提出釣運應該「政治性高於民族性」，並棒打自由主義者，顯示他們已將釣運視為毛共世界革命的群眾運動的一環。[2]

「布朗會議」與「安那堡會議」

而在當時，林孝信本人因為對政治本來沒有太高興趣，看到這麼多人一窩蜂左傾，他不想跟著這股流行熱潮。所以，他在芝加哥既做《科學月刊》，也繼續參加保釣，《科月》成員有不少人的立場也是這樣。林孝信當時還辦了《釣魚台快訊》週報，他們的立場很單純，就只有「保護釣魚台」一個訴求而已。

後來《科月》成員的政治態度就各有各的想法，差異性極大，《科月》有些成員非常左傾，甚至指責林孝信為「親國民黨」。保釣運動接下來最重要的是一九七一年先後召開的兩個會議，一是八月二十一日在布朗大學召開的「美東討論會」（又稱布朗會議）；布朗會議的負責人是鄭永齊，鄭永齊當時是《科學月刊》在布朗大學的聯絡人。在羅德島布朗大學召開的「美東討論會」，參加者約有二百餘人。整個會議中，除了麻省理工學院的胡世鈞在報告時認為中共政權缺少民主法制，是一個沒有剎車、容易出軌的政權，因而做了猛烈的攻擊外，其餘的報告則是一面倒傾向大陸，反對國民黨政府。現場只有二、三人支持胡世鈞。同時，親共的留學生李我焱在現場報告因為尼克森要訪問大陸，以致台灣的美鈔黑市匯率高達七十元，當場受到台灣學者魏鏞的駁斥，但魏鏞隨後卻被噓下台。最後表決，以一百二十幾比四，通過在聯合國前舉行支持中共進入聯合國的遊行。

林孝信說，布朗會議後，台灣留學生分為「保釣一」、「保釣二」，也就是左、右不同的立場，

註：2 劉源俊文，〈我所知道的留美學生保釣運動〉，《人與社會》，頁：四五。

但還不算正式決裂。

更關鍵的則是安那堡會議。釣魚台事件之所以左右分家，密契根州安那堡（Ann Arbor）舉行的國是大會，是一個重要的分界點。民國六十（一九七一）年九月三日至五日，召開密西根安那堡「國是大會」，會議主要目的是為支持中共進入聯合國，並決定九月廿一日遊行。「就在這些會議上，我們通過了向左認同。」[3]當時安那堡會議主席、《科月》成員項武忠這麼說。

在這個會議之後，台灣留美學生等於正式分裂。沈君山也認為從安那堡會議開始，「單純愛國的釣魚台運動從式微而死亡，此後釣運成為高度政治性的派別之爭。」[4]

釣運在美國熱烈展開時，沈君山人在台灣，頗為積極參加《科月》的活動，也因為他熱愛圍棋、橋牌，在台灣有一定的知名度。沈君山是《科學月刊》的主要成員，他從一九六四年起在普渡大學任教，一九七〇年的秋天到七一年的夏天，沈君山在台灣任教，約略知道有所謂的釣魚台運動。一九七一年七月他回到普渡大學，才知道海外如火如荼的釣運。九月要舉行的安那堡會議召開前，已經有一些朋友希望他能夠參加。

李黎說，當天，沈君山坐了她和薛人望的車子到了安那堡。沈君山則在他所著的《尋津集》中說：「於是我就去了，坐了當時所謂左派人士的車子去。一路上聽了不少有關他們學習共產理論和毛澤東思想的心得。」[5]

安那堡的五個主要論點是：一、先有「毛是」結論再談一切問題。二、肯定抗戰是中共打的，歌頌毛澤東思想下，各民族自治區的生活是幸福美好的。三、統一是必然的，一定要解放台灣。四、中共希望留學生在海外為世界革命而努力。五、唱毛歌（東方紅、大海航行靠舵手）、跳秧歌，看「一定把淮河治好」，社會主義祖國是天堂，並由曾赴台的美國人說明被壓迫的苦況。安那堡會議並表決九月二十一日討論聯合國代表權理事會議的五條原則，這五條原則一直討論到深夜。香港來的同學跟台灣來的同學，爭吵的不一樣，結果僵持不下，香港的同學堅持非扛五星紅旗不可，認為中華人民共和國是代表中國唯一合法政府；台灣來的留學生認為如果這樣，就已經脫離主題，彼此將無法合作。

對於當時的場景，沈君山有了親臨現場的觀察，他在他所著的《尋津集》一書中提到：

國是大會在安那堡郊外二、三十哩的一個農場舉行，大約有五、六百人參加，完全是被當時激進的左派控制的大會。親國民黨政府的少數留學生，在經過一番爭執後，第一天就退出了大會。我住在同去者安排的農忙時散工住的宿舍，一直留到大會結束。因為我的知名度，也因為我幾乎是唯一留下替國民黨辯護幾句的所謂「右派」份子，在大會三天，就成了被說服和團結的主要對象，每天晚上都被鬥到清晨三四點鐘。……

我所受的科學訓練，對他們基於情緒而形成的主觀推斷更起反感。他們的教育完全沒有產生效果。但是，這三天沒有白過，三天的磨練使我對國家的一些基本問題，有了一個啟蒙的了解。[6]

沈君山在安那堡提出「革新保台」的主張，建議不要再說「一年準備，兩年反攻」等語，大家務實一點，談「革新保台」好了。沈君山在安那堡演講時重述眾人的政治立場時指出：「大多數與會者的立場都很堅定，認為台灣是中國的一部分，中共政府是中國唯一的合法政府。因此，國民政府應即刻讓位，由中共來統治台灣，完成中國之統一。」沈君山表示他無法同意這樣的看法，接著便提出

註：3 項武忠，一九八九年，〈釣運的片段回憶 並寄語青年朋友〉。該文出自沈君山所著的《尋津集——從革新保台到一國兩治》一書。遠流出版，頁：二二一。

4 見沈君山所著《尋津集——從革新保台到一國兩治》一書，一九八九年。遠流出版，頁：十一。

5 同右，頁：十二—十三。

6 同右，頁：十三。

「革新保台」的主張。沈君山說，所謂「革新」，顧名思義是以現有的政府為基礎，而非「革命」。而「保台」強調的是政府一定要了解它的政治基礎是在台灣，「所以在目前情況下，無論如何要以建設一個富強自由的台灣為目標。」[7]

在安那堡會議現場，沈君山一直被許多人圍起來辯論，偏右的劉志同說他第一次見到沈君山就是在安那堡會議上。他形容沈君山是一個非常天真、非常純潔的人，甚至純潔到「有時候有點笨的地步」，所以在安那堡的時候才會被圍攻。

劉志同也談到自己參加安那堡會議的經驗。他說他過去的老朋友在他還沒進門前，就先給他一本《毛語錄》。劉志同說，在安那堡之前，很多朋友各有左、右不同的政治立場，大家只是來參加，他個人則是來看熱鬧。過去在美國多半只有過年過節，才會有這麼大的留學生集會，事實上放假的留學生在中美聯誼社開個舞會、吃個餃子，就很開心了。劉志同想，這麼多中國人聚會，又是高級知識份子，放眼看去，都是台灣來的留學生，但是他在現場卻聽到一個朋友說：「我在台灣受了二十年的奴化教育、教條教育，我現在到美國看到了《毛語錄》，我才撥開雲霧看青天，台灣的教育制度完全是狗屁。」劉志同說，這樣的講法讓他很氣憤。

曾任中華民國新聞局長的邵玉銘則說，安那堡大會他也去了，他提到當時的經驗是：「一要唱東方紅，我從來沒唱過，但覺得東方有個紅太陽，肉麻了點，我也不會唱；二是唱扭秧歌，我也不會，結果我因為不會唱東方紅、扭秧歌，就被包圍了起來。有少數三個人被包圍，還有一個就是沈君山，說我們是漢奸。說我們不唱東方紅就是反毛，反毛就是反華，反華就是漢奸。」

邵玉銘覺得，一個中國的知識份子是用這麼簡單的邏輯來定調，他覺得很悲哀。相較於當時左傾的花俊雄是正港的台灣人，爸爸是木匠，哥哥是礦工，對共產主義而言，是真正的根正苗紅。外省籍的邵玉銘說：「我是根也不正，苗也不紅。」

左傾運動的衝擊與反省

劉志同、邵玉銘和花俊雄，都是在二〇〇九年在清大舉行的保釣研討會上，談到當時參與安那堡會議的親身經驗。台灣留學生的左傾現象，引發台灣高度的關注，各種不同動機的關注紛紛湧進美國。那時，在台大哲學系任教的陳鼓應也從台灣去美國觀察。但是，陳鼓應說，當他出現在美國校園時，有些人便起疑，特別是一些左派的人覺得奇怪：「為什麼國民黨會讓你來美國？」「為什麼你有錢來美國？」「你為什麼要接觸那麼多留學生？」

陳鼓應則回答說：「我是以探親名義申請，獲得批准就來美國了。來美國的機票錢是妹妹跟我朋友提供的。」

陳鼓應見了許多保釣學生，安那堡的學生也讓陳鼓應看延安文藝座談會、周恩來的談話等影片，陳鼓應在影片放映現場轉了一圈，發現到處都是馬克思、恩格斯、列寧。他心裡覺得有些不妥，長期來他一直是以自由主義者自居，從來不是左派。基於安全考量，陳鼓應便趕快到一個自由派的朋友家裡。

陳鼓應說：「我根本是個大自由派，他們懷疑我，那時候誰都懷疑啊！我記得曾經參加一個國民黨辦的和平統一討論會，要我講話，我就請他們關掉錄音機，但其中有一個沒有關掉，我就被打了報告，又被抓到警總，那時候國民黨職業學生到處都是。所以所有的人為什麼會轉向反國民黨政府、反當局，就是因為有人到處打報告，還派流氓打留學生，我聽了就很氣憤。」

李黎也補充指出，當時大家都很沒有安全感，所以形成很多不必要的懷疑。不過當時確實是有一

註：7 同上，頁：十七—廿。

些台灣學者來到保釣現場，有些學者真的是接受任務來疏導學生的，所以大家有點風聲鶴唳，但是談一談之後，大家就明白了。

其實陳鼓應在台灣就一直是執政當局頗為關注的人，當時國民黨為了擔心他在校園裡串起學生運動，由國民黨要員宋時選負責與他聯繫。陳鼓應說，宋時選本來也不敢見他，後來是因為在《張老師》刊物中看到他談〈人生的意義〉一文後，決定一見。見面談話後，宋時選告訴他，他的個人檔案中的報告很可怕，那時候陳鼓應到哪演講，都有人向上報告，而且內容都與事實有極大的出入。

陳鼓應說，他是一個自由主義者，又是個親美派，所以當時美國國務院邀請他訪美，並要他推薦第二個人，他於是推薦張俊宏。在他要赴美前，幾個學者還去找他商量組黨的事，這也是為什麼他到美國後，會去找張系國，就是想把他等人弄回台灣來組黨。既然是這樣，他根本不會去跟左派的人接觸。

但也由於這一次的美國行，讓陳鼓應受到左派的刺激，親身感受到部分留學生的左派熱情。這些左派學生一方面想知道台灣的訊息，一方面又知道陳鼓應是反叛國民黨的人，所以心裡很矛盾。而且因為陳鼓應見的人多了以後，他們自然開始懷疑陳鼓應是不是有什麼目的。「還有一些左派學生也樂得給我洗腦，想讓我左傾。我剛剛到聖地牙哥時，有一個小左派問我：『你是自由派，你替知識份子說過話沒有？你替工人、替農民說過話沒有？』我想我沒有，感覺一下子被打到半空中，這些話讓我有很多反省。我自己跑、自己看，自己也有一些覺悟。」陳鼓應說。

林孝信本人也在這場左傾運動中開始受到衝擊。他知道當時兩岸執政當局都極力醜化對方，但讓他很震撼的是，被台灣國民黨政府推崇為國父的孫中山，在中共的著作中完全沒有被醜化，反而給予正面評價。林孝信在震驚之餘，開始對社會主義產生更大的關切之意，原來反國民黨的心情，似乎找到了一定的理論基礎。

■沈君山一九七一年在華府反共愛國會議上談志願統一。（出自《尋津集》，沈君山著）

由於美國政府愈來愈重視中國，中國總理周恩來提到美國如果想和中國建交，必須首先和台灣的中華民國政府斷交，同時還要廢止中美協防條約、撤除美國第七艦隊等。於是，一些保釣人士開始把希望寄託在中共身上，九月二十一日，一場支持中華人民共和國進入聯合國的遊行正式上演。一九七一年九月下旬，李我焱、王正方、王春生、陳恆次、陳治利五名台灣留學生前往大陸晉見周恩來。這五人回來之後，都報告中國大陸是多麼地美好。

但也不是左傾的人都支持統一，林孝信說，雖然有一些從大陸回來的人帶口信給他，說大陸歡迎他去，但是他一直沒敢去大陸。除了護照問題外，更主要是他發現，台灣政府會對左傾的留學生扣上帽子，一些新來的台灣留學生無形中會不和這些人來往，因而，林孝信雖然信奉社會主義，並未主張統一。

就在左傾遊行上演之時，九月二十一日的同一天晚上，立場偏右的台灣留學生決定在年底要開一個大會，看看到底有多少人還是想念台灣。劉志同說：「那時候沒有省籍、族群觀念。」所以他們那時候就開始在美國各地召開留學生反共愛國會議，十二月二十五日聖誕節時到舊金山開會，共開了四天三夜的會，然後決定成立「愛盟」，成立宗旨在於凝聚台灣留學生懷鄉愛國之情，並在學成以後回台灣幫助國家。劉志同說，在保釣後期，「全美中國同學反共愛國聯盟」（簡稱愛盟），在美國成立，成員是以來自台灣的中國留學生為主。

保釣運動改變了許多留學生的一生，這些反省在四十年過後，格外令人唏噓。項武忠提到，安那堡會議的主席就是他自己。他回想自已在六十年代回台灣時見過蔣介石三次，當時自己才三十多歲，可能是當年大家認為最成功的學者，可是自己後來卻左傾了。項武忠說，「當時大家為了愛國，為了民族主義，完全沒有思想、沒有反省。我後來對這件事寫過懺悔書，我道歉。」[8]但是，他也很生氣在釣魚台事件中，台灣政府並沒有花力氣去對付日本，什麼事也沒做。

由項武忠所寫的〈釣運的片段回憶 並寄語青年朋友〉的文章，收錄在沈君山所著的《尋津集》一書中，如今讀來，令人感觸極深。項武忠說：

那時候，留美中國青年由於對台灣統治階級的不滿，竟然開始懷疑西方對中國的報導，而且相信毛澤東是「人民導師」，大陸是「人間天堂」。……上千人聚集在紐約，到日本領事館遊行，這些人大部分是在校同學，也有少數剛出學校不久的年輕教授。回想起來，除了極少數人，差不多完全是沒有政治警覺性的。……

我們準備在布朗及安那堡開「國是大會」。大約由於我的火爆脾氣，而又是少數參加的大學教授之一，不知天高地厚被捧了起來。……還記得在安那堡的一次大會上，我把沈君山罵得狗血噴頭。這時候，我自以為是與真理同在，在情緒上是極度興奮的。一如我前面所說，理性是被蒙蔽的，推理的邏輯是被扭曲的。這一來，別無選擇，愈走愈極端了。在校的同學花了不知多少時間寫通訊刊物，研究工作都成了次要的，更有人完全輟學了。[9]

■原本單純的保釣運動，最後變成了政治性極高的左傾運動。(劉源俊提供)

清華大學電機系榮譽退休教授李雅明也是當時保釣運動的參與者。他認為，保釣運動在「保土運動」的意義上是沒有爭議的，他相信所有參與保釣的人都是問心無愧的。「但是對於中國未來的政治走向運動，我想無論是左派右派或是中間的自由派，甚至台獨派，都該有一些檢討。」李雅明這麼認為。

清華大學圖書館曾經在二〇〇九年五月，舉辦了保釣研討會。在這場正式名稱為「一九七〇年代保釣運動文獻之編印與解讀」的國際論壇中，立場不同的保釣人士齊聚一堂，各種言辭交鋒，出現許多觀點交錯的火花，也透露激情過後的反省。

李雅明當時就在這樣的場合中，坦率提出他個人的意見，他認為各種左、右、自由派各種立場的人，都應好好自我檢討才是。

註：8 項武忠是在清大二〇〇九年「一九七〇年代保釣運動文獻之編印與解讀」研討會，做了上述表示。

9 項武忠，一九八八九年，《尋津集——從革新保台到一國兩治》，頁：二二一。

李雅明首先談到左派。他認為在一九七〇年代初期，許多左派的朋友，沒有認真經過檢驗，就認同中國大陸，甚至認同當時中國的文化大革命，這是需要檢討的。至於右派，李雅明則認為，保釣的右派留學生對於國民黨當時的所作所為，也沒有足夠的反省，以致不明白為什麼當時會有那麼多台灣留學生到了美國，不到一、二年就都變成左派？為什麼國民黨政府的作為讓大家如此不滿？這些都沒有經過好好的檢討。李雅明認為，國民黨不論是在大陸還是在台灣，有很多政策、歷史都需要檢討，但是右派的人並沒有公正地來做這件事。

還有第三者是自由派，李雅明認為他自己比較算是自由派的，自由派的人批評共產黨也批評國民黨，哪裡都不行，哪裡都不去，最後發現自己裡外不是人，但是他認為即使這樣，自由派也需要好好檢討。他問到：「在將近四十年的時光中，有沒有足夠的人回到自己的國土，為我們的同胞做出足夠的貢獻？」[10]

人生命運的分水嶺

安那堡會議是釣魚台運動的分水嶺，同時也是許多留學生人生的分水嶺，許多人的命運從這個時間點開始分道。劉源俊想起自己與林孝信交友的過程，從大二開始，他們經常在一起，再加上數學系的曹亮吉，三個人一起談台灣的科學教育，但是，在保釣運動後，三個人的命運卻完全不同。

保釣的發展讓三人有了極不同的際遇。林孝信幾乎完全放棄學業，全心投入民間社會運動中；曹亮吉則是到日本跟著指導教授進行學術研究，和保釣運動沒有發生關係。後來曹亮吉拿到博士學位後，還在美國教了幾年書，才回台灣；劉源俊雖然參加保釣，但是他已經完成論文，一拿到博士學位，立刻打包準備回台灣。三個老友同時來到美國，後來的發展卻完全不同了。

一九七二年，劉源俊要回台灣前，正好林孝信來到紐約，林孝信約了劉源俊在紐約地鐵道見面。

那是一個傍晚時分，地鐵人潮還不算多，沒有人會特別注意這兩個東方人在談些什麼。劉源俊把握機會苦勸林孝信，他提醒林孝信保釣運動已經變質，「不是保釣，是要搞統一的親共運動，」基於多年的老友情誼，他請林孝信回頭，不要再參加了。

但是林孝信並沒有接受他的建議。林孝信的回答，劉源俊至今依然記憶猶新。林孝信說：「如果這個運動已經變質，我就更應該參與，要把它拉回來。」

劉源俊知道這就是林孝信，只好隨他去。

林孝信學位還沒有拿到，繼續留在美國，那時候他必須先到台灣駐芝加哥領事館，辦理護照延期。林孝信說，在他的護照須延期前，台灣駐芝加哥領事館人員有一次跟他談話，希望他能夠站出來替台灣政府的困難處境說說話。林孝信心想，台灣駐芝加哥領事館會提出這樣的要求，或許是因為他們認為他在辦《科學月刊》有些影響力，所以希望能幫忙做這些事。「我那時候告訴他，我們主要並不是在反對台灣政府，只要台灣政府能真心保衛釣魚台，我們大家都會支持。」林孝信說，當時兩方的談話根本就是話不投機。

林孝信對這些事也沒多想，時間大約又過了一、二個月，林孝信又去台灣駐芝加哥領事館，辦理護照簽證延期。在辦理延期的時候，台灣駐芝加哥領事館人員又特別找林孝信談話。林孝信說：「他的意思主要是要求我不要再參加保釣運動或類似的運動，我當然沒有接受。」

林孝信的護照並沒有當場被沒收，但也未完成申請。第二次林孝信再去申請延期，有關人員則告訴林孝信：「因為你的問題很嚴重，我們無法決定，要送到台北才能決定。」護照就被留了下來。過了一段時間後，林孝信打了幾次電話詢問結果，對方總是回答：「還沒有下來」。林孝信從他

註：10 李雅明談話為在清華大學「一九七〇年代保釣運動文獻之編印與解讀」研討會的發言內容。

們的口氣感覺到「就是不給」的意思。因為這樣，林孝信的護照就被沒收了。

林孝信開始擔心自己會不會被遞解出境，一些參加保釣的朋友要林孝信不必太悲觀。一九七三年時，林孝信因為自己的學業尚未完成，所以想去辦理註冊。但是美國大學在外籍學生註冊時，一定要登記有效護照號碼，註冊才能完成。因為林孝信已經沒有護照，連書也讀不下去了。

林孝信已經是非法居留，朋友警告他絕不能工作，如果非法打工，就會很快被強制出境；同時也要他儘量少到中南美洲人士可能出現的灰狗巴士車站，這樣較不會有事。林孝信因此上了不能回台灣的黑名單，據他估計，像他一樣護照被沒收的人，或許不超過十個，但是他估計約有五、六百人，他們的護照雖然未被吊銷，卻全都列在不能回台灣的黑名單上。

而順利回國的劉源俊，不久便到東吳大學物理系教書，一九八一年他有個機會到美國，到芝加哥的時候是一九八二年一月，劉源俊想看林孝信，就約他在機場的咖啡廳見面。那時候林孝信開著破車來，一字一語告訴老友自己在美國的情形。劉源俊看著自己的老友，心情很複雜，他從林孝信那裡聽到「撤銷遞解出境」（suspension deportation）這個新名詞。

到一九七九年之前，當時的林孝信不能讀書、不能工作，一開始先是靠自己的小積蓄，或是靠朋友接濟，就這樣過日子。林孝信在保釣後，沒有轉向統一運動，但是卻開始關心台灣的民主運動，對於台灣戒嚴、二二八事件、白色恐怖，有了更多的認識，在民國六十八年初，台灣的黨外運動一直彌漫著國民黨可能會大舉抓人的詭譎氣氛。林孝信於是在美國成立「台灣民主運動支援會」，開始關心台灣的政治問題。不料不到兩個禮拜，移民局的人就找上門來。林孝信相信顯然有人告密，於是他的居留問題便進入法律程序。

為了打官司，現任世新大學法律系教授黃維幸，當時便充當他的義務律師。林孝信的官司在芝加哥開庭，黃維幸人在波士頓，每次出庭還要飛到芝加哥，就這樣花了三年的時間才獲得「撤銷遞解出境」的判決，等於沒有身份，但可以不被遞解出境，得到美國的居留權。

「沒有身份卻還能留在美國，是因為美國政府認為雖然這種身份的人應該遞解出境，但是如果當事人回國會有生命危險，美國政府就會這樣對待，」當時林孝信這樣告訴劉源俊。

黑名單下的犧牲者

劉源俊問林孝信「要不要回台灣？」，他勸林孝信還是回台灣好，劉源俊也承諾他回台灣後，會去跟有關單位協調，當時他的身份已是東吳大學理學院院長，他願意為老朋友背書。林孝信先是拒絕，林孝信覺得回台灣是不可能的事。他提到更早時，沈君山曾經有一次專程到美國找他，跟他說已經幫他找到工作，希望他回台灣。但因為當時剛好發生美麗島事件，林孝信覺得「不屑回去」。現在老朋友又勸他回台灣，劉源俊鼓勵他是「台灣科學教育的始祖」，還是回來得好。

劉源俊回台灣後很快跟調查局聯繫，要林孝信等消息。「他們研究一下，過了一陣子給我消息，認為時機不宜。因為那時剛好發生陳文成事件。調查局擔心林孝信回來，背景有點類似，萬一又出事，他們擔待不了。」劉源俊說。

林孝信沒能回到台灣，還有其他為數不少的釣運人士，也同樣成了黑名單。不少保釣人士的護照被吊銷，成了美國黑戶，便一直在聯合國擔任翻譯工作。其中極早參與《科月》的夏沛然也成了黑名單，在聯合國做了非常久的時間，一直到退休。

保釣運動究竟有多少人因此成為黑名單，到現在無法估計，但因為這場運動立場偏左，不但國民黨陣營不予同情，獨派團體也不想爭取他們的返鄉權，以致到目前為止，仍無法完全釐清真相。

針對黑名單問題，李黎也說：「我永遠不知道我是不是在黑名單裡面，我很自覺地從一九七〇到一九八五的十五年間，我不敢回台灣，因為那時候人家勸我少惹麻煩。八〇年代陳文成出事，八三年後曾經發生一個女留學生進台灣海關時，海關說在她的涼鞋鞋跟搜出膠卷，這件事讓我一直不敢回去，很怕有莫須有的事情到身上。後來有一點進步是，要回去的人可以去辦事處申請回台，如果被打回票就是黑名單。一直到一九八五年時我接到電話，我媽媽緊急住院開刀，非回去不可，我當天就到洛杉磯，他就給我簽證，這就表示我可以回台灣了，可是下飛機時還是有點緊張。黑名單有多少人我不知道，可是就是因為這樣我十五年不能回去。」

這其中，林孝信長達二十一年無法回台灣的遭遇，最是令人遺憾，也令許多人為他叫屈。就連和林孝信不熟的盧志遠也說，其實他們兩人只見過幾次面而已，他覺得林孝信很純真。他進《科學月刊》後，因為林孝信是黑名單回不來，他們在台灣根本連林孝信的名字都不敢講。

盧志遠說：「林孝信這麼熱心，書沒念成，學位也沒拿到，弄得滿潦倒的。他提早燃燒自己，沒有拿到學位在美國也很難混。後來他根本就沒有工作，這麼多年都是黑名單。但我覺得他這個人根本不左也不獨，你看左的好處他完全沒有，真的左的跑去見周恩來，他也不去；台獨他也不是，他也不是跟這群台獨的人混。」

盧志遠又說：「我們在台灣，不會去說《科學月刊》是林孝信辦的刊物，若這樣說不是會要了命？所以，我們就不要特別去強調創辦人是誰，就只是講一群愛國的留學生就可以了。其實《科學月刊》完全沒有政治色彩，但如果點名點姓地講出林孝信，在那個時代，萬一人家要找你麻煩是一定可以的，何苦給人家抓這個辮子？」

保釣運動改變了林孝信和許多人的一生，但是，以林孝信而言，他個人純粹的社會改造理念，還是受到許多人的肯定。台大數學系退休教授曹亮吉到今天還記得林孝信在四十多年前曾說過的一句話。

曹亮吉說：「我們還在讀大學的時候，林孝信說：『本省人跟外省人的隔閡是個很嚴重的問題，唯有透過共同做一件事情才能稍微袪除。』我想《科學月刊》最大成就是讓外省人和本省人一起工作，根本不會有分別，這在過去是很難想像，現在也一樣不容易，這個事情他是真的有心。」

台大大氣系教授林和也談到林孝信。林和說他到現在還會接到林孝信的電話，電話中的林孝信總是那麼誠懇，強調他想做的事情又是如何地符合社會公義。「我是個徹頭徹尾的實證主義者，如果實際的效果不好我就不做了，林孝信卻是個理想主義者。」林和說。

林和又說，林孝信人很親切，全身沒有一根壞骨頭，但是他不會跟他一起去前線打仗，因為他可能自己明明被子彈打到也不知道，跟他一起衝鋒會誤判。

但是，他卻非常珍惜林孝信這種難得的真性情。談到最後，林和給了這樣的結論：「孝信這個人，在我心中，永遠是個溫暖的位置。」

7 賠本辦《科學月刊》

■已過世的前清大教授張昭鼎認為，虧錢辦《科學月刊》，是很有意義的一件事。（出自《惜別張昭鼎》，科學月刊提供）

保釣運動在美國持續一年餘的熱潮，《科學月刊》通訊網成了保釣時期最重要的聯絡網絡，美國多數理工科留學生或多或少都會參與《科月》，保釣運動與後來的左傾運動發生後，對於《科學月刊》的經營發生了極大的影響，不但美國的援助暫停，原來約稿的工作也全部停頓，在迫不得已的情形下，《科月》必須將重心移到台灣，繼續原有的科學傳播教育的工作。

那個時候，《科學月刊》已經持續一年，好不容易在台灣打了一些基礎，當時在台灣負全責的李怡嚴、楊國樞是最主要的靈魂人物。在台大任教的楊國樞找了瞿海源與劉凱申兩人來幫忙，在清華大學教書的李怡嚴則找了同校的張昭鼎加入《科學月刊》。張昭鼎學的是化學，後來成為《科月》發展很重要的關鍵人物。台大另外還有化學系的劉廣定、物理系的王亢沛、動物系的黃仲嘉陸續參加，使得台灣的參與者陣容有了固定班底。

《科學月刊》不斷強調自己的任務，它在一九七一年二月的第十四期〈編輯室報告〉中談到：

辦一份科學刊物並非是我們僅有的目的，我們希望的是能把自己的一份力量貢獻給國家社會，只要能有益於國內科學的進步，我們都願竭盡所能。

老實說，我們並不是一群認為「科學就是一切」的人，我們之所以選擇科學這方面來做，僅是因為我們的人大部分是這方面的，同時我們也相信大家都能把本份的工作做好，這個社會就會有前途，我們希望在這方面的努力能夠做一個拋磚的工作。

又要馬兒好 又要馬兒不吃草

《科月》第一年算是度過蜜月期，但是第一年過後，許多窘境開始出現，首先是稿源缺乏的問題。雜誌一期期地出，稿源消耗極快，到一九七一年十月時，從國外寄來的存稿已經用完，當時的國內投稿仍然不多。台灣方面接手後，《科學月刊》雖然得以繼續，但是在客觀來講，因為保釣運動分散了人力，來自美國的稿件資源，一下子少了很多，更增加台灣編者的壓力。

同時，《科月》也開始出現財務問題，這主要是因為《科月》雜誌賣得很便宜，甚至是虧本經營。當時，學生訂戶一本是五元，但《科月》的印刷成本一本就要四元八角二分，若再加上郵費、封套包裝、與宣傳費，每本淨成本估計是六元七角五分，學生訂戶每戶《科月》都要虧一元七角五分。所以除非是賣給一般訂戶，才可能不賠錢，一般訂戶每本也只能賺得二角五分。

《科月》之所以採取低價政策，是因為林孝信在創辦時曾經說過：「我們就是要馬兒跑，又要馬兒不吃草」。劉源俊詮釋說，林孝信認為《科學月刊》絕對要辦得便宜，這是他的社會主義思想，他要讓窮苦的學子都能夠看，所以最初學生價只賣五塊錢，當然慢慢就虧本。「本來就是該虧嘛！有誰在支援？就是靠美國的留學生來支援，你是從這個社會出來的，就應該要回饋，這是理想。但是保釣後美國的網絡打破了，捐款就難了，誰還會想幫《科學月刊》？」劉源俊說。

同時，劉源俊也提到，在台的情治單位完全無法理解，何以能突然一下子，全美留學生都動員起來保釣？他們判斷一定有親共份子介入，而《科學月刊》聯絡網成了保釣聯絡網一事，更讓他們認為《科學月刊》不單純。劉源俊說，《科學月刊》在台灣創刊時，銷路曾接近兩萬份，所有高中幾乎都訂閱；但自保釣運動後，銷路一直下降。經安全單位行文各學校說《科學月刊》有「為匪宣傳」之嫌後，更是「屋漏偏逢連夜雨」，對《科月》這份刊物造成極大的影響。

另外，《科月》的廣告經營在當時也是非常困難。一九七一年十月時，《科學月刊》感受到廣告的壓力愈來愈大。據《科月》內部的書面資料提及：「由於當時金融情形變化極大，造成世界性的經濟不景氣，再加上我國退出聯合國，商業人心稍受影響，一般客戶對廣告預算作觀望態度；但最大原因，仍為本刊先天之所限。」當時一般廣告客戶對《科月》的看法是把《科月》歸屬專業性雜誌，內容大多為與日常生活無關的理論及數理方程式，因此對象只侷限於無購買力之學生。換言之，《科

■前清大教授張昭鼎（前左一），從很早就投入《科月》，雖然《科月》一直賠錢，但他卻一直忙著四處籌錢。圖為《科月》十周年時，眾人聽沈君山演講。（科學月刊提供）

月》的內容太深奧、太理論化，不易為一般消費者接受。《科月》編輯部也一直反映此一意見，提到如果《科月》的內容再不減低硬度的話，廣告部的棘手問題將無法解決。

同時，《科月》原本設定的目標群是高中生，實際情形卻與預期有一大段差距。宓世森說明當初高中生幾乎打不進去，最主要是因為高中聯考把高中生鎖得緊緊的，甚至嚴格禁止學生閱讀課外讀物。《科學月刊》被列為課外讀物，結果就在這個禁令之下打不進去，只有少數家長，或是老師，覺得《科月》可能對學生有幫助。宓世森說，是有老師自己買了，在學校裡面讓同學來看。但同學若想訂還是要家長同意，家長一看這跟聯考沒有關係，就不想訂了。

宓世森回想起來，當初有兩點主要原因造成財務危機。一個是學生訂戶對折，當時因為捐款減少，不但捐款不多，還讓學生訂戶對折，使得《科月》財務負擔加重。另外是《科月》的陳義太高，《科月》當然不是為考試去辦刊物，而是要提升他們科學方面的知識，在科學領域上增加更廣和更多的知識，這種觀念不可能立刻就有很多人接受，銷路也就無法造成怎麼驚天動地的結果。[1]

由於《科月》的經營是非營利性質，不但參與的學者是義工，平時《科月》也須仰賴很多義工學生幫忙。《科月》當時還找了外文系、中文系、歷史系的女學生協助《科月》的校對工作，另又請電機系、機械系同學擔任內文的校對工作。但是，這些義工學生只要碰到學校的考試，就會使得《科月》的發行變得緊張。一九七一年十二月《科學月刊》的工作通報即載明：「元月號篇幅增加十六頁，編務工作加重許多，負責校對的均係在校學生，他們正逢期末考的緊張階段，但為了不使《科月》脫期，仍咬緊牙關抽暇做校對工作。」[2]

註：1 見一九七一年十月《科學月刊》工作通報。
2 見一九七一年十二月《科學月刊》工作通報。

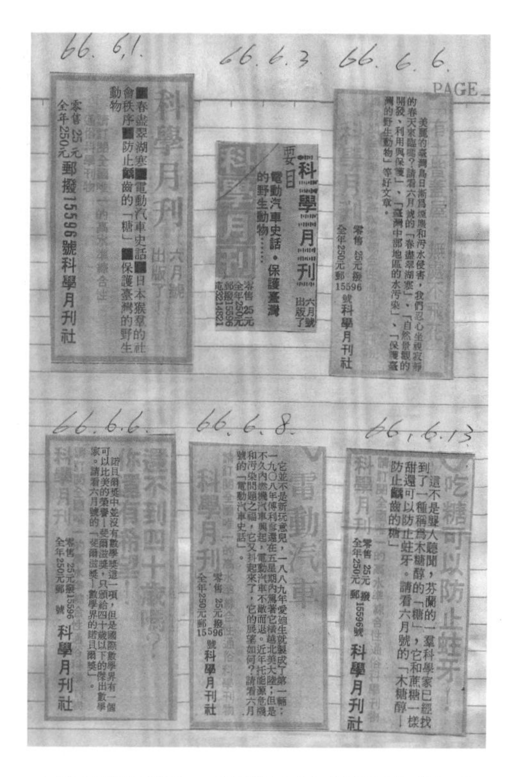

■為了增加訂戶，《科學月刊》仍試著在報上刊登廣告。

■張昭鼎（右）和李遠哲是深交，也是好友，因為張昭鼎，李遠哲也非常了解《科學月刊》。

（科學月刊提供）

自然，財務困窘的《科月》也一直沒有一個安定的辦公環境。一九七一年九月二十二日貝絲颱風來襲，《科月》辦公室原做了一些防颱措施，把一些存書加以疏散，又找了二十多塊抹布圍堵門窗滲進來的雨水。可是因為社裡租用的房子陳舊，門窗空隙太大，以致風雨來臨，社裡水勢便「浩浩蕩蕩」而來，弄得當晚動員五個工作人員，點了蠟燭進行搶救，工作人員身上都沾滿了泥水和汗水，一直忙到天亮颱風過境為止。

「虧錢就是在做好事」

自創刊以來，《科學月刊》的發行曾數度面臨財務危機，每次都是在艱困中一關關解決。首先值得一提的，是清大化學系的張昭鼎曾找來好幾個建築商等商業界人士，請他們每人每年撥出十萬塊錢，支持《科學月刊》，把《科學月刊》送到台灣或偏遠地區的學校，甚至送到大陸地區的偏遠高中。這個活動做了十多年，因為這些商業界朋友的支持，讓《科月》財務吃緊狀況緩和不少。

張昭鼎在《科月》時，似乎一直忙著解決《科

■永豐餘企業董事長何壽川（左），曾支助科月辦公室與經費，是《科月》背後默默的支持者。（科學月刊提供）

月》的財務問題。因為《科月》經營困難，人脈極廣的張昭鼎認識永豐餘集團老闆何壽川，張昭鼎拉他參與董事會，其實是掛名而已，當時何壽川妻子張杏如經營信誼基金會，對於教育問題非常關注，何壽川很慷慨地提供與信誼基金會同一棟樓的辦公室給《科月》使用，《科月》可在這裡無償使用一間辦公室，這都是因為張昭鼎才能促成。

談起當時，李遠哲憶及他這位老友時說，張昭鼎是個很平民化的人，很多知識份子會有身段，但是張昭鼎可以和各式各樣的人交往，而且是真的交往。因此，那一陣子《科月》在經濟上有困難的時候，便有一群宜蘭人來幫忙協助，何壽川也提供自己的房子幫忙。「我雖然人在芝加哥，但是透過張昭鼎，一直看著這本雜誌的成長。」李遠哲談起《科月》的過往，其實非常熟悉。

李遠哲說，張昭鼎很有趣，他一直認為虧本辦《科月》，「是一件很有意義的事」。憶及這個已過世的老友，李遠哲至今還是非常惺惺相惜。他說，如果《科學月刊》賺錢，張昭鼎反而會覺得心裡不安，他認為虧錢就是在做好事。「那時我們很多人覺得賺錢是可恥的事，虧錢才是知識份子應該有的犧牲奉獻。」李遠哲說到。

四十年來，因為財務困難，《科學月刊》搬了很多次家，曾經一年內在台北市光復南路搬好幾次。《科月》一開始先是在宓世森家中辦公，那時他家在光復南路中間一帶，半年後《科月》搬出去到光復南路頭，然後又搬到光復南路尾。接著再搬到八德路，在八德路待了較長的一段時間。後來《科月》財務又陷入困境，這時張昭鼎在雲和街有個二十多坪的房子，原本是張昭鼎為家人來台北讀書工作準備的，當時就免費給《科月》用，這時正是《科月》經營最困難的時候。

後來《科月》竟然可以買了台北市羅斯福路的房子。買房子是一件大事，這棟房子是由法院拍賣，《科月》很窮，如何可能有錢買房子？因為當時在台大物理系任教的王亢沛與台大外文系教授顏元叔兩人講好，將《科月》二十年的文章以系統性的方式集結出書，開會的時候，就請教授們義務認養負責。宓世森說，大家認為《科學月刊》可以出選集，開會後要他總其成，有的教授認一本、有的認兩本，就出了六十多本。「經洽談後一本四萬塊，四萬塊等於是付文章的費用，還給版稅，另外還每半年計算百分之十的版稅，那時，社裡的工作人員李金穗恰巧發現羅斯福路這個房子在拍賣，就用這一筆錢買了這個房子。」宓世森說。

劉源俊做社長期間，有一度《科學月刊》又碰到財務問題。當時《科月》成員郭允文在國科會科教處工作，就討論出一個支持《科月》的辦法。國科會要推動重點科學，要編一套叢書，這個業務後來就由國科會委託《科學月刊》來執行。「主要負責人就是宓世森，他真的是幫了一個大忙。」劉源俊說，因為得到這些經費，《科學月刊》才得以生存下去。

《科月》能夠持續得到若干經費的支持，最早創刊期間，跟台灣大學校長錢思亮、當時知名學者吳大猷都有一些關係。劉源俊說，當時「亞洲協會」一共捐了三次，金額是三十萬、二十萬不等。

另外，《科月》因為成員都是學者，與政府機構等較有聯繫，因而也有機會承接公家單位的業務。先是透過郭允文的引介，《科月》得到國科會不少業務承辦的工作。其他如水利署、農委會等公家單位，有時《科月》也幫他們編一些政策業務工作宣傳有關的內容，由《科月》來找熱心的學者專家執筆，設法強化與美化既有資料。而經過《科月》的潤筆後，效果還不錯：「官方寫作就是第一條、第二條，看起來很枯燥，經過《科月》的處理，文字會比較流暢，趣味性比較強。」宓世森說。

後來《科月》財務狀況較好時，也是得不斷變通掙錢，有一次是國科會委託《科月》編輯宣導手冊，以簡介政府所指定的十項或者十二項重點科技，來幫政府宣導，讓民間明白政府在重點科技上的投資。那個時候政府還沒有招標比價的規定，《科月》也獲得不錯的利潤待遇，《科月》也盡量省，又湊了一筆錢，買下台北市新生南路的房子。並在林孝信回台灣時，開辦「科學講堂」之用。

宓世森說，當時《科月》有好幾個社友都去「科學講堂」開課，下午四個鐘頭講物理學，「我們想一定人很多嘛！更何況地點非常靠近台大、師大，結果出席的人並不多。」宓世森猜可能是因為電腦已經普及，人數不如預期。後來因為《科月》還是年年虧損，就把那個房子賣掉了。

房子賣掉獲得的錢，《科月》成員之一的淡江大學化學系教授王文竹便建議用這筆錢去買股票，《科月》用賣房子的錢買股票，又用另外一筆錢買美金，並由《科月》的李金穗經理操作，多年來也有一些獲利。但現在較不景氣，等於是在「吃老本」，還是一樣得為錢傷腦筋。

《科月》財務困窘時，一些人都盡了力。宓世森在財務困難時，曾把《科學月刊》第一期到第十期印成合訂本，但因為沒有錢付給印刷廠，錢就先欠著，以他的人格擔保。後來，宓世森記得付了一些，但有沒有付清他也不記得了，反正開印刷廠的是他好朋友，也就算了。

■前清大物理系教授李怡嚴教授，為了《科學月刊》，把自己的存摺、印章都捐了出來。現在提及此事，他只淡淡地說：「不記得了。」（科學月刊提供）

李怡嚴連存摺都奉獻了

在《科月》困窘早期，是由清大物理系教授李怡嚴擔任科學月刊基金會董事長。李怡嚴在美國拿到物理博士學位後，是極早就回到台灣服務的學者。與一般科學工作者不同的是，李怡嚴非常博學，歷史、文學都有極深入的涉獵。有一次他寫了一篇「科學與文學」的文章給劉源俊看，令劉源俊非常驚訝，也跟著見賢思齊，學著探討科學跟文化的關係。李怡嚴對物理研究也也非常投入，還編了三本物理教科書，可能是因為內容太深奧，迴響不如預期，令李怡嚴有些失望。

李怡嚴的理想性很高，這點和林孝信類似。但在理想目標達不到時，林孝信總是鍥而不捨，外人看起來有時候會覺得他不夠務實。相較下李怡嚴則非常剛強，做不到他非常挫折，似乎是這樣的個性導致他日後退出《科月》的核心工作。

但是李怡嚴在《科月》期間，卻對《科月》付出了全部的心力。當時擔任社長的欣銓科技董事長盧志遠，在受訪時特別多次提到李怡嚴，他認為李怡嚴是《科月》早期非常重要、非常熱心的人士。盧志遠說，早期清華大學的畢業生每一個人都知道李怡嚴這個老師，非常有正義感，但脾氣很怪，他一回國就寫了三本物理的教科書，就是要把科學中文化。李怡嚴是《科月》的重要成員，「言辭上可能會比較衝動，但是不會有偏激的動作，而且是自己說到做到。」盧志遠說。

盧志遠在言談中，對李怡嚴非常感念。他說，在《科學月刊》最困難的時候，每一期要付印時，都要先墊錢進去。那時《科月》常常連印刷費都籌不出來，少數幾個員工的薪水也發不出來。這時李怡嚴有一天就把他的存摺、圖章跟身分證交給盧志遠說：「你要用多少錢，就拿去用。」

「就這樣子，這個人把他所有的財產交到我手上。我一看，裡面是十幾萬還是幾萬，我現在已經忘記了。我就說，『李教授，你犧牲都沒有用，不能這樣子來做事，我不能用你的錢，』就還給他，但是他不要，就走掉了。」盧志遠說。

盧志遠又說到：「別人是捐錢，可是這個人可以全部給你，你要怎麼用都可以。你看，有這種人啊！」盧志遠非常感慨。

從科學出發走向社會改革

從創辦以來，《科學月刊》打著科學的旗幟，在當時創辦了一本如此受到關注的刊物，至今已經四十年，這與先後遭停刊禁令的《自由中國》、《文星》有著完全不同的命運。參與到《科學月刊》的這一群人同樣有著關懷台灣的熱忱之心，但是卻明顯地與政治絕緣，在《科學月刊》中，從不談政治，即使保釣在台灣與美國讓年輕人熱血沸騰，《科月》對於保釣更是隻字未提。這些過程，明白顯示出理工科知識份子，對政治不同的看法。

在理工科學子心中，科學救國幾乎是不必懷疑的事情。但是，民國五、六〇年代的台灣，強人蔣介石還在位，台灣民間社會有著一定的政治壓抑。那種肅殺的氣氛，就連不想革命的理工科學子，也有些不舒服。中研院數學所研究員李國偉說：「大部分從事科學工作的人，不是政治行動派，所以我不是那種行動性上的苦悶，但我曾經寫過蠻長的一篇文章，回憶自己人生中最虛無的，就是大學畢業快要出國的那段時間。我說不出來，也不曉得是苦悶或是什麼，就是別人宣揚的思想你覺得不是太對味道，可是也不知道什麼東西是比較對味的。」

李國偉又說到：「對於國家社會，我們也沒說要特別挑戰，傳統的民族意識也都有，但是有些地方我還是覺得不是很好。像我們是外省人家，父母會跟你講出去少亂講話。我記得我高一的時候，那時候好像是教師節前後，有一天晚上突然一大堆吉普車開來，就把對面的男主人、女主人都帶走了，說他們是當年潛藏的匪諜，一去就好多年沒回來。」

台大大氣系教授林和則說，愈到國民黨控制的末期，他的焦慮感就愈強，如果想要做一些社會改革的工作，「掛羊頭賣狗肉」是一定要的，「科學月刊社」、「消費者文教基金會」便是在這種氛圍之下形成。林和個人其實也在消基會工作過一陣子，消基會固然有一些與消費者有關的業務，但基本上還是社會人心之所繫，強調社會還有一點點正義，不會什麼都被控制住了，這是社會最後一點的理性和堅持。「而《科月》走的是更為危險的路，因為『賽先生』旁邊就是『德先生』了，明眼人一看就有點擔心。」林和說到這裡時，口氣故意顯示出恐怖之意。

但是台灣師範大學數學系教授洪萬生的看法則大不相同。洪萬生說，「有關單位」大概知道「這些書生造不了什麼反」，事實上情形如何他不知道，但至少他的感覺是，情治單位應該沒有對《科月》特別「關照」，「因為這些人就是書生嘛！尤其是這些書生講話滿謹慎的，那時候的社論基本上是好幾個人一起看。」洪萬生說。

與一般人文類學者不同的是，這些學理工的讀書人留學到美國，看到物質條件比台灣好很多的西方世界，固然在心裡產生極大的悸動，卻也更促使他們思考自身與台灣的關係。長庚大學生命科學系教授周成功就說：「坦白講在美國……我們松社（台灣留學生組織）成員都是台灣的菁英，我們是非常保衛大台灣的，我們是跟台灣共存亡的。我民國六十八年七月回到台灣，民國六十七年十二月中美斷交，那時候所有人都說：『你回來幹嘛？』」

周成功說，他們雖然比較沒有台獨的思想，但是台灣的未來還是他們最關心的事情。「那個是我們生長的土地，我們關心台灣的未來，但是我們不會把台灣跟中國切割，這個跟很多本省子弟會有差別。」周成功說。

成立松社的欣銓科技董事長盧志遠當時在海外時，深刻感覺到台灣不利的處境。他說：「我出國的時代，就是六〇年代末、七〇年代初，當時越戰打得兇，人類也登上月球，科學震驚了世界，人類竟然可以上了月球，真的不得了，所以就感覺到科學的力量。」

「但另一方面我們也碰到政治，因為我們的國家受到屈辱。那時候更讓我們擔憂中美隨時要斷交。其實那個時候已是心裡有數，先是中日斷交，這是非常嚴重的起火點，再來就從聯合國退出，等於說是被趕出來。最後就是美國這個盟邦也撐不住了，他也要選邊站。整個形式的變化就往那邊傾斜，台灣怎麼辦？其實這都是背後心裡面的憂慮。」

因而，這批理工科的留學生中，有一些人覺得第一件事，就是學成後要回台灣。但是，也有一些人到美國留學後，是不打算回台灣的。中美斷交時，台大流行病學研究所教授金傳春正好也到美國留學，她在海外寫文章、辦雜誌，也辦了一些活動。金傳春說，她在美國認識了六〇年代回國的《科學月刊》的人，同時也認識另一批六〇年代、卻留在美國的人。金傳春比這個世代的人年輕十幾歲，她想知道這批回國的人，他們快不快樂？覺得值不值得回國？於是，她以《科學月刊》的學者為觀察對象。

「我碰到《科學月刊》這批人，覺得他們做了很多事，看到他們對台灣的熱愛。我覺得，人跟人之間還是會發生影響。我那時候就決定，不管後來情形如何，我是要回台灣的。」金傳春在受訪時堅定地說。

而隨著時代滾輪不斷前進，台灣的社會日益民主化，參與《科月》的學者感受都很強烈。中央大學水文所教授劉康克在民國七十年三、四月間參與《科學月刊》，那時候台灣的情形已不同於五、六〇年代了。他的感覺是：「我參與活動已經是比較後期的事了，台灣到蔣經國時代已經相當開放。到《科月》的時候，思想控制已經很少了，那時候問題比較不是國家機器的問題，而是社會的問題，就是國家機器把它箝制太久，它已經縮在那個地方動不了了，一般人的想法還是在威權體制下。」

其實，《科學月刊》從創辦以來，因為聚集了許多知識份子，相當受到執政當局的禮遇，遇有重要事情都會向他們請益。台大大氣系教授林和在民國七十九年間，曾經竭盡全力籌辦「科技與本土──第一屆民間科技會議」，當時行政院長郝柏村還接見參與的學者。林和說，當時的執政當局，對於「本土」二字，還是非常敏感，還曾經問林和是不是要「搞台獨」，林和因此還特別說明，替這些高層官員上了一課。

《科學月刊》從「科學」出發，卻因為科學發想，慢慢與台灣本土議題結合，從歷史發展來看，其實是台灣非常重要的團體之一。林和便總結認為，當時知識份子參與社會有二個窗口，一個是《科學月刊》所發起的科學教育工作與科學傳播運動，另一則是「消費者文教基金會」所點燃的消費運動，林和認為這兩個團體都是台灣在解嚴前重要的民間組織。

關心台灣的人很多會注意到消基會的發展，消基會也因此在台灣民間產生了強大的社會力，令人印象深刻。林和將《科月》與消基會相提並論，已經暗指《科月》這本刊物背後，有一股知識的力量蠢蠢欲動，從這裡來看《科月》的意義，絕對不只是一本雜誌而已。

8 台灣科普的摸索

■前台大數學系曹亮吉（中）在《科月》推出的〈益智益囊集〉，不但為《科月》開啟科普的一扇窗，也是他個人科普寫作的開始。
（科學月刊提供）

台大數學系教授朱樺看著影印的舊資料，專注的神情彷彿掉進時光隧道中。幾張《科學月刊》的影印資料在他手上。他看到一九七〇年十二月《科學月刊》的數學專欄〈益智益囊集〉有獎徵答的得獎名單揭曉。「東石高中學生」朱樺在「神異記牌術」、「洩露軍機」兩個數學益智徵答中，得到第四名，獲贈《寂靜的春天》一書。一九七一年十月，「台大地理系學生」朱樺在「接力賽跑」、「旅行奇案」兩數學題中，獲得積分獎，獎品是紀念章一枚，免削鉛筆一盒。

一九七一年十一月，〈益智益囊集〉第廿一期答案與得獎名單揭曉。這次，住在「嘉義六腳鄉」的朱樺，因為來信討論「稱球問題」，獲得特別的獎勵。

朱樺若有所思地想起近四十年前的往事。那時他是個高三生，在嘉義朴子的鄉下就讀東石高中，他的弟弟則是在台北讀書，寒暑假時才會回嘉義老家。一次弟弟回家時，將他訂的《科學月刊》帶回來，朱樺看到〈益智益囊集〉，很快就喜歡上這個園地。但是弟弟一個學期只回來一次，朱樺想了一個辦法，每個月他都要求弟弟將〈益智益囊集〉的題目手抄下來，再寄給他，他收到弟弟的手抄後，就樂得開始解題，陶醉在數學的思考中，有了想法後，便開始把答案寫下來。

根據這個專欄的評分標準，必須是有創意與正確才能獲得滿分十分；如果讀者思考後，有與該刊不同的創意解答，《科學月刊》還會特別刊登，讓所有讀者做比較。另外還有積分辦法，讓部分答對但排名未在前的讀者，可以因此累積分數。

朱樺說，當時什麼科普刊物都沒有，能夠閱讀的刊物只有課本，物資實在非常缺乏，於是〈益智益囊集〉成為他最大的精神支柱，讓他真的感受到數學思考的樂趣。他曾經獲得的獎品有鑰匙圈、一節一節的自動鉛筆、四色原子筆，每次收到禮物，對他來說，都是很大的成就感。但是因為當時沒有影印，想看到《科月》最後的解答，還是得等到弟弟學期放假回來時，才能看到。等到自己上大學也到台北後，才不必這麼麻煩。

因此，當〈益智益囊集〉專欄在一九七二年一月停刊時，朱樺既難過又懷念，甚至投書給《科學月刊》，這篇讀者投書於一九七三年一月的《科學月刊》刊出。朱樺在文章中說他非常感謝這個專欄給他思考的機會，他覺得台灣有許多像他一樣偏遠的高中生，滿懷一股對數學的熱愛，卻沒有材料可以思考，更沒有討論的對象。但是〈益智益囊集〉一個月一次的數學題目，帶給他極大的滿足。

因為〈益智益囊集〉，朱樺確定自己在數學上的興趣。大二後他就從台大地理系轉到數學系，現在是台大數學系教授。

類似朱樺教授這樣的案例，在《科月》其實頗為常見。《科月》在台灣物質條件極度欠缺的時候，扮演了啟發年輕人思考科學的角色，更曾戲劇性地鼓勵年輕人立定志向，堅定地以科學為一生的志業。

〈益智益囊集〉與阿草

〈益智益囊集〉專欄的負責人署名「阿草」，朱樺從來不知道他是誰，也從未探究。後來他注意到「阿草」的許多出版著作。像是《阿草的葫蘆》、《阿草的曆史故事》、《阿草的數學聖杯》、《阿草的數學天地》，朱樺才終於知道，阿草正是同系的台大數學系資深教授曹亮吉。

「阿草」曹亮吉是《科學月刊》的主要發起人之一，他在《科學月刊》創刊時就主持益智益囊集，時間持續兩年，他將這個數學思考題設計為有獎徵答形式，幕後還有評審團，答得好的讀者，《科學月刊》會提供獎品獎金，所以，是既可「益智」，又可「益囊」，便稱為〈益智益囊集〉。曹亮吉在主持這個專欄時還是美國留學生，但是主持這個專欄兩年讓他非常疲累，於是他寫完「最後的禮物」後便停筆；拿到學位後，曹亮吉留在美國教書，暫時跟《科學月刊》斷了線，沒有來往。

在美國停留四年後，曹亮吉決定回台灣。回到家的曹亮吉，發現桌上放著一張《科學月刊》寄來的明信片。信中提醒曹亮吉：「該歸隊了」、「總是有人該寫啦」。看完信，曹亮吉產生了不一樣的心情，一九七九年，〈益智益囊集〉再度復刊。曹亮吉從一九七九年一月開始寫，寫到一九八七年十二月，大概寫了一百篇左右。

回溯四十年前，曹亮吉在《科學月刊》設計〈益智益囊集〉，藉以激發讀者對數學的興趣時，正是台灣科普教育起跑不久的時候。這股由《科學月刊》發起的科普運動，在台灣貧困的六、七〇年代早期，是非常珍貴的知識資產。

益智遊戲是科普相當早期的嘗試，在國外已有百年以上歷史。益智遊戲或多或少和數學有關，至少對一個人的邏輯推論能力有所助益，有一次有人發現愛因斯坦的書房裡有一角落擺的全是這一類的書籍。根據《科學月刊》向讀者的說明，在十九世紀末時，法國的洛克（E.Lucas）有四大本經典性的專著《數學消遣》（Recréations mathématiques），把截至那時的所有益智遊戲搜羅殆盡，並附以歷史介紹。這本書在十年前還出平裝本，可見風行之盛。英國方面的都定奈（H.Dudeney）算是大行家，到一九三一年他去世為止，共寫了六本益智遊戲的書，發明了不少非常巧妙的謎題和玩具。後來有人為他出了一本專輯叫做「謎題５３６」（536 Puzzles and curious problems）。美國方面，和都定奈同時的洛依德（S.Loyd）相當有名氣，接著則是加德納（M.Gardner）的天下。加德納後來主持《科學美國人》（Scientific American）月刊裡頭的數學遊戲一欄，內容精彩，且更廣及數學的許多部門。單行本第一冊兩年之間就銷行了七萬份，可見風靡之盛[1]。

益智遊戲在各國均非常盛行，英國、德國、蘇俄、日本也有專書，都有專欄介紹益智遊戲。《科月》在台灣創立時，也想到這個部分，其中的靈魂人物便是曹亮吉。《科月》在出刊半年後，開始有了數學益智專欄的想法。林孝信在民國五十九年六月「科學月刊的工作通報」上這樣寫到：

《科月》雖已出了半年，但一切仍在實驗階段，並未定型。新的專欄，新的組別，仍不斷在計畫設立中。這次通報所附的，就是曹亮吉所擬將新設立的〈益智益囊集〉計畫書。

這是個有獎徵答的專欄。曹亮吉已搜集了近三十則很有趣味、具啟發性、程度適中的問題。這些問題都屬數學。國內吳建福建議將範圍拉大。老曹很贊同。因此公開徵求朋友來共同搜集問題，請與他聯絡。

我把他這份計畫公告出來；是因他的籌備工作相當符合我們要求的「用科學精神把每一件小事做好、以為國內辦事樹一楷模」。設一個有獎徵答欄，不光是找出足夠精采題目，就算成功；配合一個專欄，如果我們能做些支援性的工作，收效可能會大了好幾倍。

設有獎徵答欄的意義，除了激發讀者思考外，更在鼓勵讀者「參與」一件事。讓社會共同擁有這份刊物，是我們的終極目標。老曹計畫書的重點在於此。

當時的題目看起來非常有趣，這裡舉兩個該專欄開欄時的例子給讀者：

益智益囊集

阿草

三人分餅

一進家門，阿拓就聽到喧嚷的爭吵聲。仔細一瞧，只見三個弟妹正圍著飯桌，指著桌上的一塊月餅爭論不休。「這就奇了！如果為了月餅分配不均而吵起來還有道理。但月餅明明好端端地擺在那裡。難道長了蟲子不成？」

註：1 曹亮吉，一九七〇年九月，〈益智益囊集〉，《科學月刊》，頁：六九。

大弟弟看到阿拓走進來，忙著求救：「大數學家，快來替我們想辦法。我們想把月餅分成三等分，但卻不知道如何下手才能把月餅分得使每個人都滿意。」

阿拓想了想說：「如果兩個人分月餅就簡單了。一個分，另外一個先選，那麼雙方都會認為自己至少已經得到二分之一，所以就滿意了。至於三個人分月餅，要使每個人都認為自己至少得到三分之一，這就有點難了。」

如此這般地，阿拓說明了半天，使三個弟妹笑顏逐開，歡天喜地地把月餅分開吃了。

你有沒有像阿拓這樣面授機宜的本事？(本題有獎徵答)

模糊的數字

一陣雷雨剛過，把連日來的悶熱一掃而空。阿拓正準備騎車子到外面散心，卻見小妹拿著練習本子，繃著臉，走了過來。

「怎麼回事阿？」阿拓用充滿關切的口吻問著。

「剛從學校冒著雨回來，把練習本子打濕了。其中有一題算數題目變得模糊不清。……」

接過練習本子一看，果然濕了一角。有一條除法，被除數最左邊的三位數字已看不清楚，剩下的是：

ABC387452÷917=？

ABC代表看不清楚的數字。

阿拓縐了縐眉頭問道：「這些題目都可以除得盡嗎？」

「這些題目都是除得盡的；下一個習題才有除不盡的。」

「這就好了！」

隔了兩分鐘不到，阿拓已經把那三位數字填回去了。計算的結果果然除得盡，這可把小妹樂壞了，連問道：「你怎麼猜得到呢？」

當然，阿拓不是胡亂猜的。您知道用什麼方法嗎？那三位數字是什麼？（本題有獎徵答）

這兩個題目是一九七〇年八月該專欄開鑼的題目，外行人可能會以為答案只有短短幾行，沒想到正式的解答就是整個推理過程，《科學月刊》得花上極大的篇幅來刊登，其間還會出現許多的數學符號，這個專欄引起極大的迴響。目前所有參與者的資料已不可考，但是看看得獎名單，卻會看到一些熟悉的名字。當時就讀清大數學系的杜寶生、台大醫科的涂醒哲、海洋大學的胡定宇等，都是曾經參與並獲獎的讀者。

〈益智益囊集〉的創作，為曹亮吉日後的科普寫作立下非常重要的基礎，曹亮吉自己都還記得這個專欄一開始時，極大的影響力。曹亮吉提到這個專欄當中均包含一些數學原理，但數學內容很少，目的是吸引大家對數學發生興趣。不過，曹亮吉說他總是不太服氣，「為什麼不再進階呢？」孩子被吸引進來後，就可以喜歡更深一點的數學，這是曹亮吉一直努力的目標。但是，有一天他的同事告訴曹亮吉說：「你愈來愈退步，現在寫的東西都太深了」。

曹亮吉對於這一類的意見有很多反省，這麼多年來他一直在做各種嘗試，也一直在尋找答案。他透過各種書寫，想把讀者不太理解的數學天地介紹出來。於是曹亮吉前前後後共寫了十二本書，另外還曾翻譯過兩本書。

曹亮吉的科普嘗試，其實非常值得深究，他是台灣科普運動中，默默付出與耕耘的工作者。他在

《科學月刊》開啟了對科學教育的認知與投入，是很早的參與者，在《科月》中經常以「阿草」為筆名撰寫文章，有些文章也以阿草為主角，「阿草」於是成了曹亮吉的另一化名。曹亮吉以「阿草」這個濃厚鄉土氣息的台灣草地名，一同帶領讀者探究數學天地。值得一提的是，他的書會考量讀者的數學知識水平，如第一本書《阿草的葫蘆》，是以高中的數學內容為主，逐項去談數學與人文、社會、自然等的關係；第二本《阿草的曆史故事》，談的是曆法與數學；第三本《阿草的數學聖杯》，則是把數學降到國中程度，讓讀者感受到身邊都是數學。

但是，台灣對這類書籍的市場反應，並無法提供作者太多的回饋。曹亮吉說他明白台灣是個不讀書的社會，但還是有人會買，這讓他也有點安慰。「我受到林孝信的一些影響，不太管世俗的評價。」曹亮吉這樣自我解嘲。

同時，曹亮吉個人還是非常認可科普的努力。他做過統計，全世界沒有退休的科學家，約有十萬人。如果每人一年寫一篇論文，一年總共就是十萬篇，因此能被讀到的是極少數。但是科普不同，曹亮吉的心得是：「科普不是淺易的東西，它或許是數學技術上較淺，但很多人都不知道這個東西，就像大部分的數學老師也不知道數學在天文地理可以發揮什麼樣的功能。做這個事情收穫最大的是自己，因為你必須讀很多書，然後再去消化、整理。」

通俗與嚴謹的兩難

延續曹亮吉的科普經驗，也正是《科學月刊》在科普道路上的艱辛嘗試。既然名為「科普」，就是得做到普及，讓人數較多的大眾可以理解，因此要讓讀者看得懂。然而，《科月》從創刊以來，就一直存在著文章內容太難的問題。創刊沒有太久，就引來過深的批評。《科學月刊》在民國五十九年三月登出讀者吳靜修的來信。信上說到：「《科學月刊》內容有的太深奧了，初中學生不易看懂，敝人曾拿《科月》借給學生看，得到的反應是：『老師！這種月刊我們怎麼看得懂呢？……』」

有關這個問題，似乎從《科月》籌辦之初，就已經發現。林孝信在民國五十九年五月的「科學月刊工作通報」便提到：

從去年年初開始籌辦《科月》，廣泛徵求大家的意見起，便常有人擔心科學的文章會不會太枯燥無味？《科月》絕不是只辦給有興趣的理工同學看。一篇文章僅僅是內容無誤是不夠的。我們不能說，只要讀者耐心多看兩次，便可看懂；相反地，很多人的期望是要每篇文章一次就可看懂，更要使沒耐心的人也看下去。

現在回想起來，這樣的要求實在比登天還難。可是當時是豪氣萬丈，更兼籌備初，需要大家的支持，而又四處被澆冷水，看大家一致這麼建議，又是很合理很有意義的事，遂狠下決心，要排除萬難。該做的事就做！

一九七一年八月由何秀煌、唐文標、黃仲翹、張系國、錢致榕、潘毓剛（執筆人）一同發表的「對《科學月刊》的批評與建議」一文中，也認為《科月》一直有內容過深的問題。他們當時就指出：「《科月》要做到讓不攻讀理工的一般國民也有興趣去閱讀，才能達到啟發民智的目的，但《科月》所刊的文章犯了兩個毛病，一是過深，談得過於專業化；另一則是談得太廣，結果只能觸及皮毛。」

另外，張之傑也曾在民國六十三年十二月十七日，寄了一封信給劉源俊，他說：「這幾天我一直在思考《科月》的前程，我也和我的同事、學生談過，他們一致認為：《科月》今不如昔，我的同事黃先生說：『過去關於數學、物理方面的文章我看得懂，現在看不懂。』我的學生說：『文章太專門，不夠通俗。』」

《科學月刊》也曾經試著了解讀者想法。《科學月刊》在一九七六年十一月號刊登的「讀者意見調查表」中，指出到該年十二月十五日止，共計收到七〇三份，但由於統計工作較早展開，因此只調查了其中的四八八份。在文章流暢程度方面，受訪者幾乎均認為《科月》的文章「通順」、「流暢」，卻都反映文章過深的問題。有五〇・四一%認為「部分太深」、四〇・一六%的受訪者認為「少部分太深」、七・三八%的受訪者則認為「大部分太深」，顯然《科月》讀者認為內容還是過於深奧。

由以上可知，如何讓文章不要過於艱深，讓人人都可以看得懂，是《科學月刊》在實踐「科普」理念時，想到的第一步，曾在美國內華達大學數學系任教的薛昭雄，甚至將科普視為是科學發展最後的目標。他認為純學術性的科學研究，固然有其不容忽視的重要性，但是欲使整個社會都能普遍接受科學觀念，並能促其進步起見，就必須使社會大眾人人都能了解科學，並且能體認其重要性。然而，薛昭雄卻體會到當時科普所面臨的困境。《科月》在民國六十三年七月，登出了他有關「科學文章」的想法，他說：

可是我們目前的情況是怎樣呢？報紙上絕少刊載有關科學方面的文章，縱或偶爾有那麼一兩篇，非但缺乏趣味性，其文字艱澀難懂，內容也未必正確，電視上幾乎更看不到趣味濃厚、內容正確以科學為主題的節目。至於雜誌，五年前《科學月刊》便是在這種觀念下成立的，據筆者所見所聞，一般讀者對《科月》的評價是：「內容正確充實但稍欠通俗」，事實上就筆者個人而言，實在也無法看懂每一期的每一篇文章。

科學普及成效不大的原因雖然不止一端，但是無可諱言的，科學文章的不夠通俗淺顯，實在是科學普及工作最大的絆腳石。我們雖有足夠的大眾傳播工具，但是卻未能好好利用它，難免有令人徒呼奈何之感嘆！[2]

然而，想要做到科學性的文章通俗易懂，這個過程其實是頗為困難的，《科學月刊》在這方面有成功的經驗，也有失敗的經驗。先談失敗的經驗。《科學月刊》在一九七二年五月號第二十九期曾經刊出李慶宗寫的〈或然率與不可逆現象〉一文，八月號又登出兩名讀者來信，十月份清大教授李怡嚴也寫文章回應。在這多次的筆仗中，其爭論均與科普有關，如今看來，實有一定的參考價值。

八月份兩名讀者的來信，都是針對李慶宗的寫作方式而來。讀者楊照崑認為，《科月》上常常出現一些強求「通俗」的文章，亂用成語典故，以致不像一篇科學的文章，失去科學文章的嚴密風格，李慶宗的文章便是一例。首先文章以一大堆成語開頭，佔了全篇的十分之一，後來又在成語中打滾，佔了全篇的大半，他認為科學文章應有其嚴密性及風格，成語雖可以偶而一用，提高讀者興趣，卻不可以此舞文弄墨，乘一時之快。有些《科月》文章堆砌了許多成語、詩詞、武俠名詞、打油詩，實不可取[3]。

另一名讀者紀島也來信寫出：

李先生首先在解釋所謂「不可逆」時舉了一些成語「覆水難收」、「一失足成千古恨」、「人死不能復生」、「破鏡難重圓」……等等，好像說「不可逆」就是和「時光不能倒流」為同義；至少在他舉所謂的「脫離母子關係」的例子中，更是確為如此。那麼我們很懷疑，現在世上，哪一種現象是「可逆的」？

在後面舉了「上學、回家」的例子，引入了所謂「意識」、「無意識」一些不知所云的字眼。李先生說：「早晨上學去的學生，只要路上不發生意外，晚上總是可以回到家裡，這是他意志所能控

註：2 薛昭雄，一九七四年七月，〈談科學文章〉，《科學月刊》，頁：九。
3 〈關於「或然率與不可逆現象」：楊照崑讀者來信〉，《科學月刊》，一九七二年八月，頁：十。

制的，是可逆的。」接著在下面說：「賭博丟骰子時，骰子是無意識的，要出現什麼點子是你的意志所無法控制的。」在這不同兩處所提起的「意志控制」應該有相同的意思吧？但我們現在一個人出了門，他的意志真能控制，保險他回到家嗎？如果我們能以意志控制，那麼還談什麼車禍？

好吧！就算李先生用字大膽，將「意志可預測的」說成「意志能控制的」。但我的問題仍然存在，李先生真以為「上學而平安的回家」是「意志可預料的」嗎？如果你真的以為如此，那麼車禍又是如何發生的？一般人出門時或許都沒有想到自己可能身遭橫禍，但這在或然率中又有什麼意義？李先生將習慣造成的心理惰性之錯誤用語，搬到或然率中來談，難怪要錯誤百出了[4]。

在兩名讀者來信後，作者李慶宗也做了回覆。他認為在科學性的文章中使用成語，是他把自己寫作的習慣加進來，但是並無害其中的科學真義。他說：

第一、我以為《科月》的宗旨是要把科學知識介紹給國內中學程度的讀者；就是大學程度的讀者，也是「術業有專攻」，不可能是行行的專家。因此，通俗化是絕對必要的。〈或〉文是朝這方向的一種嘗試。同時，我個人覺得嚴密的科學文章，常是生生硬硬，冷冷冰冰的，缺乏人味，使人望而生畏。我平常就比較喜歡讀那種多少能反應一點作者個性的文章。我寫〈或〉文時除了力求通俗化外，還有意任性一點，把我喜歡搬弄成語，喜歡文言白話混雜的調調兒，都不加掩飾的表露出來。

因此，如果有人指責此文寫得不規矩，這我承認。但我仍然相信我的基本議論是正確的。楊、紀兩位先生指責此文為「強求通俗」，為缺乏「嚴謹」，為「一無可取」。「強求通俗」，這很可能。缺乏「嚴謹」，這我在該文就表明是如此的。一定要嚴謹才可取嗎？恐怕不見得；得看是什麼對象。例如，我們描述原子結構時，常說「電子在不同的軌道繞原子核轉」，這是非常不嚴謹的說法，但是容易使人接受。嚴謹的說法就該是「電子以各種波函數所決定的或然率密度分佈在原子核的周圍」，這恐怕就不容易使一般人接受。

第二、不可逆現象一直都是不平衡統計力學（Non-equilibrium Statistical Mechanics）上一個大難題；到目前仍沒有完滿的解答。我寫此文的主要目的是要讓讀者瞭解這問題的存在及性質。至於說嚴謹的解答，那還有待有志者的努力呢！[5]

其實作者與讀者間，還針對何謂「不可逆」與「或然率」做了說明。但因為兩者在論辯的過程中，都提到科學通俗化的問題，當時主持《科月》的李怡嚴不得不說些話。李怡嚴說到，《科月》的對象為高中到大一、二的學生，以及已進入社會的知識份子。這些人一方面沒有足夠的科學基礎，另一方面本身也沒有時間看專門性的文章；因此，《科月》上的文章，必須力求通俗，而且盡量引人入勝。《科月》現在很顯然還做不到這一點，據很多讀者來信，現在的許多文章還是太生硬，太多教科書味道了。他們大家正在努力多開闢一些通俗文章的稿源，想不到有些讀者會有相反的意見！

「實在來說，這一類的科學通俗文章，要想寫得完全令人滿意，真是十分困難的事。」李怡嚴接著又說：

通常作者的心目中總是先確定了一些中心的主題（例如李慶宗先生的那篇文章，其主題就是或然率與不可逆現象之間的關係）。然後圍著這些主題來作文章，為了要引人入勝，事實上也就不得不犧牲部分的嚴謹。（對某一些觀念做嚴謹的陳述，應該是教科書的事情）。作者往往會利用許多日常生活的現象來做比喻。通常作者對這些比喻只是抽取其一部分的特色，而忽略其他部分。比喻用得好，

註：4〈關於「或然率與不可逆現象」：紀島讀者來信〉，《科學月刊》，一九七二年八月，頁：十。

5〈再談「或然率與不可逆現象」：李慶宗先生的答覆〉，《科學月刊》，一九七二年十月，頁：十。

不但可以引起一般人的興趣，幫他們澄清一些素來忽視的觀念；就是本來懂的人看了，也會發出會心的微笑，覺得本來不容易講清楚觀念，居然這樣一來，就好懂多了。

李怡嚴認為，這一類的文章，極難寫得討好。一方面要寫得恰如其分，一方面又要盡量避免讀者可能的誤解。如果真的要用心撰寫的話，恐怕不會比一篇學術論文容易。在我國，本來夠資格寫這類文章的人就少，大家又忙著做研究，這方面的作者，就更少了。不得已，只好借重於翻譯；然而，外國人所寫的通俗科學書籍，往往會用他們本國人才熟悉的比喻，就算翻譯出來再加註，也達不到原來的說明能力。至於原作的韻味經過翻譯之後能保留多少，更是一個問題。最好，還是鼓勵朋友們嘗試著撰寫。李慶宗的文章，以他看來，是一篇不算失敗的嘗試，看了之後令人恍然所以「不可逆」只是由於「逆」的或然率少了。文中用了許多成語，正可引起讀者的親切感，在不知不覺中，受其「潛移默化」。至於誤解的可能，當然不能說完全沒有，但應該不會有大問題。[6]

科學知識普及化的實踐

此外，科學的通俗化與普及化，一直是《科學月刊》內部討論不斷的話題。沈君山曾在一次通俗演說中，提到「白天為什麼亮？」的問題，他說：

自然界的現象都有個道理可說，把這些道理，條理清晰的歸納起來，便成為科學的學問，有些自然現象，看起來是想當然耳，但若肯花些腦筋，仔細推敲一番，便會發覺並不簡單。牛頓因為蘋果落地，追究它的原因，終究悟出了萬有引力定理，這個故事，家喻戶曉，雖然未必確有其事，十足說明了愈是簡單而當然的現象，背後愈可能蘊藏著普遍而重要的真理。

白天為什麼亮，這個問題太簡單了，當然是因為太陽出來了！連幼稚園的學生也會這樣回答，但是太陽又為什麼會亮，又為什麼會久久不熄？這個問題就不容易回答了。試看那油燈，油盡自然燈枯，又如那火爐，煤完自然火滅，諸位，那光線和溫暖，是不會無中生有一定有它的泉源的，這種泉源無影無形，也可以附在有形的物質上，科學家們管它叫「能」，也就是發光的本錢。

那油燈火爐的燃燒，便是把附在身上發光的本錢，科學家們叫它做化學能的，化做光熱散射而出，等到本錢用完，光熱也就不再產生了。那太陽到底又是用的什麼燃料，有那麼大的發光本錢，使得三春光暉長耀人間，恒久不滅呢？

要回答這個問題，我們先得瞭解太陽。她究竟有多重？有多大？每秒鐘又發出多少光來？太陽是我們足不能至，手不可及的，要想得到這些關於她的資料，便不得不仰仗數學和物理。」[7]

沈君山以最淺顯的文句，就這樣帶出科學知識的重要，也算是實踐科普的案例之一。

由以上可知，《科學月刊》創刊來的心願，就是認為要做到科學普及，但《科月》雖然以此為號召，成效卻不如預期。民國七十年，一封以「隱言」為筆名的讀者來信，就提到《科月》在通俗化上的努力還有待加強。他說：

從《科月》的祝賀廣告和報紙報導獲知，《科月》和其他九種雜誌從教育部得到了一個十萬元的獎。《科月》得到這種實質的獎勵實在令我們讀者高興，何況《科月》早就應該獎勵了。但是令我驚奇的，是這個獎的名稱為優良「學術性」刊物獎。這實在是大諷刺。

據我的印象，《科月》標榜的是通俗性，而非學術性。而通俗和學術是有嚴格區別的。《科月》

註：6〈再談「或然率與不可逆現象」：李怡嚴先生來信〉，《科學月刊》，一九七二年十月，頁：十。

7 沈君山，一九七一年二月，〈白天為什麼亮？〉，《科學月刊》，頁：廿六。

■成功的科學發展，可以引發孩子對科學的熱情與興趣。　（程樹德提供）

■《科月》多年來持續推展科普理念，從未間斷，圖為一九九六年舉辦的兒童科學營。
（程樹德提供）

的文章，絕非學術研究論文或報告，這是很顯然的事。但是《科月》登的文章往往很難懂，例如七月號登的加速器放射性碳定年法，不是讀過放射物理的書的人就很難百分之百地看懂。因此《科月》被人當成學術性雜誌，豈不是在挖苦《科月》沒有達成它的理想嗎[8]？

此外，《科月》因為實際的發行量並不理想，在追究原因時，曹亮吉認為乃因內、外在因素所導致。外在因素是因為升學競爭時代，家長和學校都不鼓勵高中學生多看課外書籍，而學生也以記誦題庫的題目為專業。一旦中學時代的可塑時期一過，等上了大學，不喜歡看課外書的型就定了。內在的原因則是《科月》的很多稿件程度太深或文字生硬，因而可讀性不高。民國六十六年一月，曹亮吉在《科學月刊》中說：

要使可讀性提高，作者、譯者和編者都要加油。作者時時刻刻都要問這一句話：我這樣寫，只有高中或大一程度的讀者看得懂嗎？譯者最好放棄直譯的方式。當譯者把原文的內容弄得清清楚楚之後，就應該把原文丟在一旁，然後用自己的語言寫出原文的內容。這樣不但可以避免弄錯了原文，而且可以避開西洋語法，而達到科學寫作的兩大標準：信與達。另一方面，編者的審稿要從嚴。除了要注意內容是否正確之外，還要注意文章的表達方式。如果認為有不妥當的地方，就把意見逐條寫下來送回給原作者修改。否則《科月》雖然每期照出，但讀者數目有限，就達不到普及的最終目的了。

只要有毅力，科學寫作就不難。回想當初創刊時，參與的人都不知道怎樣寫稿，但經過一兩年的磨練，很多人就上了軌道，覺得只要有好材料，要把它變成可讀性較高的文章並不難。比較難的是怎樣找到好材料；這是要下工夫的。下了工夫不但可使文章的可讀性增加，而且會使作者對某一方面有更深刻的瞭解；這是對作者的一種訓練。因此科學寫作對作者而言並不是浪費時間，而是一種學習的

註：8 隱言，一九八一年九月，〈請重視通俗科學教育——《科月》獲獎有感〉，《科學月刊》，頁：七七。

過程。[9]

另外，李怡嚴看了《科月》一九七八年九月號岑立澍寫的〈明察秋毫的科學家〉一文後，自己又動筆做了回應。對於岑立澍的指責，李怡嚴頗有「啼笑皆非」的感覺。他認為科學本來是人類文化的一部份，由科學所得的種種結論，往往是無數前人積聚傳留下來的菁華，本來不是寥寥數語就講得清楚的，這往往給予有志於「科學通俗化」的人一個大難題。他的心得是：

多寫一些數學吧，不但有違「通俗化」的原意，而且還導致像「賣弄學問」的批評。可是寫得簡單一些吧，又容易被人誤認為那些科學的定律真的是那樣簡單，憑著想像就可以得來似的。寫得肯定一些吧，會被人譏為「明察秋毫」，寫得保守一些吧，又會被誤解為「自己也不太確定，即拿來唬人」。遇到科學上慣用的名詞另有其意義的場合，不管你解釋得多麼唇焦舌敝，還是防止不了一般人的望文生義。好比對夸克的分類借用「色彩」的名詞，果然引起了「天曉得」的反響。其實物理學上同類的情形多著呢！好比「量子跳躍」（duan-tum jump）如果也望文生義地看成如跳高跳遠的「跳躍」，那豈不是成了笑話。人類的字彙就是那麼多，要表示新的意思，如果不許對老字賦予新的意義，那就只有每次都造新字了。

歷史顯示我們，科學的成果終會成為大家的智識的。現在看到電視機上的字幕：「頻率若干兆赫」並不會感覺有多刺眼，可是對電磁波的頻率觀念，連同「赫」（Hertz）的單位，還不到一百年的歷史！

從事科學工作的人大致都會知道「知之為知之，不知為不知」的重要性，作了一個實驗後，總得詳細估計實驗的準確程度，以作為報告的一部份。然而在通俗的文章內，為了生動，為了吸引大家的注意力，不得不犧牲一部分這種嚴謹。通常的通俗文章，總是免不了用比喻，或是作某一程度的誇大，以利於說明[10]。

科普的理想一直是《科月》努力的目標，即使達成不易，《科月》還是努力朝這個方向努力。為了達到科普的目的，《科學月刊》曾經在民國七十（一九八一）年舉辦「通俗科學寫作獎」，是台灣第一次以正式獎項鼓勵通俗科學創作。《科學月刊》說，純學術、音樂、戲劇、舞蹈等等方面，都已有各種獎項的設置，可是對於從事通俗科學寫作的人士，至今尚未有任何有形的鼓勵獎章存在。通俗科學寫作對傳統的寫作者來說，是在科學那一邊的；而對從事純科技學術研究的人來說，又是一般性介紹的，似乎也不屬學術論文的範圍，因此，才會陷於兩頭落空的困境。

多年來，《科學月刊》不斷致力於科普寫作，也進行了許多省思，走來十分辛苦，即使一路跌跌撞撞，至少累積了不少經驗。中間的過程，其實是台灣科普的共同資產。

「在過去通俗科學讀物極端缺乏的環境裡，對年輕學生所發揮的鼓勵與教育功能而言，是沒有任何一個雜誌可以跟《科學月刊》相比的。」這是二十五年前，當時《科學月刊》社長周成功，在《科學月刊》獲頒金鼎獎後，有感而發所說的幾句話。

註：9 曹亮吉，一九七七年一月，〈我看科學月刊〉，《科學月刊》，頁：九。

10 李怡嚴，一九七八年十月，〈通俗科學文章的回響〉，《科學月刊》，頁：六九。

9 台灣第一個科學沙龍

■沒有章法的《科月》編輯會議，無形中成為台灣科學沙龍的起源，圖為民國六十八年（一九七九）十二月編委會在雲和街社內開會。（劉源俊提供）

■《科學月刊》的編輯會議，不同參與者常可定期見面，無形中成為台灣科學沙龍的起源。參與者左起依序為曹亮吉、劉源俊、劉廣定、謝瀛春。該照片攝於民國七十三年十月七日。（科學月刊提供）

在民國六、七〇年代，《科學月刊》是理工科研究者、教育者聚集的重要場域。這些理工科學者，一個拉一個進入《科月》編輯部，台灣極早的科學社群就這樣在無形中促成，使得台灣科學界得以形成一個「想像的共同體」，並可以此為基礎，思索未來更大發展的可能性。

而對個別學者而言，這個科學社群在當時台灣社會尚且封閉的時代，提供了精神慰藉與知識交流的機會，也成為有趣的人生回憶。國立海洋學院教授鄭森雄便曾經回憶寫道：

在民國六十三年到六十五年底，大概每隔一個月週六下午，我都從南港中央研究院去台大附近的一家冰果店（天祥冰果室）參加聚會。那兒的地下室，聚著十來位年輕人，彼此交談、看稿。他們來自不同的大學或研究機構，多數是回國服務不到幾年，所謂的「回國學人」。他們共同的特徵是熱心、積極。他們彼此之間，原來不一定認識，但是由於都有一點想做一點事的熱心，大家談著談著的，許多人就成了好朋友。許多對科學界的看法、想法，就在這裡交流，而成為事實。[1]

鄭森雄所談的，就是民國六十年代初期《科學月刊》編輯委員會開會的情形。從他的描寫中可知，這是一個以科學領域為共同背景所組成的年輕社群，並且因為《科學月刊》這本雜誌的運作，形成理想與熱情交集的機會。這似乎是許多參與者共同的心情，清大核能研究所的周仁章在《科月》創刊兩百集時，曾經寫文章說道：「與《科月》結緣是經張昭鼎教授的介紹。初參加每月一次的編輯委員會議，即感受到大夥兒一起努力貢獻的熱忱。記得還在雲和街的那段期間，簡陋的工作空間，加上燠熱的天氣，揮汗工作，大家並不以為苦。」[2]

冰果室裡的科學沙龍

《科學月刊》編輯部每個月運作一次，目的原是針對編務進行討論，不同學科的人，會藉著編委會的場合，彼此認識與交換資訊，或是發洩政治上的牢騷。在民國六十幾年間，最早的聚會場所是台大對面一家叫「天祥」的冰果店地下室，後來又到雲和街《科月》的辦公室內。「我覺得這對很多參與的人是很好的經歷，不同學科不同學校的人在那邊，談論各式各樣的科學發展問題，也雜談時事，還有各大學的情況。我之所以對各大學滿了解的，就是因為這個聚會。」劉源俊說。

王亢沛也提及，編輯會議的時候，常常正事沒談，卻對時下的教育充滿了想法，於是又聊到要辦一個座談會，內心充滿了激動……。因為經費有限，大家開會都是邊吃便當邊談，等到便當吃完還在談，王亢沛說：「完全不按開會民權初步的模式……就是東一句西一句，真的是……」。雖然不少人覺得這樣的會議沒有效率，但是王亢沛卻認為很有意思：「我相信當有些人士氣很低落、對社會很失

註：1 鄭森雄，一九八六年八月，〈堅持奉獻的《科月》人〉，《科學月刊》，頁：五七七。
2 周仁章，一九八六年八月，〈我與《科月》的一段緣〉，《科學月刊》，頁：五七五。

望的時候，就會去參加編輯會議。我們大家談談談，然後批評來、批評去，完了之後好像真的是得到了一些力量，真的是團體治療（group therapy）。朋友間彼此鼓舞、彼此取暖之後，大家出去以後又覺得有勇氣、又有一股幹勁要再幹下去，所以這也有一種療傷的作用。」

王亢沛提到，董事會大概每三個月開一次，編輯會則是每個月一次。當時，每一個人從不同地方來到台北。像是盧志遠要從新竹坐很久的車才到台北，而陳國成從台中來，大家都沒有出席費，頂多就只是在冰果店吃個餐，也許是《科學月刊》出的錢吧！大概就是這樣子而已。

曾擔任過行政院長的劉兆玄說他與《科月》的接觸，可以分為三個時期。最早他是以「讀者」身分開始。當年他剛回國時，非常驚訝國內有這麼一本高水準的科學雜誌，時常跟清華大學的同仁們談起。但是等到他真正參與時，便與《科月》有了不一樣的關係。劉兆玄說：

後來經由李怡嚴的介紹成為《科月》的編輯委員，身分一躍而為作者及編者。當時《科月》的參與者，都有一種使命感及成就感。由於大家研究工作所占的時間增多，而創刊的熱忱又逐漸平淡，開始意識到《科月》是長期的事業，沒有專業的人怎麼辦？民國六十五年我建議用輪流的方式，每位編輯委員輪流二個月擔任一次總編輯，在這二個月中可以表現出個人特色。當時又建議成立一些專欄，如：封面故事、評論、大家談科學等，也都延續到今日。我也曾經提出《科月》的文章應該有一部分能包含下列二個方向：一是具有新聞價值、報導性的文章；另一是寫些社會大眾比較關心的科學，如心理、行為科學、醫學及科學教育等的文章，一般人比較容易接受[3]。

後來劉兆玄提到，這些情況持續了一段時期之後，由於他個人的研究及工作等，漸漸減少了對《科月》的投入。再加上每個週末必須回新竹，也特別忙碌，無法參加編輯委員會，因此在《科月》裡就被「提升」為顧問了。

曹亮吉也指出，《科月》是當時唯一跨領域的科學社群，他覺得參與這樣的社群不但重要，而且會變得很刺激。他特別提到與已經過世的台大電機系教授馬志欽間的互動。曹亮吉說，有一天馬志欽跟他說，他正在研究數學某個東西跟電機某個東西的關聯性，學數學的曹亮吉聽了就很有興趣，雖然他沒有再追下去，但至少會得到刺激，會去想電機跟數學在哪一面相會產生關係。

曹亮吉說，《科月》對每個人都是歡迎的態度，只要是對科普有興趣的，就請他下次來參加編委會，參加多了名字就寫上去了，參加累了就退出，所以，《科學月刊》編委會的成員，都是這樣來來去去。

就數學領域來說，中研院數學所研究員李國偉是因為曹亮吉介紹而進入《科月》。李國偉是直到一九八四年才加入，時間不算早。他到今日還記得第一次參與《科月》編輯部的情形。那時候是週末，是在羅斯福路的辦公室，一進房間鬧哄哄，吵得很。李國偉認得的人不多，有一些是聽過名字，但其實不認識。那天他第一次見到周成功，之前他聽說周成功是《科月》的社長，但不知道他長什麼樣，結果那天看起來一表人才，「皮膚很白，長得很秀氣，但講話、做事很犀利，」這些圖像在李國偉腦中留下深刻印象。

後來的情形就是一個拉一個，一些與科普有關的人就這麼被拉了進來。目前任職中研院史語所的王道還是在一九七七年台大畢業，一九八〇年研究所畢業以後去當兵，當兩年兵於一九八二年回來，但連王道還自己都已經忘了是研究所的時候、還是當兵的時候加入《科月》，也已經忘記是怎麼認得洪萬生，還有洪萬生身邊的一群人，包括已經過世的陳勝堃醫師。但是王道還卻記得，這是一群對科學史非常感興趣的人，他們會在一起讀科學史的書，於是王道還就參加這個團體，又因為洪萬生已經

註：3 劉兆玄，一九八六年八月，〈我與《科月》的接觸〉，《科學月刊》，頁：五七八。

參與《科月》編輯部，洪萬生於是介紹王道還到《科月》去開編輯會議，不久王道還就變成編輯委員了。

台大流行病學研究所教授金傳春也不太記得自己是怎麼加入《科月》，似乎與曾在《科月》擔任專職總編輯的謝瀛春（政大新聞系教授）有關。謝瀛春與金傳春兩人是高中同學，謝瀛春更早到《科月》擔任主編等工作，好像是這樣把金傳春拉進去了。而當時的編委會也讓金傳春印象深刻。她說到：「現在大家有意見可以在報上寫文章，但那時候台灣還不是很民主，有些事只能關起門來講，《科學月刊》在當時便扮演一個很重要的社群角色，可以在專制時代生存；而在社會逐漸健康化的時候，也一定要有這種社群。因為這種社群是理性的，他們不是革命分子，不會把事情弄得很糟。因為他們很清楚，當他的理想沒達成的時候，所有東西都是空的。所以這批人是既有理想，又非常務實，對權力也看得很開，因為這些人在求學時真的看過一些比較高竿的人，我覺得這個是很重要的。」

金傳春認為，《科學月刊》創辦的時候，是集合台灣六、七〇年代的歸國留學生，當初一般留學生都留在美國，這一批則是為了堅持自己的理想回來的。這些人因為剛回來，都很年輕，也都很想做一些事情，所以《科月》開會的時候，比如說早到或是開完會大家閒聊，都會繼續聊台灣有哪些地方需要改革。「台灣那時候沒有像現在這麼民主，很多事到外面去不太可能講，《科學月刊》就變成一個沙龍。大家志同道合，也許在外面去找像自己這樣的人可能是少數，可是在《科月》裡面你會發現很多都是跟你想法一樣的同好，都想幫台灣做點事。」金傳春說。

有理想、無所不談的平台

在《科月》的編輯會議裡，也會聽到批評時政的聲音，當時執政的國民黨自然成了主要目標。但是，大家說說就算，聽完了就結束，從來沒有發生過有人錄音打報告的事。因此，在編委會這個團體內發言，成員總會感到非常安全，不必擔心自己放肆的言論會帶來任何麻煩。

而除了政治之外，與會者談得最多的其實是大學的改革，言談間自然也會述及各個大學的「八卦」事件，大家也樂得不妨一聽。因為參與者來自不同學校，與會者就可以充分了解不同學校的狀況，對於當時的大學教育，就有了更多的心得與比較。

根據李國偉的說法，在編委會中，不管每個人的頭銜是「社務委員」、「編輯委員」，反正都要輪流做事，他發現這些人都是很有熱情來做事，腦筋也動得很快，也蠻有趣的，很像是中學或是大學社團，彼此氣味也頗相投。李國偉說：「科學家實在是太寂寞了，中研院尤其是，每個所好像一個科學堡壘，你知道很多學者其實不願跟人家來往。但是也有像我這種的，我在《科月》談的事情，在所裡幾乎沒有什麼人可以談。所以我常開玩笑說，編委會成員因為在各個地方都是沒有什麼人可以談，所以大家都到《科月》來。」

至於《科月》的編委會究竟在當時發揮了何種功能，李國偉想了一想後又說，如果想要明確說從編委會學到了什麼，卻又說不出來，但他覺得《科月》的編委會是一種很好的薰陶，因為那時候各個學科的人都有，大家談科學、文化、社會，什麼事情都談，所以無形中增長很多常識，不會只是在自己熟悉的專業中而已。

編委既然聚合了一些人，大家就會更想做一點事。現任中央大學水文所教授劉康克與長庚大學生命科學系教授周成功，在當時便一直努力想把《科月》人事制度化，即針對薪資結構、退休制度、編輯政策等確立原則。但劉康克漸漸也感覺到，《科月》比較像是「同人雜誌」，只要刊物能夠順利出刊大家就很開心了。所以《科月》這些人就像流水席一樣，來來去去，來了又走，有時候開會開了一個下午沒進展，一個小問題搞了很久。劉康克說：「基本上《科月》就是一個俱樂部，因為大家都覺得很挫折，心想奇怪，為什麼我在系上講同樣話沒人聽得懂，都說我是異類，但跑到《科月》來說，

■猜猜我是誰？我可是當年回國的青年才俊盧志遠。（科學月刊提供）

每個人聽了都說：『對啊！當然本來就是這樣的啊！』《科月》本身內部也還算民主，所以有些想法在外面很難得到回應，在《科月》裡面會知道我講的重要性在哪裡：基本上就是以科學的方法，處理事情的態度。李遠哲談的『教授治校』，《科月》其實早就有了。」

編委會成為當時理工科學者群聚的場所。劉源俊的學弟盧志遠在一九七七年拿到博士學位，盧志遠回國後到交通大學電子研究所擔任副教授。盧志遠和劉源俊在哥大求學時，兩人是同一個指導教授，卻正好擦身而過，在美國時彼此並不認識。但是盧志遠一回台灣就立刻去找劉源俊，那個時候才真的認得他。盧志遠那時說他已經是交大副教授了，很想做點其他的事，而且覺得《科學月刊》可以投身，就去找劉源俊。劉源俊一看到盧志遠也立刻就問：「你要不要加入《科學月刊》？」盧志遠馬上答應了。盧志遠記得那時候參與的人還有劉兆玄、沈君山、李怡嚴、楊國樞、王亢沛與黃榮村等。

盧志遠說當時這個社群中，以他的年紀最小，

《科月》每個月會開正式的編輯委員會、社務委員會，可是每個禮拜六，這些人一樣會跑到《科月》那裡去，開非正式的會議。那時候從新竹到台北還沒有高速公路，盧志遠都是坐金馬號從省道北上，去一趟要三、四個鐘頭，往往坐得屁股很痛，因為金馬號的椅子都是木板凳，但已經是當時最高檔的交通工具了。盧志遠說：「呵，反正嘛，一群人都窩在那裡。那時候根本沒什麼場地，《科月》的辦公室很小，這麼多人坐不下，所以就到附近的冰果室去開會，高談闊論一個下午，禮拜六下午是大家的牢騷大會。」

「但這個牢騷不一樣，這個牢騷發完了以後，互相聽到了一些，回去到了你的職場，真的可以有一些改變。《科學月刊》是一個討論的平台，基本上討論的是國家教育、科技大事，是大家抒發意見的地方，這地方後來就是科技、科學界的沙龍。」這是盧志遠的詮釋。

盧志遠認為當時的《科學月刊》提供了一個平台，並且藉著編刊物這件事把大家聚集在一起，但事實上，《科學月刊》的編務往往二十分鐘就解決了，剩下的時間全都在談其他的話題。參與的人都是比較熱血、實做的青年，這些人會回台灣就已經先說明了，大家都有一切盡在不言中的共識。

盧志遠認為《科學月刊》之所以可以活這麼久，「真正精神在於它是個平台，不只是一本雜誌。」盧志遠說，因為雜誌不賺錢就得關門，以這個標準來看，《科月》早就該關門啦！但是編委們還是常常一吵就吵一、二個鐘頭，意見很多，討論的是廣告的問題。例如，廣告這個藥會不會害人？臍帶血到底有沒有科學根據？《科學月刊》的廣告很難做，編委會的人這個不接、那個也不接，人家送來的廣告都不接。盧志遠說，這群人都是有理想的，就是因為這個理想才不會散。所以那時候《科學月刊》寫文章，來編委會都不給車馬費，也不給稿費。

幾年後有了《牛頓雜誌》跟《科學月刊》競爭，社內就討論是不是要給車馬費。盧志遠主張不給：「不給才有鬥志跟士氣，除非《科月》能給比《牛頓》多一倍的費用，要不然拿了錢就沒有士氣

■早期《科學月刊》因為缺乏經費，開會的場合都盡量簡化，參與的學者依然甘之如飴。　（科學月刊提供）

■早期理工科學者在《科月》開會，雖然要討論正事，但也有大半時間是在聊大家想談的事。圖中為盧志遠（中），著藍衣者為顏晃徹。（科學月刊提供）

了。每一個編委都是為了理想參與，至少還可以有這一點驕傲。」盧志遠說。

依盧志遠所言，《科學月刊》雖然財務狀況吃緊，但是補習班的廣告則是堅持不登，「我們有一些理想的堅持，我覺得這是《科學月刊》比較令人著迷和懷念的地方。」金傳春同時也這麼說。因為大家都有一些想法，所以金傳春記得她做社務委員的時候，那些資深的人都很關心《科學月刊》，有些她根本不熟，他們也不太認識她這個新來的年輕學者，但是如果打電話請他們來開會還是什麼事，他們都會來。「我自己覺得非常震撼，就是人跟人的心靈之間，是可以集合起來做事的。」金傳春說。

金傳春則記得編委會的情形。她說到，比如說他們在討論編輯事宜，之後開始吃水果，大家花最多時間都是在討論跟現實不符合的時候，怎麼去做那件事，這個是對她影響相當大的。她說她記得，似乎是先開社務委員會，然後再開編委會。可是社務委員會開完之後，就是不同領域的教授都來了，年輕學者可以聽到他們在討論一篇文章，或是最近發生的事情，又或者是最近國外期刊有什麼科學醫學，就去邀請人寫這方面的稿子。「我覺得《科月》跟一般雜誌做法不太一樣，《科月》有一點介於學術跟一般民眾之間。」這是金傳春直接的感受。

肩負使命感的一群人

周成功本人則是在一九七一年畢業，當兵兩年就出國，出國後跟《科學月刊》就沒有接觸，他說他自己一直希望能夠回國把所學貢獻給台灣學生，這個理念沒有改變過。一九七九年七月他回到台灣，八月在街上重新看到《科學月刊》，感覺好像看到老朋友一樣。翻開《科學月刊》，周成功看到盧志遠的名字，盧志遠那時候是社長，就覺得應該去參與他們的工作，就找到地址敲門。那時候《科學月刊》的社址在雲和街，就是張昭鼎提供的房子，周成功就去敲門。

那時候盧志遠是社長，立刻邀周成功參加編委會，周成功就一個月來開一次會，然後就參與討論。開會時編委會要決定下一期的主題、邀稿、採訪等事宜。周成功覺得那時候參與《科學月刊》，對他個人是一個很棒的感覺。因為他在那裡找到一群同好，大家願意談一點理想、談一點教育。然而，周成功回想起他回來時，社會上不一樣的氣氛。他說：「一九七九年我回到台灣時，那時候台灣社會的氣氛非常苦悶，很多事情都不能談，同年十二月發生高雄事件，坦白講我們那時候是非常支持黨外的，因為我們覺得自由民主是我們要追求的目標，但在那樣的社會環境裡面，其實是顯得非常格格不入。」

周成功記得他曾經寫信給美國的朋友，告訴他們自己好像回到一個陌生的國度，雖然四周都是自

■圖中合影者為《科月》早期參與者。前排依序為王亢沛（左一）、武光東、楊覺民（已過世）、李怡嚴。（科學月刊提供）

己的同胞、朋友、同學，但是觀念想法上卻有相當大的隔閡。像他碰到同學一起聊天的時候，大部分人對高雄事件基本上是持較負面的態度，周成功說：「但是到《科學月刊》卻不一樣，到《科學月刊》我覺得大家都比較可以分享一個相似的理想，所以我很自然就參與那樣的工作。」

周成功覺得在《科學月刊》裡找到了一群同好，所以他也把《科學月刊》定義做「同人雜誌」。基本上等於是在那樣一個苦悶的環境中間，你可以找到想法類似的一群人，而且大家也願意談一談。但是，周成功也苦笑地說在《科學月刊》你只要常常去，沒有人要做的事情就會掉在你頭上。

周成功也提到他們談的話題不限於科學，政治的話題也都有，就是什麼都敢談。但因為這是一個科學社群，所以跟科學相關的，還是這群人最關心的。因而他們關心國科會、關心科學教育、關心科學經費的分配問題，這些大都是以科學為核心的相關議題。

因為參與《科月》，周成功因此認識很多不同學校的教授，《科月》無形中促成了當時唯一跨校的科學社群。他記得很清楚，最早的時候連瞿海源都來參加，當過社務委員。因為這樣，他在《科月》擴大了自己的學術層面，認識很多不同學校的教授，他覺得這對他個人來講是個很大的收穫。同時，周成功覺得學界的互動非常重要，這在台灣學術界卻又最為缺乏。他指出，以他的生命科學領域來說，如果想要掌握生命科學未來的發展方向，其實需要很多重要的化學或者物理的知識背景介入，才能得到全貌。這也反映出，參與《科學月刊》的人多少對知識本身，都有比較廣的興趣。

「我覺得這是很重要的，這東西在台灣學術界是很缺少的，台灣學術界其實大部分的人心胸並不寬闊（narrow mined），他們似乎不在乎別人的世界發生什麼事，只管他眼前的東西，只要能夠發表論文就好……，其他都可以不在乎。」周成功總是坦率說出自己的看法。

師大生物系畢業的羅時成一九七四年在美國韋恩州立大學（Wayne State）讀博士班，他住在底特律，當時還擔任「中國同學會」會長，曾參與辦刊物的事情。林孝信透過朋友認識羅時成，並在羅時成家住了一個晚上。兩個人談很多，但羅時成記得當時兩人談社會主義的時間似乎比《科學月刊》多。後來羅時成會進入《科月》是因為周成功的介紹，「《科月》辦尾牙，周成功就找了我們幾個人一起吃《科月》的尾牙，就這樣開始了」。羅時成在開始時除了替《科月》寫文章外，就負責審稿等工作，或是參加演講活動。

另外，江建勳、曾惠中跟吳惠國三個人，則是《科月》很特殊的成員。他們三人原在國防醫學院三峽預防醫學研究所工作，這在當時是國防醫學院專搞生物戰劑的秘密研究機構，不能對外公開。他們三個人在心裡都覺得非常苦悶，所以下班以後，三個人經常到《科學月刊》來幫忙，做義工、做編輯、寫文章，投入很深，熱愛攝影的江建勳經常為《科月》的封面傷透腦筋；曾惠中後來還擔任《科月》總編輯。

江建勳則說，他和曾惠中、吳惠國三人在三峽的預防醫學研究所工作，雖然擔任編輯的工作，但是不能掛名，他們三人發表文章時，還曾經把三個人的名字各取一字，以「曾國勳」為筆名來發表文章。

曾惠中也談到他當時的心情。他說：「當時我們不能把自己的工作對外公開，就連發表研究都受到限制，心情其實是很苦悶的。因此，就會想做一點別的事。」

談到參與編輯會議的情形，江建勳笑著說，他記得編委會談到學界的八卦時，就你一言我一語的，「聽起來覺得很有意思，好像學界不再那麼嚴肅了。」江建勳說。

中國醫藥大學校長黃榮村早期在台大心理系時，先是被台大心理系資深教授楊國樞找來《科月》開會，然後就參加《科月》，也曾經擔任過輪值總編輯。他觀察發現《科月》的參與者心中都有一種關懷，因為這些人真正的興趣是科學，會想科學能做什麼作用？又該如何有用？假如要有用，就不能只限於少數人懂而已。同時，科學除了方法跟內容之外，它還是一個精神、一個態度，這些人相信，假如社會上大部分的人都能這樣，社會一定會進步，所以，「《科月》參與者背後會隱含社會進步觀，還要具有關懷。」黃榮村說明。

黃榮村認為當時這批人聚在一起，能夠撐這麼久、甚至撐到現在，實在很不容易。因為這不但是新的事務，大家幾乎都是無償在做，假如不是有那麼一點不計代價的心情，《科月》也辦不出來。

除了學者外，也有一些科技背景的新聞記者參與《科月》編輯會議。資深科學記者江才健就談到，他先來《科月》做科學報導，做了報導之後就受邀參加他們的編輯會議，從雲和街時代就已經開始，也曾經跟劉源俊兩個人共同做《科月》與《科技報導》兩份刊物。那時江才健領悟一個觀念，就是科普刊物也要有新聞性。江才健因為幫他們寫了幾次稿，慢慢也熟了，也能近距離觀察這些學者。

他說：「這群理工科學者完全是善意，他們基本上都有一種使命感，而且他們學的都是科學，科學在我們的文化是被界定成一種進步的概念，他們也覺得自己是進步的代表，就像法政學者是把民

■前台大化學系教授劉廣定認為，參與《科月》的編委會讓他認識很多不同領域的學界朋友。（科學月刊提供）

主、選舉、統計、民調帶進台灣那樣。所以他們都很熱心，但在裡面也會為一些事吵來吵去，標準的學術或知識份子都會這樣。」江才健接著又說，毫無疑問，這群科學家投身社會的使命感都挺強的，確實堅持很久，很令人佩服，「而且這也是台灣唯一一個自發性的科學社群。」江才健這麼認為。

台大化學系教授劉廣定則說，《科月》的成員來自各個科學的不同領域，他因此認得很多非化學領域的學者，不像他們有的同仁，只跟化學界的人來往。他因為參加《科月》，物理、數學、地質、大氣、工學院、農學院、醫學院等各學院的學者，他都有機會認得。劉廣定說：「我知道我自己並不善於交際，可是藉由《科月》編委會，可以接觸到很多朋友，使得我認得的人遠超過我的一些同事。這些非化學的朋友，常常可以讓我得到一種新的看法觀念、新的知識。所以給我機會，有了更廣的接觸。」

劉廣定笑著說，《科月》的編委會是最沒有效率的，卻也是最有成就感的。「因為我們真正在談的時候，常常天南地北不曉得扯到哪裡去了，都要靠總編輯趕快把話題拉回來。但我們談的那些話還都是相關的，大家從中可以得到很多INPUT，可是編委會還是很沒有效率的聚會。一個事情本來一個小時可以談完，搞了個三個鐘頭談不完。」劉廣定個人認為，假如真的用心參與編輯會議，還是可以吸收到很多東西。

不一樣的聲音

但是，《科月》編委會的缺乏效率，卻也是讓一些人提早離開《科月》的主因，林和與王道還便是其中的例子。林和說：「《科月》這個科學社群，沒有足夠多的人力可以扮演科學作家或是進行專業的報導，能有的就是有點隨性式的，回來的教授拿到籃裡就是菜，《科月》基本上是沒有門檻的，誰在國外拿到博士就會進去，進去就會叫你寫文章，寫到你受不了為止。因為未付費，所以文字沒有篩選，大的方向也比較是即興式的，不能夠很有系統地把當代最重要的科學知識傳導出來。另外，也無法傳達科學更深層的文化跟理念。」

林和又說：「因此，我在《科月》做的第一件事情就是反《科月》，因為我覺得科學傳播不應該這樣子做。我還記得那些歲月，一整個禮拜六下午……，現在當然不可能花這麼多時間，那時候沒有事可做，就是清談，其實談科學很少，就是愉快地發洩。在那個時代每個人都有很多的廢氣（gas）要發洩，對科學真正的意義和意涵其實是非常粗糙的瞭解。我那時候想，科學並不是把科學淺化，或是去教人裝修一個收音機或PC，科學事實上是人類心靈最有創意的一部分，幾乎是像希臘羅馬的哲學一樣的內容。」林和並不掩飾他個人對編委會的失望之情。

王道還也提到，他曾在《科月》發起一個月一次的演講活動，因為既然固定要開編輯會議，便把它當成一個演講會，並邀請一個人，向大家報告自己覺得值得向大家推薦的研究等，「我說這是我出的主意，所以讓我來打頭陣，我第一次就報告孔恩寫的《科學革命的結構》。那一天至少有三個大學的院長和教務長出席，你想想看那個盛事，我算老幾，我只是一個台大碩士，沒有博士學位，然後有那麼多大學教授在聽我演講。」王道還說。

雖然王道還當時覺得好幾代的學者可以在一起交流，大家也願意求知，他深信求知本身是很有價值的事，「只是，現在這種感覺似乎已經……沒有了。」王道還感慨地說。

■一九八一年，周昌弘（左）與姚正以〈紅樹林的生態及其價值〉，獲得《科月》寫作獎佳作。《科月》後來為紅樹林保護運動投入許多心力。（科學月刊提供）

科普一向被認為是客觀科學知識的普級化與平民化，但從《科學月刊》在台灣實際推廣的經驗來看，科普固然是知識的通俗化傳遞，卻會因為在不同社會情境下迸發出不同的面貌。隨著《科學月刊》四十年的腳步，科學工作者以具體的科普行動疼愛台灣的熱情展露無遺，更讓人感受到，這些科普人在科學知識背後，所展現的科普熱情，其實與他們所關愛的台灣鄉土緊緊相連。

在《科月》長期關懷台灣各項議題中，首先可以發現，台灣的科學家頗為關注與台灣本土有關的科學議題，做為科普傳播的對象，「肝炎」便是其中一個例子。在民國七十年時，周成功與曾惠中認為肝炎正是「地緣醫學」最好的例證。為何中國人乙（B）型肝炎帶菌者的比率是歐美的兩百倍？單是尋找造成這些差異的原因，都是非常值得科學家努力的課題[1]。

周成功與曾惠中寫這篇文章的同時，肝炎已經成為台灣公共衛生上的一個重要課題，由於美國已先行試驗肝炎疫苗為有效，同時並無不良的副作用，因而美國製造疫苗的默克公司與華盛頓大學教授畢斯里博士，計畫在台灣以兩千名一歲到六歲的健康兒童為對象的臨床實驗。但是，周成功與曾惠中關切的是，因為畢斯里教授及衛生署官員認為，疫苗已經通過美國食品藥物管理局的安全試驗，所以台灣不必多此一舉，只要針對一些高危險群的人來做「臨床效力實驗」即可。

專業監督國家肝炎政策

對這個問題最關心的其實是周成功，他曾先後在榮總醫研部、陽明大學任職，現在是長庚大學生命科學系教授。周成功回憶當時情形說，在畢斯里的規劃中，要以台灣一千二百個幼兒做為注射對象，這是一項非常大規模的實驗。讓周成功質疑的是，這項實驗為何要選擇一至六歲的幼兒？又為何要選一千二百個？為何國外實驗是用一、二百個危險群的大人？幼兒的免疫力與大人的免疫力是否相同？這些疑問在當時根本都缺乏應有的科學證據。再加上當時台灣的法律規範並不上軌道，擬定的

「家長同意書」也不完備，因此，他便藉著《科學月刊》，對當時這項政策，提出了強烈的質疑。

所以，當疫苗通過國人的安全試驗後，就應該根據完整的調查資料，來決定誰應該最先接受臨床試驗。他們認為這個資料至少要有各年齡層的帶菌比例，並公開接受科學的評估。現在要選一至六歲的兒童來做臨床實驗，周成功與曾惠中認為這其實是依據畢斯里沒有發表的數據來決定的。他們二人認為，做為一個科學研究工作者，若是以大量未公開的資料當作支持此一決策的最主要依據，是有風險的[2]。

周成功與曾惠中因此在文章中指出，全盤接受外國安全試驗的結果是不恰當的，因為疾病的發生和生活習慣、環境背景、當地的氣候、風俗、經濟狀況及種族遺傳、體質等，都有密切的關係。

回想起這段往事，曾惠中也說，他們兩人當時都認為台灣的基礎科學界有點不爭氣，這麼重大的一個醫療問題，反而是由外國人主導，「後來證明這個質疑是對的，因為當年疫苗的安全性還有疑慮，第一代B型肝炎疫苗是從帶原病人的血液裡抽取，然後從裡面去純化病毒顆粒，再把它製成疫苗，這中間是有危險疑慮的。」曾惠中接著說明，第二代的疫苗是用遺傳工程，就不會有問題，可是遺傳工程的技術當年又還不是那麼成熟，也存有疑慮……他們相當關心這個議題是有原因的，倒不是反對打疫苗。

周成功又說，畢斯里的提議後來取消，這件事在台灣社會曾經引起很長一段時間的討論，李國鼎負責的科技顧問組接著便將肝炎防治提升為國家重要工作，重新進行討論，並改由衛生署主導，終於發展成為全國性的計畫。

註：1 周成功、曾惠中，一九八一年四月，〈對肝炎疫苗的幾點看法〉，《科學月刊》，頁：十二—十三。
2 同右。

■長期參與《科月》的曾惠中，認為科學發展不應脫離社會。
（科學月刊提供）

肝炎是台灣特有的社會問題，科學研究者等於開始接觸台灣本地的問題，以周成功而言，他以個人的科學專業監督國家的科學政策，科學家知識份子的個性表露無遺。

然而，《科月》成員在關心科學議題或是科學政策，已經自覺無法脫離台灣特有的社會、政治、法律情境，科學已經無法只是純粹科學知識的傳播而已。但是，早期參與《科月》的人，心中多少會守著一些分寸，以免惹出問題。曾惠中便指出，因為保釣的背景，早期參與進《科月》的人，不管是兼職的，或是參與編委會的同仁，大概都同樣認為，在國內要推廣科普，做法就是純粹談科學，頂多觸及到科技政策，千萬不要去碰什麼社會議題，「劉源俊教授曾經提到，有時候有些人會來『關心』一下《科月》，當然他沒有把這種事情拿來影響大家的工作情緒，不過我們大概知道我們能做的就是推廣科學知識的工作，頂多就是再關心一些科學教育。」曾惠中說。

曾惠中所言的即是「不要碰政治」，也因此變成不要碰社會科學，但是愈到後期愈不可能，科學知識實在無法脫離當地社會超然存在。曾惠中說：「後來，就是《科月》編輯的方針慢慢認為應該要觸及社會科學的問題，既然是社會科學的問題，又想要不談到政經發展，已是不太可能的事了。」所以曾惠中指出，早期《科月》的評論，完全不會碰觸社會科學的問題，純粹就是科技，或者是教育；可是後來慢慢地《科學月刊》除了自然科學外，也開始碰觸所謂的社會科學，當然就有些人文的議題也會拿出來討論，至少在評論的部份，觸角已經延伸到科學以外的領域了。

複製西方優越感 變相鼓勵出國？

台灣因為缺乏自己的科學傳統，六、七〇年代回台灣的理工科留學生，便在台灣展開科普推展工作，這些工作者帶著西方留學的背景回到台灣，但其所推廣的知識卻被認為可能僅是西方知識的傳遞，並未與台灣建立更緊密的聯結關係。自從《科學月刊》將重心從美國轉移到台灣後，有關《科月》與台灣的關係開始受到討論。一九七〇年七月，《科學月刊》〈編輯室報告〉已經寫出將來可能偏重的方向。該刊指出：

在這裡我們還要提到一個日後本刊可能偏重的趨向。我們認為在今天台灣的社會裡，我們刊出太多過分理論性、或是月球、太空方面的文字，固然可使我國人多一些科學的知識，但這如果只有再多製造一些留洋不歸的學人外，對我們的社會並沒有太多助益，因此，我們將儘量刊登與我們現在處境以及可見的將來，對我們社會有益的科學文字。[3]

《科學月刊》在台灣發行後，其相關討論經常觸動台灣人最敏感的神經，這群留美歸國學人，以

註：[3] 一九七〇年七月，〈編輯室報告〉，《科學月刊》，頁：七。

科學專家的姿態議論台灣事務，究竟是讓科學在台灣生根、還是複製了美國優越感？在台灣民間也開始有了一些議論。《科月》曾經遭人批評，是否是西方科學文明的另一番移植？在一九七一年十一月時，讀者方崇溯來信指出《科月》的八個問題，其中第一個問題即提到：「究竟《科月》是為廣播歐美西洋的科學新知，而使國內青少年更增加對科學的畸型崇拜心理，進而效法我們這一批所謂『先進』而一樣淪落他鄉？還是應該喚起他們對國內科學發展建立信心，增加國內外科學消息的流通，而能促成大學生、中學生開始對實際有利於國計民生的科技問題感到興趣[4]。」

針對這樣的質疑，林孝信回答時堅決表示：「《科月》決不是要成為留美崇洋的宣傳刊物；介紹正確科學知識及科學方法以啟發民智，才是《科月》的目的[5]。」

一九七一年十二月，《科月》的〈編輯室報告〉又再度強調創辦《科學月刊》的初衷：「除了傳播科學知識和培養大眾科學精神外，最主要的目的是，希望藉它聯絡海內外具有熱忱和抱負的中國人，共同為發展科學而努力，使科學能早日在飽受苦難的中國生根成長[6]。為了加強科學與國內社會的關係，《科月》在一九七一年的九月號、十月號中，以「如何改進中學科學教育」為題，向讀者徵文；另外，《科月》第二卷第十二期，也針對負責策劃督導國內科學發展的「國家科學發展委員會」為對象，邀請吳大猷以「我國科學發展的政策和措施」為題，寫了一篇近萬字的文章。

《科學月刊》在第四卷最後一期時，還曾在〈編輯室報告〉中，說明已「儘量努力提高《科學月刊》的可讀性，以及與社會的關聯性，但是做得仍未如理想。一方面是財源枯竭，一方面是因為稿源不夠充裕[7]。」

科學固然被認為是客觀知識，放諸四海皆準。然而，科學如何與當地社會建立關係，並在自己的土地上紮根，還是推動科普最基本的課題。〈污水處理法〉一文便是一個嘗試，這是《科學月刊》關心台灣本土問題的開始。一九七〇年七月的〈編輯室報告〉寫著：「半個月前，南港山豬窟垃圾場引起環境污染，水源污染的問題曾在我們社會上引起軒然大波，現在同台北這樣的大都市每天會產生數千萬噸的垃圾，這些垃圾如何處理以及工廠民眾的廢水將如何澄清，是現代衛生工程、環境工程最大的問題，也是與我們生活息息相關的事情。」

為了處理這個問題，《科學月刊》的做法是登出〈污水處理法〉一文，看看別人是怎麼做的。此外，一九七〇年八月，台灣社會發生青少年吸食麻藥、迷幻劑的事情，《科學月刊》便在當期推出〈泛談迷幻藥〉一文。

但是，由於《科月》的參與者多為留學生，因而，也不斷被認為是否是變相鼓勵年輕人出國，在一九七一年八月由何秀煌、唐文標、黃仲翹、張系國、錢致榕、潘毓剛（執筆人）一同發表的對〈《科學月刊》的批評與建議〉一文中，就針對《科月》一年的文章內容進行檢討。首先從內容中就發現物理的文章遙遙領先，幾乎佔了四分之一的篇幅，其次是生物與化學。而心理、工程等科普文章太少，行為科學及社會科學的文章根本沒有。若從文章的類別看，智識性和簡介性文章幾乎佔了全部文章的百分之五十以上，因此在數量上似乎過份強調介紹科學知識與新知[8]。

在此文登出後，尚有其他讀者來信表示相同看法。讀者查時賢來信說道：「《科月》對於最基本的科學精神、科學方法和科學觀念介紹得太少，而偏向於介紹新知，尤其是介紹天文和物理方面的新知，如將這兩方面的文章篇數加起來，其和超過了總篇數的三分之一，提到行為科學與社會科學的文

註：4 方崇淜，一九七一年十一月，〈《科月》的目標？〉，《科學月刊》，頁：七。
5 林孝信，一九七一年十一月，〈《科月》的目標？〉，《科學月刊》，頁：八。
6 一九七一年十一月，〈編輯室報告〉，《科學月刊》，頁：七。
7 一九七三年十月，〈編輯室報告〉，《科學月刊》，頁：七。
8 何秀煌，一九七一年八月，〈對科學月刊的批評與建議〉，《科學月刊》，頁：六五—六七。

章也較少[9]」。林孝信則在查時賢的批評與建議旁回了一封信，並在同一期《科月》刊出。林孝信認為「行為科學」或是「科學與社會關係」文章之缺乏，關鍵不在於負責人積不積極，而在於這類文章本質上就難寫，而且西方的著作都以西方社會、文化作背景，直譯是不負責的做法。

林孝信在本書受訪時又提到一件事。他指出，那時候不只台灣這樣，美國也是這樣，認為社會科學就是等於社會主義。所以，美國在當時是採用「行為科學」（behavior science）一詞，而不是用「社會科學」（social science）。之所以會這樣，是因為覺得「社會科學」（social science）中隱含「社會主義」（socialism）的敏感性。林孝信說他曾經看過這樣的資料，所以他有一段時間才用「行為科學」（behavior science）一詞。而在他的構想中，《科月》文章是採取三種分類，每一部分找一個編輯。第一類是自然科學，第二類是應用科學，第三部份是行為科學，因此《科月》早期將義工學者編制分成三部份，每一部分找一個編輯出來，然後，譬如說自然科學，再分成天文、地理、地球科學，還有物理化學的屬性這樣。後來心理學進來了，就把它放到行為科學內。

另外，由於當時華人研究這方面的文獻更少，因此找稿子便困難許多。但林孝信又說：「《科月》所以靠義務熱心，也是有理由的。我們不以為西方這種高度商業化的做事方式是值得全盤接受的。這種方式往往導致金錢萬能，抑制了大家的共同社會意識。近世紀科學工業的過度成長，破壞了人際應有的互相關懷，以及一個合理的、可依靠的價值標準，這是許多科學家如愛因斯坦（Einstein）、波恩（Born）等等所憂心忡忡的。我們不希望介紹科學，也把西方這種商業觀念一併帶到國內[10]。」

紅樹林保育運動啟蒙思潮

從上述幾個案例與討論上可以看出，台灣當時的科學工作者，其實已相當程度關注台灣本土問題，這些問題並且已經在《科學月刊》等處進行報導。其中，最多人提起的便是台北淡水紅樹林保育運動。中研院院士周昌弘教授於一九八〇年間，曾透過《科月》發起淡水紅樹林保育運動，啟蒙台灣的保育思潮，直到今日還是令保育界印象深刻。

周昌弘說，因為他是學植物的，聽到人家說要把紅樹林砍掉就很生氣，於是就聯合植物學家、植物學會、國際生物聯合會、還有環境科學委員會的力量，一起去保護紅樹林。周昌弘不但在《科月》寫了很多文章，也因為實際採取行動，引起主流媒體的關注，進而跟著報導。周昌弘說：「對，對，我們先關心的，後來三家電視全部跟進，所以把它炒熱起來。」

這正是本土科學家，結合專業所能做的社會參與。事情的源由是，一九八〇年，台灣省政府決議斥資新台幣一百四十億，在淡水竹圍水筆仔紅樹林區，建設八千戶國民住宅。周昌弘發現問題嚴重，於是結合國內植物界、環境科學界與媒體一同向政府陳情，反映此一問題的不當；而他個人也不斷上書、陳情。一開始時，大家對於淡水竹圍的這些植物毫無概念，有的認為是一片雜草，但是周昌弘卻以自然保育觀點，提出紅樹林保育的重要性，但也因此備受壓力。周昌弘曾在他自己一篇文章中說道：

> 記得當時省政府林（洋港）主席在淡水高爾夫球場上，指著淡水竹圍的水筆仔紅樹林說：「我看前面的那些植物都是一堆雜草，可是植物學家說是國寶。」林主席又說：「如果是雜草當然可以除去，但是國寶的話就該保護。」不過林主席身邊的人並不以為水筆仔是國寶。當時我備受壓力，有恐嚇電話，說我擋人財路，有同事開玩笑要為我建紀念碑在紅樹林上……。這些都改變不了我保護水筆仔的決心。」[11]

註：9 查時賢，一九七一年十二月，〈讀者的來信：批評與建議〉，《科學月刊》，頁：七。

10 林孝信，一九七一年十二月，〈讀者的來信：批評與建議〉，《科學月刊》，頁：七。

11 周昌弘，二〇〇一年，〈建立環境倫理，人類永保安康〉，環境資訊中心，網址：e-info.org.tw/against/2001/against-01123101.htm

一九八一年時，周昌弘還與任職於中央研究院植物研究所的姚正以〈紅樹林的生態及其價值〉一文，獲得《科學月刊》通俗寫作獎的佳作。他們在這篇科普報導的訴求對象，正是一般民眾。另一作者姚正說：

當初這個問題爭論得相當激烈，我們本身也去南部看過，我覺得這片水筆仔純林，這種景觀相當不容易。當初周博士讓我整理這篇文章時，我覺得一般老百姓一直認為這沒有什麼價值，是因為他們不了解這裡頭的價值，所以我們收集了很多資料，就是希望他們藉著這篇文章，能有一點了解，不要看得那麼淺，能夠看得更遠一點。12

《科學月刊》曾於民國六十九年十一月刊出原文，文中指出：

在保護海河岸以防止暴風雨及土壤侵蝕上，紅樹林已被廣泛地認為扮演一極重要的角色。早在本世紀之初，紅樹林被植於佛羅里達州東海岸鐵路延伸入海的支線沿岸上，以防止暴風雨對鐵道的侵蝕。夏威夷背風的Malokai海岸種植Rhizophora mangle後，保護了該海岸免於沖蝕。在錫蘭，紅樹林植於魚池或水道之兩旁以穩定堤岸。事實上，許多海河口處因為有紅樹林之保護，其港灣或河岸才免於被風浪潮汐沖蝕或破壞；這些保護功能，平時是看不出來的。最明顯的例子是，孟加拉因為人為移除了幾千公頃的紅樹林，而導致一九七〇年孟加拉大水災，其主要原因是海水倒灌。

紅樹林和其他森林一樣具有水土保持及蓄水的功能，海水沖到海岸時，紅樹林不但可當天然的屏障，而且可以蓄水，故在防潮、防颱上發揮了最大的功能。今年八月二十五日至二十九日在吉隆坡馬來亞大學舉行的「亞洲紅樹林環境研討會：研究及經營」中，就有學者提出上述之功能，以及它成功地保護了當地海岸居民的生命財產。筆者在此慎重的指出，淡水竹圍的紅樹林對保護當地河岸發揮了非常大的功能，若將它移去則不但失去了一天然的屏障及天然的蓄水池，且一旦較大的颱風來襲，則受害最大的必是淡水居民，若情況嚴重則危及台北市區。這將是紅樹林生態被破壞的結果。[13]

在這個議題上，除了周昌弘曾經在《科學月刊》寫文章呼籲外，當時主編《科月》的另一位成員、投身於生物科技產業界的吳惠國，也曾在《科月》撰文指出該問題的重要性。吳惠國在政策未制定前，在《科月》首先強調水筆仔的「國寶」級身分。他寫著：

水筆仔紅樹林為什麼是一種國寶呢？因為它們是十分稀罕的植物！它們是樹木，卻「生長在其他樹木不能生長的地方」——海水裡。因為海水含有鹽分，不能夠直接利用，所以它們又具備了許多旱生植物的特徵，以防止水分過度蒸散；因此，我們又可以說它們是「生長在水裡的旱生植物」。光是以上兩點，就令人訝異萬分而值得我們保護了，偏偏它還有一項舉世聞名的特性——胎生！由於它的種子掉到海水裡生存不易，所以種子在母株上先行發育，長出胚莖和胚根來。當幼株長大到母株支持不住時，便掉下來，像一支筆似的，插到泥巴上，如此才能順利成長為成株。

如果這支「水筆」沒掉到泥巴上，而是被潮水帶走，它便隨著海水經年累月的漂流；好像揚帆出海的探險家一樣，勇敢地去追尋夢中的理想國度。一旦遇到理想的生活環境，它立刻發根定居，發展它的勢力範圍。因此，它們的生存環境是非常特殊的，竹圍地區能生長水筆仔紅樹林，完全是水筆仔「看上了」這塊土地，能發展為茂密的純林更屬不易。所以說，移植紅樹林的主張實在有檢討的必要。[14]

註：12 林錦玉‧姚正，一九八一年三月，〈訪「首屆通俗科學寫作獎」得主〉，《科學月刊》，頁：三九—四二。
13 周昌弘‧姚正，一九八〇年十一月，〈紅樹林的生態及其價值〉，《科學月刊》，頁：三二—三六。
14 吳惠國，一九八〇年八月，〈反對移植紅樹林〉，《科學月刊》，頁：七四。

吳惠國的筆調充滿情感，在政府決定取消淡水住宅興建計畫後，吳惠國又再度寫文章堅持這樣的保育不容打折扣。他的文章指出：

淡水地區本來想把淡水河口的水筆仔紅樹林填平，規劃為住宅區。行政院在今年二月下令保護紅樹林，使這個住宅興建計畫不得不放棄。紅樹林因此保護住了，對淡水地區主張開發住宅建地的人來說，卻是相當大的犧牲。保護令頒布之後，有人不甘損失，提議僅保護位在八里的小面積紅樹林，而將淡水到關渡之間的一大片紅樹林填平。明眼人很容易可以看出來，這個建議顯然違反了保護令的基本精神。保護令的保護目標當然是最大面積的水筆仔純林為主，絕無討價還價的道理。

七月間又有一個謠言，說是這一大片紅樹林都被毒死了。我聽了這件事，嚇了一跳，連忙跑到淡水河口去實地觀察。看來看去，只看到一大群白鷺安詳地棲息在紅樹林上。著名的果實和胎生幼株都落光了，細小而繁多的花朵卻盛開著，沒看到破壞的痕跡，被毒死的謠言也不攻自破。可是，紅樹林被毒死的陰影卻一直存在我心中。萬一，紅樹林真的有人蓄意破壞，似乎沒有什麼辦法可以防止；就好像禁獵令可以和沙茶羌肉同時存在一樣[15]。

緊接著，任教師大生物系的呂光洋教授也在參加「一九八〇年亞洲紅樹林環境研討會」後，在《科月》寫文章，向政府當局提出建議。文章中指出：

紅樹林沼澤區是一個非常特殊的生態系，在亞洲地區的紅樹林沼澤面積約有二千萬公頃，約佔全球之紅樹林分布面積之一半弱。台灣的紅樹林雖然面積較小，長期以來也沒有受到應有之重視，但是台灣是紅樹林分布的最北緯度區之一，因此在生物地理學上來看是非常重要的。撇開此重要性不談，由聯合國教科文組織一再地舉行有關紅樹林沼澤生態系的研討會來看，我們應可了解它的重要性。

由此次參加亞洲紅樹林沼澤的研討會之國家看來，絕大部分的國家在經濟上和一般學術上的水準都不及我國。雖然他們在大會上所宣讀的論文，有不少距離理想還遠，然而我們可以看出各國或多或少都在做這一方面的研究，希望對他們自身的自然生態環境多一分了解。反觀我們國內，對於有關紅樹林沼澤生態系的研究，實在不如其他國家。不僅對於紅樹林沼澤之分布面積究竟有多少都不知道，對於其構造和功能更是茫然不知。在此情況下要談到對本地的紅樹林沼澤之任何規劃或利用，都是一件非常冒險的事[16]！

從紅樹林的案例可知，如果想在台灣以科普推廣科學，實在須要把問題關注在台灣的議題上，如此才有可能引發共鳴。

除了紅樹林的案例外，可看到海洋大學教授鄭森雄所從事的海洋環境研究中，也是以台灣為研究場域。在那個資訊不是非常通達的早期，鄭森雄曾在《科月》寫了多篇文章。他曾經說：

民國六十年代初期，環境汙染在台灣還沒太引起眾人注意的時候，《科月》就已經開始有文章介紹世界各國對環境科學的研究。我的研究室也在民國六十年開始實地研究，了解台灣魚貝類的重金屬含量有多少，是否對食用者構成威脅。卡遜女士《寂靜的春天》一書，對農藥的污染提出嚴重的警告，這也促使我們研究台灣魚貝類中，有機氯劑農藥的含量。現在大家很熱門的討論台灣西南沿海養殖魚貝類大量死亡的現象，事實上在民國六十年初期就已經發生了。

經過數年詳細實地的調查研究，我們實驗室以科學的數據證明：工業廢水所引起的水質汙染，是台灣西南沿海魚貝類大量死亡的主因。這些研究，我們做完以後，首先是寫成研究報告，在學會與學

註：15 吳惠國，一九八〇年二月，〈反對移植紅樹林〉，《科學月刊》，頁：七一—七二。
16 呂光洋，一九八〇年十一月，〈一九八〇年亞洲紅樹林環境研討會紀實〉，《科學月刊》，頁：二九—三一。

術雜誌發表。為了讓一般社會大眾也了解這些實況，在每一次寫成學術報告之後，我就將這些報告改寫成一般的科學文章，前後共投了五篇在《科月》，希望引起更多民眾重視與保護我們的環境。經過漫長的十餘年。政府與民間現在可以說真正開始重視環境保護。十餘年來，《科月》的努力終於有一點收穫了[17]。

科學本土化與中文化的實踐

除了環境生態議題上，《科月》的成員也透過各種角度，表達他們的科學信念。李怡嚴也曾經針對台大一本刊物，提出他的看法。他寫著：

偶然看到一張舊的「臺大工訊」（第二十五期）有一篇社論，標題是：「道可道乎」，副標題是：「談治學應有的哲學態度」。文中很為一些神秘的報導（如神秘的百慕達三角，不明飛行物體等等）辯護，認為這些報導證據確鑿，而且認為對這一類報導嗤之以鼻的科學家們，是患了以「不知為不有」的錯誤。本來，這一兩年來，在報紙上以及書刊上的一些似是而非的神祕報導已經夠氾濫了，然而只以暢銷書的形式存在，大部分人都以「消遣」的態度去看它，流弊倒也不大，可是現在這一份由台大工代會出版的刊物，為這類報導找尋「理論」以及「哲學」的根據，就不能等閒視之了。借《科學月刊》的一角，提出我的看法[18]。

《科月》從文章報導中，可以看出《科月》成員對台灣社會的高度關切與投入，其實已經是科學本土化的某種實踐，即使有這樣的體驗，《科月》也漸漸發現不足之處。透過《科月》的實踐經驗可知，科普工作除了在議題選擇上，應該要以台灣本土做為研究報導的對象外，在文字的書寫上，自然也應以中文為主。然而，科學的中文化，對於非英語系國家的台灣而言，又是另一番工程。在這部分，也可看到《科月》成員的努力。

一九七六年一月，《科學月刊》舉辦了一場「科學中文化」座談會，由吳大猷主持。儘管各方意見不一，但一般都認為不僅是科學書刊應該用中文編寫，更應重視科學內涵，普及科學教育，並研究我國自己的問題，使科學能在中國真正的生根[19]。

當時已有好幾位台灣的自然科學家，主張以中文來推廣科學的重要性。劉廣定在他的文章中提到：「科學可以分為基礎的、通俗的科學，與專業的、學術的科學。通俗的科學包含了基礎的科學觀念，以及一般的科學常識。唯有以中文編寫這一方面的書刊，才能讓社會大眾接觸這些知識，而幫助整個社會走向現代化，這也是創辦《科學月刊》的主要目的。」[20]。

仔細翻閱《科月》多期內容，可以明顯看出，《科月》成員之一曾任職中央研究院動物研究所的萬家茂教授，在一九八二到一九八五年間，多次在《科月》寫文章強調「科學中文化」的重要性。萬家茂對於科學中文化抱持著極大的熱情，五十歲便英年早逝的他無法再度受訪，但從《科學月刊》與《科技報導》中，特別可以看到他個人對於科學中文化的熱忱。萬家茂甚至認為：「中國人如果要有自己的科學，就先得有自己的科學語言和文字，這一切都建立在自己的辭彙上。」[21]。萬家茂還說，在「賽先生」時代前後，中國古籍中從不曾看見的「氫」、「氧」、「氮」一類的字眼出現了，而且大家都在寫、都在用。他覺得很奇怪，為何還是會不斷聽到有人說：「為什麼科學一定要用中文呢？

註：17 鄭森雄，一九八六年八月，〈堅持奉獻的《科月》人〉，《科學月刊》，頁：二一二。
18 李怡嚴，一九七六年三月，〈「神秘」與「科學」〉，《科學月刊》，頁：九。
19 劉廣定，一九七六年四月，〈科學中文化的實際問題〉，《科學月刊》，頁：九。
20 劉廣定，一九七六年四月，〈科學中文化的實際問題〉，《科學月刊》，頁：九。
21 萬家茂，一九八二年二月十五日，〈該有中文的科學了〉，《科技報導》，第三版。

■已經過世的台大教授萬家茂（左），生前為科學中文化一事，寫了許多文章大聲疾呼，令許多人懷念。（科學月刊提供）

原文不是很方便嗎？」「科學是沒有國界的，用大家通用的語言不是更方便嗎？」「有些名詞中文根本行不通」等。

但是萬家茂在他的文章間，卻以極高的熱情提到許多在各自的領域，努力使科學中文化的人。他說：「也許這些人有射出一支箭，卻不知落於何方的胸懷。更重要的是，他們依然記得，為了學科學得先學習外文所付出的生命。他們私心期望後來的人可以直挺挺地捧著滿懷豐收，像揚棄拉丁文科學的人、像驕傲的法國人、像建造德文科學的工作者，他們並不希望再見到還會有黑髮烏睛的科學家，面對擁有數千年歷史文化的同胞，歉意地用非中國的語言講述他在遠方所有的科學成就[22]。」

萬家茂雖然已經過世，但是他對於科學中文化的一些看法，在今日台灣高度追求英文論文發表的趨勢，特別值得各界反思。萬家茂曾經提出一個兩全其美的方法，他說：

很多人都只有向外拓展，將好的文章投向國外，好讓更多人去看去讀。這樣，以作者個人來說，國際的學術地位建立了，只是國內的人反而不知道；或者說除非本行的人，否則更無從得知了。因此便有了兩個現象：第一，我們不知道中國人在國際科技界上揚名立萬的是些什麼人，做了些什麼工作。第二，國內有些什麼人已經有了地位，而他又是做了些什麼才有地位的。

所以這裡有些事是應做的，是作者和從事推展科技的機關該做的：第一，鼓勵作者將他的論文寫成中文摘要，在國內的刊物刊出；第二，鼓勵作者將外文論文以中文投稿在某一固定的刊物上——而不視為是一稿兩投；第三，成立某一科技機構，專責刊物的收集，接受國內外作者的論文集[23]。

萬家茂曾經語重心長認為，多年來他看到許多有心人在科學普及上下功夫，雖然荊棘滿布，依然勇往直前，前仆後繼。姑且不論這些的理由何在，最終的目的是普及科學。由於這些人的努力，也的確引發了許多年輕人從事科學的興趣。但是，大學生上課使用原文書的問題，還是沒有解決。他說：使科學書籍用中文寫是第一項重要的工作吧！提起中文的科學立刻會引起：「科學無國界！」「中文不是科學的語言！」「為了科學的溝通和了解，外國語文是必需的！」這樣一舉例，看起來是真的不必讓講中國話、寫中國字的人讀什麼中文的科學書了。確實如此，在許多中國人聚集的地方，教育就是這麼辦：除了中國文字有關的學科以外，其他的乾脆都用「原文」。一點兒也不錯，有了好的外文底子，可讀的書多著呢，上面所說的不都不成問題了嗎！然而，到底是不是提升國內科學水準的辦法？到目前好像尚沒人統計過，也好像尚沒人追蹤過，這樣教育出來的人在「國際」科學的領域中站在哪兒？只怕更沒人知道，對國內科學發展上有沒有貢獻。倒是讀「全中文」台灣出去的留學生

註：22 萬家茂，一九八二年二月十五日，〈該有中文的科學了〉，《科技報導》，第三版。
23 萬家茂，一九八四年六月，〈請用中國話講科學〉，《科學月刊》，頁：四一六。

回來的不算太少，看情形也沒有深究的必要！

在國內，大學生漸漸有一個趨勢：修習科學的學生找尋中文版本的書籍——寫的或是譯的——的程度比以往殷切。畢竟中文是我們的母語！遺憾的是很多版本讀起來難免生澀，而且名詞的中文字也不一致。除了教科書以外，「更上層樓」的書籍和雜誌也是鳳毛麟角。有人就會說：「中文科學的水準大約只能到這兒了！」真的嗎？會有人不同意的，但也會有人同意。這之間的爭論又是煞費口舌，也會回到做與不做的關鍵上！[24]。

科學翻譯的困境

然而，如果真有學者進行翻譯的工作，似乎目前還不為學術所認可，中研院王道還的心情或許可以參考。王道還說，早期他在《科月》的時候，也是主張要讓科學說中文，這才可能有更多的人學科學。他記得在八〇年代初期就已經開始有人在辯論了，大家談的是：「要不要把科學中文化變成《科學月刊》的宗旨或目標」，但是這個問題到今日依舊存在。王道還說，其實台灣現在有同樣的問題！我們的大學教育是應該用英文、還是中文的教科書？這是老問題，更可怕的是現在政府運用政策來鼓勵人用英文發表著作，「我們都知道如果英文不好的話，用英文教科書上課，所有人都在痛苦，包括教的人也很痛苦，這個現實怎麼面對？」王道還又說，他的朋友曾經跟他說，教書基本上是不能用中文，因為很多學生是要考研究所的，考研究所都是要懂英文，但是他又抱怨學生看不懂。

「換句話說，我跟他的討論變得沒有意義，我說是不是應該要用中文？他又說不行，那又怎麼辦呢？大家討論這個問題好像只是變成一個發洩而已，討論完畢後，該痛苦的還是繼續痛苦。」王道還說。

另一方面，王道還在學界採取以翻譯為職志的工作，然而，在既有的學術標準下，他的努力並不符合學術規格，但王道還本人卻深刻意識到翻譯的重要性。他提到台灣在一九八〇年代末期、九〇年代初期開始出現科普書，科普書變成書店很顯著的存在，當他看到譯作不佳時，更讓他決心加入這個工作。王道還說他總共翻譯了十本書，他認為翻譯書很重要。王道還認為：「科普翻譯的工作，應該由學術界來承擔。很不幸的是，政府的政策讓學術界不願意承擔這個責任。」他說，台灣在翻譯工作上的確缺人，缺人的原因非常簡單，就是因為稿費太低，台灣的翻譯稿費超過二十年沒有調整，而且只有往下降沒有往上升。

「我必須承認我是不務正業，假如我不是領政府的薪水，那麼低的稿費我是不可能做的。」王道還為自己辯解，他說理由很簡單，因為科學翻譯就是一種社會服務。

註：24 萬家茂，一九八四年五月，〈從中文的科學名詞開始〉，《科學月刊》，頁：三三五。

11 媒體驅動的科學傳播

■已經說不清楚大家在聽誰演講了，但聽者由左起算則是楊國樞、羅時成（後一）、謝瀛春、張昭鼎、傅大為。（科學月刊提供）

提到科學傳播，一般人容易想到的是透過媒體記者來擔負傳播科學的角色，但提及此一話題時，對科學記者角色的描寫，往往都是較為負面的印象。

其中一個故事是，記者採訪愛因斯坦時問：「愛因斯坦先生，可否請你用幾句話告訴我『相對論』是什麼？等一下我就要發稿了。」愛因斯坦回答說：「記者先生，你要我用幾句話跟你解釋相對論也許可以，但背後的原理如牛頓力學等，你得花相當心力去了解。」

嘲弄新聞記者的笑話

愛因斯坦與記者的對話故事，是現任《科學月刊》總編輯林基興談起的軼事。多數科學家對媒體所進行的科學報導都不是很滿意。《科學月刊》也曾經多次舉辦座談會，討論科學記者與科學傳播的相關問題。同時，《科學月刊》也多次在內容文字中表現出對新聞記者的不耐。例如，《科學月刊》創刊不久，第四期中便刊出了一個嘲弄新聞記者的笑話。原文如下：

門德雷業夫最嫌惡自炫博學，瑣屑小事，以及新聞記者。有一次，一位大報社的名記者想訪問他，他立即臉色大變，勃然而怒曰：「我沒時間浪費在無聊的事情上。」然後，好像又有點不好意思，他邀請了該記者坐下談談。記者如獲大赦的鬆一口氣，開始用那清爽的口吻問道：「門教授，不知您對高等教育的看法如何？」

門教授嚴肅地注視了記者一會兒，然後很安詳地問：「你今年幾歲了？」

記者答曰：「三十五歲。」

「很好。」門德雷業夫煞有其事的說：「但我認為你只有十二歲而已；而且我不能與一個年僅十二的小鬼頭討論這個問題。對不起，請！」

這次訪問就這樣結束了。

又有一次，當他正專心於回答某些科學上的信件時，一位特別具有耐性的記者竟然黏住他不放。這位記者很想知道門德雷業夫如何發現了元素的週期性。

門氏被纏得毫無辦法，最後終於宣稱：「這不夠你寫一行的！也不是你用這種咬住不放的方法。……好了，你還想知道甚麼？我實在沒有時間與你聊，你不是正看到我在寫一封信嗎？」

記者還不肯放鬆：「是哪一類的信件？」

門德雷業夫不耐煩地「呻吟」著，像個木頭人似的呆立了一陣。然後，深深地吸一口氣，用盡他所有的力量叫道：「一封情書！」[1]

脫線的科技新聞

看完這篇文章，當新聞記者的人可能會覺得很無辜，無法理解為何要如此被咆哮。但在檢視《科學月刊》的發刊歷程的內容，不難察覺科學界人士對新聞界曾經抱著極大的期望，卻又陷入莫名失望的過程。《科月》很早就開始關心大眾媒體報導科學的一些問題。例如，在民國六十五年十一月，就有讀者比較當時三家報紙在科學報導上的問題。署名「旁觀者」寫道：

這一次丁肇中因發現J粒子獲得諾貝爾物理獎，十月十九日各報都用顯著的標題，巨大的篇幅報導這件事。旁觀者用心看了三大報對於J粒子的描述，發現這次以《中國時報》寫得較正確，《中央日報》把標題都標錯了，而《聯合報》則通篇錯誤不忍卒睹。

丁肇中因什麼得諾貝爾獎？《中國時報》頭版標題正確地寫是：「發現新型重基本粒子」；《中央日報》的三版頭條標題說是：「發現比核子更小的質點」；《聯合報》的頭條說是：「尋找地球上

註：1 賴昭正譯，一九七〇年四月，〈門德雷業夫二三事〉，《科學月刊》，頁：七〇。

最小質點……最偉大發現」。事實上，J粒子的質量是質子的三倍。

J粒子是什麼東西？《中國時報》說：「魅力夸克……是J粒子的組成成分」，《中央日報》說：「物理學家懷疑基本粒子中應有……魅力夸克，丁肇中發現了J粒子，也證實了魅力夸克……的存在」，《聯合報》則說：「丁肇中博士，這次發現了第四種夸克，……命名為J夸克」。事實上，物理學家一般認為J粒子是「魅偶」，即一魅夸克及一反魅夸克的組合（編註：見本期《科月》的報導）。

為什麼對於同樣的新聞或訪問同樣的人——閻愛德先生，會有如此不同的報導？各報社對於科學新聞的採訪需要加油了！[2]

再例如，民國六十六年，張昭鼎批評《中國時報》一篇以批評美國現行核能政策為主旨的社論，在科技事實的敘述上錯誤百出。張昭鼎說：「論者沒有弄清爭論的對象，只憑直覺就大做文章，結果是文不對題，不知所云。譬如說，文中乾脆把化學、物理性質截然不同的鈽（Plutonium，或譯為鑪）、鐠（Praseodymium）與鈾—238視同一物，將半衰期僅為23.5分的鈾—239認定為氫彈的原料，又把融點僅為64度而極易氣化的六氟化鈾指為核子電廠的燃料，其他把核燃料處理廠與快速增殖爐兩種不同事物混為一談等等，不一而足。」[3]

另外，劉廣定也曾經在《科月》寫文章批評台灣的新聞界。他提到，一九七九年諾貝爾化學獎得主美國布朗教授應邀來訪，並在台灣進行他得獎後第一次的訪問講學，卻受到報界的忽視，只有聯合報系中，以報導育樂新聞為主的《民生報》有此消息。劉廣定自我解嘲，這應是報界認為科學家的演講是屬於「育樂」的範圍吧！[4]

另外，劉廣定又舉了兩個例子。一是國科會在自由之家舉辦了一個歡迎茶會，邀請學術界人士與布朗教授見面。除教育部朱部長、中研院錢院長等重要學術界領導人士之外，各大學及研究所的化學教授、研究員等約百餘人均參加了這一盛會。徐賢修先生向大家介紹布朗教授的生平及在學術上的貢獻，並說明布朗教授來我國訪問的重大意義。布朗教授的答辭不僅是言簡意賅，更是文情並茂。當時在場的記者甚多，國科會還特別將布朗教授的講稿影印了發給他們。但第二天只有《中華日報》、《青年戰士報》、《經濟日報》及《民生報》登了這一則新聞。劉廣定問：「這是為什麼？」

第二天上午布朗教授第一次在台大演講「非正統正碳離子問題」，這是他多年來精心研究的成果。當時有聽眾五、六百人，甚至有人遠自高雄、台南而來，講演之後還有相當熱烈的討論，是近年來學術界少有的盛事。但第二天，幾家大報仍無報導，即使國科會發出那份講演內容摘要，及以後各次講題的中文譯名資料，次日三家大報中也只有《中國時報》刊出了這消息，「這又是為什麼？」劉廣定又問[5]。

後來任職中研院化學所的周大新也在《科月》上提到，電視節目中的科技問答，教人抓不著重點。問題是：「為什麼蝦子的皮一經加熱就變紅？」觀眾期待的是一個明白而有趣的解說，可以增加科學常識。沒料到專家給的答案是：「因為蝦皮裡含有一種一經加熱會變紅的色素，所以一經加熱就變紅。」像如此含混籠統的回答，任何人也難以從中學到一點「科學知識」。相媲美的緊接著的第二個問題：「為什麼有人吃了蝦肉會敏感？」，答案是：「因為蝦肉含有一特種蛋白質，有些人對它過敏，所以吃了便會敏感。」

註：2 旁觀者，一九七六年十一月，〈報紙加油〉，《科學月刊》，頁：六三。

3 張昭鼎，一九七七年八月，〈科技新聞報導的真實可靠性——從《中國時報》的一篇社論談起〉，《科學月刊》，頁：七一。

4 劉廣定，一九八〇年三月，〈談報界處理科學新聞的態度——從布朗教授訪華的報導談起〉，《科學月刊》，頁：七四。

5 劉廣定，同右。

周大新批評說，笛卡兒曾教導我們，思考的第一規則是：「除非自己確確實實的知道，否則絕不承認任何事物為真。」事實上我們有太多的時候習焉不察，以致積非成是。一般人容易「受騙」，泰半也只能怪自己的懶用大腦。我們習慣了以聽政治性新聞的心情來聽科技新聞，那就是：「你且姑妄言之，我則姑妄聽之。」很少有人會主動追究前因後果之間的邏輯關聯，更遑論去要求新知識的獲得了。

其實，周大新所提的是電視節目，原本不是新聞，但他在民國七十三年十一月時，還是以〈脫線的科技新聞〉一文，把新聞界說了一頓[6]。由此可知，社會上對科技記者期待之深。又如黃國城在民國七十四年五月時，寫文章提到科學記者的不足，他說：

在科學學術期刊上，面對的是同行，這樣是無傷大雅而且應該的。然而一個從事和社會大眾生存息息相關的研究的專家，在提出其研究報告或調查報告時，顯然就不能如此恣意「放縱」了。它應該以平實的口吻忠實地敘述研究的精神、主旨、方法與解釋（interpretation），以供讀者真能區分「科學神話」和「科學事實」。而新聞記者本身則應具有查資料、比較、判斷的能力，去綜述（review）專家們的報告，讓民眾了解「那些瘋子」究竟在搞些甚麼花樣把戲。

不論就「公共衛生」、「環境評估」等這類和國民生計、群眾生存有關的領域，或「高等微積分」、「動物行為」這類「有閒階級」（leisure class）在努力不懈的純學術研究，我們都需要一些學術廣博、文思敏捷、客觀公正的科學記者，來幫助科學界向廣大社會納稅人解釋：這些「瘋子」不是「科學怪人」，不是只在實驗室中胡思亂想的人，不是那種輕易屈服在政治和金錢壓力下就刪改研究報告的人，而是懷抱著某些社會理想的科學家[7]。

先天存在的難題

由以上可知，《科月》的不少作者對新聞記者所揹負的科學傳播責任，其實非常關注。但《科月》總是把所有問題的責任放在記者身上。由於《科月》的批評文章在先，當時在J粒子這件事後，《中國時報》記者吳文建也來信，提到當時台灣科技記者所面臨的一些問題。他指出：「科學報導先天上存在幾個問題，它不是記者本身能做到或單獨解決的。」

吳文建民國六十六年二月這篇登在《科學月刊》的文章中提到四個原因，使得科學報導不盡理想。首先，我們缺少說「普通話」的科學家，無法將一項研究或一種現象用普通話使外行人聽得懂。其次，我們沒有通俗的中文科學雜誌，使記者失去隨時複習進修的機會。《科學月刊》還不夠通俗，其文章帶有「上課講稿」與「研究論文」的味道，他懷疑有多少位記者有耐心去翻閱。倒是中央研究院的《數學傳播季刊》令人有耳目一新的喜悅感，沒事時他喜歡拿出來翻翻。

再者，吳文建也提到文人相輕。儘管學人常自鳴清高，不喜歡在報上拋頭露面，但卻忍不得別人出鋒頭。而在最後一點，吳文建指出：

記者本身學識背景不夠，面對包羅萬象的自然科學，不免如瞎子摸象，只知其一不知其二，何況上報的科學新聞又都是今日該學科內的尖端研究，連圈內人都不保證明白。因此記者在學識條件的限制下，以有限的時間、資料，要將這些艱澀的知識，使初中程度以上的讀者第二天看報紙能知其然，實非易事。

由以上可知，在《科月》四十年的發展過程中，與媒體有關的「科學傳播」，一直是《科月》極

註：6 周大新，一九八四年十一月，〈脫線的科技新聞〉，《科學月刊》，頁：八八九。
7 黃國城，一九八五年五月，〈從「核四廠的爭議」想到科學記者的缺乏〉，《科學月刊》，頁：三九〇。

■起立發言者為劉兆玄。（科學月刊提供）

為關注的焦點，相關的意見在《科月》也都有相當的論述。《科學月刊》從創刊以來，出現多次有關科學傳播的討論，可見《科月》成員已經意識到科普與科學傳播的密切關係。針對此點，劉兆玄在民國六十八年主持一場「科學傳播座談會」時，曾經特別提到「科普」與「科學傳播」的分類。他說：

照我個人的想法，國內科學傳播事業大致可以分成兩種性質：一種是屬於新聞方面，有新聞價值的科學事件的傳播，從事這方面的就是各個報社和通訊社。另一方面是屬於一般性的知識的傳播，未必見得是非常具有新聞價值的事，也可能不見得有什麼應用的價值，但對整個全國的下一代、科學教育與科學知識的傳播來說，卻是一件很根本、很重要的事[8]。

劉源俊在同一場座談會也提到，他當初會對物理感到興趣，跟小時候受到的科學傳播一定有關係。比方說，他那時候知道李政道和楊振寧得到諾貝爾獎，又比如知道蘇俄發射了第一顆人造衛星到天上去。他也看到一些報導說，某人發現了某個粒子。這一類的事後來使他走上理工這條路。可見傳播對兒童、青少年的啟發性非常重要[9]。

《科月》成員中多人都是長期從事科學傳播，學生物的江建勳便提到，他發現生物醫學的新聞往往會寫錯，甚至有時背後還有新聞操縱的影子。「以記者招待會來講，常常受到主持教授的影響太大。」江建勳談到，召開記者會的人會發書面新聞稿給記者，不料新聞記者通常就是照抄，這麼一來便會放大主持教授的功勞。舉例來說，一個教授宣稱他發明了抗癌藥物，從生物醫學的角度明白，新藥在先進國家起碼需要十年時間，甚至要十億美金進行不間斷地研發，藥廠才有可能生產。以此標準來看，江建勳說，假如有學者在台灣找某種植物，或者某種化合物，去合成新藥，不過是用體外培養細胞的方式，滴一點萃取物，看看殺死多少細胞，只是非常粗淺的研究，但是在新聞記者筆下，往往誤導讀者以為台灣找到了抗癌藥物。

江建勳還建議，新聞記者要注意的是，國內任何的科學成就，在發表時一定要有文獻的支持，因為所有的科學工作必須要在學術文獻上查得到，才能被全世界科學家承認。全世界的科學家均要靠發表論文來建立自己的地位，新聞記者可以從這方面的標準，來增加對該名科學家的認識。

其實，《科月》一方面批評大眾媒體有關科學的報導，一方面對於《科月》內容是否違反科學專業也相當關切。台大化學系教授牟中原曾指出，《科學月刊》曾經登出台灣大學教授討論特異功能的文章，文章內容與該學者的專業領域完全無關。牟中原認為這樣的做法已經偏離科學，不但在《科月》上寫文章批評[10]，更在《科月》內部強烈反映。「我覺得這些文章會讓人認為科學充滿怪力亂

註：
8 劉兆玄，一九七九年一月，〈科學傳播座談會〉，《科學月刊》，頁：一五。
9 劉源俊，一九七九年一月，〈科學傳播座談會〉，《科學月刊》，頁：一七。
10 一九九七年四月，〈讀者、作者、編者：高涌泉、牟中原老師來涵〉，《科學月刊》，頁：三〇八。

神，與《科月》重視科學教育的精神不符，這件事，真的讓我很火大。」牟中原坦言，這件事甚至是他後來離開《科月》的原初導火線。

科學普及需要兩隻手

長庚大學教授周成功曾經指出，如果想要做到科學普及一事，同時具有一本通俗的科學雜誌與強大的出版品，是科學普及很重要的兩隻手。他以日本為例說：

如果《Newton》（牛頓）雜誌是推動日本科學普及的一隻手，那我們就不能忽略了日本科學普及的另一隻手——那隱而不見，成千上萬的日文出版品。有了強健的這兩隻手，科學普及工作才能踏實，也才能真正開花結果。

日本對於新科技的介紹決不僅止於翻譯西書而已，他們出版界與學術界結合所付出的努力與代價是驚人的。以基因工程為例，日本大學教授自己寫的有關基因工程的原理、技術、應用的專題小書由淺入深不下數十種；對象從中學生到研究所的學生無所不包。個人覺得日本在這方面的努力甚至超過美國。在美國的出版商幾乎只出市場大的教科書和非常專門只供研究所用，利潤高的參考書，再不然就是以適合大眾口味的通俗科學暢銷書為主。在日本對任何一個科學上的題目，都可以找到相當不錯的日文入門書，然後只要肯下一點工夫，循序漸進最後登堂入室絕非難事。另外值得一提的一點是，這些書籍的作者絕大多數是大學教授[11]。

在周成功所提到的兩隻手中，《科學月刊》是其中的一隻手，但是，《科月》對於科學通俗化工作究竟該如何進行，一直未能凝聚出具體的共識。有關如何讓科學性的文章更通順，林孝信在創刊初期，也曾經針對科學性的寫作提出他的看法。他曾提出「外行審稿」、「邏輯審稿」、「內行審稿」

等建議，他也提到《科月》有些文章實在太教科書化，或像流水帳式，這時他便會建議全篇重新改寫。他也提到這類工作最傷感情，因此也不常做，除非萬不得已。同時，修辭的理想只要文章通順，絕無意要如《科學美國人》（Scientific American）一樣，使所有文章都用同一種語氣、文體[12]。

除了《科月》仍然繼續在科普的方向上努力外，周成功提到科普成功的另一隻手——科普的出版品，則是值得台灣努力的另一個方向，這部分的帶動主要人物台大大氣系教授林和，另外包括周成功、李國偉、牟中原等人。這些學者首先在台灣帶動有關科學文化的反省，並與出版界合作，提出具體的出版計畫，終於帶動台灣另一波新面貌的科學傳播。這些反思固然不是在《科月》內部產出，卻是由《科月》成員反省後發動。

林和一直認為台灣知識界並沒有把科學放在真正好的位置上。林和記得一九八五年他剛回台灣的時候，身體狀況很不好，但他覺得應該做一些事，《科月》如果不能做到，他就去找別人來做。當時林和對出版界並不熟，他拿起電話簿想找比較大的出版社。他找到兩個，一個是《遠流》，一個是《天下文化》，找哪一家對他來說無所謂先後，但《天下文化》因為筆劃比較少，是他第一個撥的電話。

他把心目中出版的意念和類型跟《天下文化》創辦人高希均說，那時候高希均尚未從事出版，只做雜誌，林和就去出版社演講，演講主題是「科學奇妙之處」。他並且特別說明，他想要出版的書不是流行科學（popular science），而是科學文化（science culture）。換言之，他心中想像的科普書不是淺化的、有關科學新知表面的介紹，而是屬於文化性、較具有內涵的科學。

註：11 周成功，一九八五年七月，〈推動科學普及工作的兩隻手〉，《科學月刊》，頁：四八四。

12 一九七〇年五月十五日，《科學月刊》第十五期工作通報。

■台大教授林和（中）認為科學傳播的重點在於對科學文化的反省，再因此啟動大家對科學的想像。
（科學月刊提供）

當時，與林和有共識並一起努力的還有牟中原、周成功、李國偉，這四人成了「天下文化出版社」科學書籍的「策劃群」，他們在選書上與過去有極大的不同。牟中原進一步說明：「我們心目中科普的書，並不是要用淺顯的語言把科學介紹出去，而是認為科普應該把科學當成一種文化。」因此，牟中原提到他們一開始選的書都是具有強烈社會關懷的科普書，像是沙卡諾夫原是為俄國製造原子彈的科學家，後來又如何成為異議份子，這都是非常值得介紹的科普書。

那時候這四名學者企圖把科學文化重新定位，林和翻譯的第一本書是《混沌：不測風雲的背後》，也得到社會的共鳴。林和說，以前台灣從來沒有這一類的書，現在世界上值得出版的科學書籍，離台灣只有六個月的時間差。這一類的書非常好看，跟硬梆梆的書是不一樣，也沒有降低它的格調。它其實跟在做科學研究的人直接在同一個層級，只是專業不一樣，可能用一般人比較可以接受的語言，但是內容一點也沒有降低。

「以前台灣並不知道，原來世界上有這種知識

■羅時成（見圖）和楊玉齡合作出版《蛇毒傳奇》、《肝炎聖戰》等書，建立學者與文化工作者合作的模式。（科學月刊提供）

性的科學書，而不是一個高高在上的教授把自己實驗室的東西寫成一般人能懂的，不是，完全不是這樣。一開始出版界還抓不住這樣子的意向，後來慢慢就捉住了。」林和說。

「天下文化開了第一槍後，我就覺得很對得起國人了。」林和認為目前這類著作大部分還是翻譯的較多，林和估計，本土的人有能力寫、有意願寫的，一年應該不會超過五本。五本書這個比例也相當合理，因為以台灣目前單薄的科學社群來看，一個一流的科學工作者，他要有好的文采，又能夠有表達力，最重要的是他還要願意寫，這種人非常少，是台灣的寶貝。林和覺得如果不能寫到翻譯的水準，就寧可不要寫。

本土科普創作的重要性愈來愈受到重視，代表本土科學文化作品的出現，或許長庚大學生物醫學所教授羅時成參與撰寫的《肝炎聖戰》可以做為一個例子加以探討。這本書主要是由羅時成與科普專業寫手楊玉齡合作，兩人合作的模式是由羅時成訂出大綱、負責採訪，楊玉齡則是一起採訪，並負責執筆。羅時成說：「我們就照我的藍本，因為這些科學家我都認得，所以都由我出面去跟這些科學家聯絡，並由我來主訪，楊玉齡錄音、記錄整理、拍照，最後定稿、執筆也絕大部分是她。」羅時成說，校稿時如果看到有些部分不夠清楚，他就幫忙添加進去。如果沒有楊玉齡的文筆，這個故事絕對沒有那麼精彩。

這個模式羅時成覺得很好。一個學者、一個文字工作者，剛好楊玉齡也有生物背景，所以兩人搭檔得很好。但更重要的是，羅時成覺得楊玉齡說故事的工夫很關鍵：「就是她怎麼把大家帶入科學研究的場景，這是她的厲害之處。我們有科學素材，可是每個人表達的方法不一樣，我覺得她表達得非常好。」羅時成說。

楊玉齡與羅時成一共完成兩本書，前後出版的《蛇毒傳奇》與《肝炎聖戰》，都是台灣本土科學研究相當重要的著作。但兩人合作的模式中，出第一本還算新鮮，第二本的時候楊玉齡就覺得有點累。之所以有點累，羅時成認為原因有二，一是她花那麼多工夫寫《蛇毒傳奇》，可是收入比翻譯書少太多，因為楊玉齡是靠稿費維持生活，甚至她在寫《肝炎聖戰》時還不得不停下來翻譯一些書。他們對蛇毒的探討真正是一九九五年開始作業，一九九六年初就出版了，時間幾乎不到一年多，訪問、整理，當然後製是另外的事情。蛇毒報導一結束，肝炎報導就啟動，真正出版的時候是一九九九年。

羅時成根據他與楊玉齡合作的經驗，認為科普的寫作出版，很重要的是除了科普的寫作者應具備某種科學領域的專業外，更重要的是要有引人入勝的報導科學的能力。羅時成說：「你可以看得出來國外很多科普作家都是記者，他們的科學素養非常、非常好，他們對科學事情背景的掌握非常精準，最近我帶學生念科普，我也希望藉著科普，讓學生了解科學沒有那麼冷冰冰，因為課本都是談實驗、發現，沒有談人的故事。」羅時成覺得既有科學教材較缺乏人味，他覺得這些應該要放進去。

羅時成甚至認為，如果他在台灣學術界能夠發揮一些影響力的話，一定是因為這兩本書。「我的那些學術論文誰看啊？」羅時成自我解嘲地說。

如今，科學傳播，已成為跟隨科普而來的另一個名詞。科普的寫作本來就是要傳播科學，然而，在早年台灣還是報禁的年代，由於兩大報壟斷，言論市場並不發達，再加上限張政策，報紙只有三大張，許多新聞都嚴重擠壓，與生活距離較遠的科學新聞，更是寂寞。在這種情形下，本土《科學月刊》其實比誰都看到科學記者的重要性，但是很遺憾地，《科學月刊》做得顯然不夠。之所以如此，還是因為《科月》對傳播的了解，其實比科學少很多。

增設專任記者與編輯

因為都是由海外學人供稿，早在一九七一年六月時，就曾有讀者黃道來信，向《科學月刊》提出增設「科學記者」的構想。讀者黃道說：

> 編輯先生：
>
> 貴刊自創刊迄今，愚從無缺「期」，雖非聰明之讀者，確為忠實之維護者，因此《科月》在這不算長的歲月中，我已感覺對它產生了濃厚的情意，不但希望它茁壯得稱心，更期望它的果實肥美健碩。……
>
> 《科月》雜誌性的編輯收稿方法，似應稍加參考各新聞報紙辦理，當然不便完全相同，但亦應派出一、二位「外勤」性的「科學記者」，對國內國外科學的機關、團體、社區、學校、研究人員，多作採訪和報導，相信《科月》內容會更豐富。

當時編輯委員會的回答是，「本刊同仁中，也有不少建議聘請『科學記者』做採訪報導，可能將來會做。」

或許真是如此，《科學月刊》自從一九七六年九月號開始另一種寫作方式。即擬定題目後，採取採訪的方式，採訪所得的資料由該刊編輯自撰成一種融合「新聞」與「科學報導」於一體的封面故事。第一個故事便是〈始作俑者，其無後乎？〉，這類文章是由在政大新聞系任教的謝瀛春執筆。謝瀛春後來成為正式的《科月》專任編輯，《科月》曾刊出她擔任執行編輯的話：

據我所知，《科月》以往未曾用過學新聞的擔任執行編輯，雖然曾經也有數個學新聞的參與過《科月》的工作，但是他們多半擔任推廣、發行或是廣告的職務。我的到來是《科月》的一項嘗試，為此，多少讓我有戰戰兢兢、臨淵履冰之感。

科學新聞的應該博覽群籍，但是再用功的新聞系學生，也少有幾人涉獵科學知識，原因在基本的科學素養不夠。我是學新聞的，也唸了兩年研究所，科學於我實在生疏。但是，我卻參與了《科月》的工作[13]。

而《科月》本身在一九八〇年代之後，也陸續有多篇文章直接處理這個議題，其討論的層面不僅僅是傳播，甚至更提升到科學與人文互動對話的層次。例如當時任教台大心理系的黃榮村教授就曾撰文指出：

大眾傳播界應能提供機會讓科技與人文這兩個文化系統互相對談，而非只是儘量讓人文與科技處在相對狀態，或者只讓少數科技大作家作純指導式的報導。現在的事實是，往往是科技人員掌握了實務的規劃與推動，而大眾傳播界則讓人文社會學界人員扮演純批評性的角色。如此作法，失去了在科技規劃中，經由合作互動注入人文精神的基本要點，而且阻隔了兩者互相合作的機會，實在不是一種恰當作法[14]。

科學新聞報導的爭議

而當時在媒體主跑科學路線的記者江才健，也曾撰文表示：

一般報紙編輯對科學新聞的興味，可以由報紙上出現科學新聞的型態和內容看得出來。筆者自行調查了今年某一個月份國內重要報紙的科學新聞，發現其型態和內容有幾個特色。一是這些科學新聞有明顯的行政取向；也就是說這些新聞的主題大多是與科學技術相關的行政措施或計畫，著眼點則多半在投入經費的龐大，和牽涉人數的眾多。

其次的一個特色乃是人物取向，也就是這些新聞多是圍繞著一個出名的科學工作者，或是與科學行政相關的主管人士，著眼點是他們的行止和談話。這樣的觀察和國內一位新聞學者博士論文中的調查資料，亦十分相近。根據該博士論文對於科學新聞的分類，也以科學政策（行政）以及科學工作者（人物）類新聞出現最多[15]。

江才健也在文中分析國內報紙上的科學新聞，發現除了前述行政取向或人物取向新聞，多半集中在行政措施敘述和人物動態報導，對於科學知識和技術內容的介紹，則鮮少著墨。

對於報紙這種報導科學新聞的方式，江才健認為一般科學界私下的態度，多半是不以為然的。根據他所接觸到的科學技術工作者，對於新聞記者採訪科學技術新聞時，只想尋找新鮮事例而不探究知識內容的態度，其實是頗為排斥的。而且這種情形也並不僅限於國內，國外科學家對於其新聞界報導科學新聞的煽情取向（sensationalism oriented），也不甚同意。也可以這麼說，科學人士和新聞界在科學新聞的報導方式上，看法是相當歧異的。

江才健也以他實務的工作經驗，點出現行媒體新聞記者路線編制所造成的侷限。亦即現今台灣的

註：13 謝瀛春，一九七七年九月〈編輯室報告〉，《科學月刊》，頁：八。
14 黃榮村，一九八六年十月，〈科技與人文的對話與實踐〉，《科學月刊》，頁：七四〇—七四一。
15 江才健，一九八五年十一月，〈報紙應該有什麼樣的科學新聞報導〉，《科學月刊》，頁：八〇四。

■早期台灣主流媒體還有江才健（左二）、韓尚平等專職的科學記者，現在已不多見了。（科學月刊提供）

許多報紙，儘管都已設有專職的科學記者，不過這些記者的採訪工作，不是以科學門類為對象，而是以科技行政單位（如國科會、科技顧問組等）和研究機構（如中研院、工研院等）為對象。甚至如《中國時報》、《聯合報》有兩名以上記者負責科學新聞採訪，其工作劃分也是以單位或機構為劃分依據。這樣的劃分是受到新聞工作對於遺漏新聞的責任制度影響，是純新聞取向的，因此也更鼓勵記者在新聞報導上著重新聞和行政取向，不重知識內容報導的做法。當然江才健認為這也與我們教育體制文理分科過早，科學教育方針錯誤，使得大多數為文法教育背景的編輯和記者，有進一步了解科學知識的根本困難有關[16]。

《聯合報》的資深科學記者韓尚平，也曾經在民國七十八年十二月的《科學月刊》中，提及台灣科學新聞品質無法提升的幾個主因。他認為國內科技報導量不足，有固定版面或時段的媒體少。美國約有五分之一的報紙，每週有一頁以上的科技版，如《紐約時報》在一九八八年十一月十七日起，在兩頁的科學版外，增闢醫學版；而一些科學性的電視節目，也早已膾炙人口。但他也提醒，在新聞價值強調「突破」、「最」、「世界級」的概念下，容易對科學產生崇拜與敬畏之心，這樣未必是好現象。

韓尚平當時指出，台灣的科學報導有關社會科學的報導太少，自然科學的比較多。其實社會科學中如心理學，也有很多值得探索的題材。同時，台灣的媒體往往只重短期的事件導向，相較缺乏長期的、全面的觀照。比如美國舊金山地震、墨西哥地震、中和華陽市場震垮了，大傳媒介就炒一炒地震，兩、三天後又沒事了。造成這種現象的一大因素是大傳媒體追求短暫的新聞，追求獨家新聞，卻很少鼓勵記者做深入的報導。有些記者做了幾年後，發現自己每天都在追逐一些泡沫，於是黯然離開新聞界。

林和也指出，若干科學的迷思一旦被廣泛傳播，要扭轉就非常難，結果媒體就充滿了一些錯誤的內容。科學傳播最困難的一件事情就是每一個科學都有它的精確度和誤差度，所以很多關於科學的報導都是不精準的，不是說它不對，但如果訊息不是那麼的對、那麼地突破，那這類消息就很容易失真。

江才健則談到，楊振寧曾談到他在一九九〇年，《Scientific American》曾請他擔任董事，他就注意到了這個問題。江才健回憶他那天曾向楊振寧發表了一點意見，他認為《Scientific American》會做不好，有個原因就是由科學家來寫，這其中有一個壞處就是科學家都要求必須要寫得非常的正確，但這樣卻沒有人看得懂，而且江才健覺得他們其實不懂得怎麼寫，科學要寫得讓一般人懂是件很難的事情，而且幾乎是不可能的事。「我開玩笑地講，科學家都不太懂，你是物理學家，你不是那一行的都不懂。」

註：16 江才健，一九八五年十一月，〈報紙應該有什麼樣的科學新聞報導〉，《科學月刊》，頁：八〇四。

江才健談到另外一個問題，是科學文字充斥太多抽象、脫離現實的術語，他當年在時報工作的時候，曾寫文章給一個編譯老先生看，他說「喔！你寫得很好，因為我都看不懂。」這些意見給江才健很多啟示，在寫作時也非常注意。江才健認為這些話的背後有一個事實存在，就是科學家以為很容易的內容，一般人根本消化不了。

近十年來台灣媒體市場蕭條，平面媒體原本還有科學版，近幾年都已經取消，科學記者也幾乎全被裁撤，除了專業的科學雜誌還有科學記者外，一般媒體科學記者幾乎都是兼職狀態。這種情形讓台灣的科學界非常憂心。這幾年很努力和對岸大陸進行科學交流的陽明大學微生物及免疫學研究所教授程樹德便指出，大陸的科學媒體比台灣多，「他們有向全國發行的《科學時報》，是每日發行的科學性報紙，這個現象讓我很驚奇。另外每一個省市也都有科學性的雜誌、畫報、刊物。一個省隨便就有二、三萬份，《科學月刊》再努力也只有幾千份，這種科學報導的量與科普深入的程度，實非台灣所能比擬。」程樹德說。

另外，有一回程樹德和羅時成兩人到大陸辦古生物營，讓兩岸進行科學交流，這只是一個小活動，但是每次都會有中央台、地方媒體等三、四個記者跟著他們走，並且拍回去做節目，中央台的《走進科學》節目，每次都有一個文字、一個攝影跟著他們；這和他們在台灣每次辦科學活動都沒有記者願意來採訪的經驗非常不同，讓程樹德感觸很深。

「他們推動科普的熱度，是台灣很難想像的。」這幾年對大陸科普有一定了解的程樹德，忍不住擔憂地這樣結論。

12 《科技報導》與人造衛星計畫

■現任長庚大學教授周成功於民國七十一年一月創辦《科技報導》，為《科月》提供了強而有力的經濟後盾，也成為人造衛星計畫的討論平台。

（科學月刊提供）

中華衛星已經發射升空，有關台灣究竟要不要發展人造衛星，現在幾乎無人討論，但是在一九八〇年代後期，卻是台灣科學界相當爭議的話題，並且引發台灣科學社群首次自主性的集結，更凸顯了台灣科學社群珍貴的自主性。這場自發性運動，正是由《科學月刊》姐妹報《科技報導》所主導，而主要參與者正是《科月》成員。這段歷史，至今仍令《科月》成員內心激盪，是台灣科學工作者相當重要的一段成長歷史。

「在那次歷程中，台灣的科學工作者第一次大規模有意識地集結起來，反對一項表面看來會讓科技界有利可圖的科研計畫。」中研院數學所研究員李國偉曾在他所著的《一條劃不清的界線》中，談到了這段過往歷史[1]。

這段歷史不但是台灣科學社群值得記錄的一段，也是《科月》內部津津樂道的話題。《科月》內部因為反對人造衛星，而使得原本鬆散的科學界漸漸集結成團結的力量，進而出現科學自主運動的特質，這也是台灣科學史中，相當值得記錄的一段。若想詳述這段歷史，或許應該從《科技報導》的創刊談起。

當《科學月刊》透過雜誌逐漸將科學成員匯聚起來之後，便開始關心台灣的科技政策。但《科學月刊》是設定以高中、大一學生為讀者，因而在內容上，一直是以介紹科學新知為主，台灣科學界人士固然有相當比例人士投入參與，但是由於內容定位使然，《科月》並不是一本屬於科學社群的刊物。在當時，台灣科學界也缺乏類似刊物。這個需要，很快在《科月》內部浮現，《科月》的一些人想要集結科學社群的聲音，卻一直苦無園地。

《科技報導》創刊　集結社群聲音

在《科學月刊》創刊十二年後，一九八二年一月十五日，《科技報導》創刊，當時創刊發行人是東吳大學微生物學系教授曾惠中，但真正提出此構想的是現任長庚大學生命科學系教授周成功。林和提到，《科月》的難題永遠是錢，周成功為了要救《科月》，就想到一個點子。因為周成功專長的生命科學領域，在執行研究時常要用很多儀器，這些儀器商可以帶來廣告市場，於是周成功就想到辦個《科技報導》的刊物，不但可以為《科月》增加收入，同時也可作為台灣科技界交流的園地。「我們把《科技報導》弄成一個台灣的科學社群可以發發牢騷的地方，大家很自動便百花齊鳴，自由交換意見。」欣銓科技董事長盧志遠在當時也參與了《科技報導》的創刊，因而有了這樣的感受。

《科技報導》的催生者周成功，笑著談起這段歷史。他說，他回到台灣以後，第一個感覺就是台灣的科技社群彼此並不了解其他人在做些什麼，所以他覺得科技社群需要有個論壇，而這個論壇的性質跟《科學月刊》不一樣，《科學月刊》以傳播科學知識為重，他希望能有另外一個園地，是以報導活動為主，讓科學界彼此能了解圈內究竟發生了什麼事情。「所以我做社長的時候，我就提議來做這

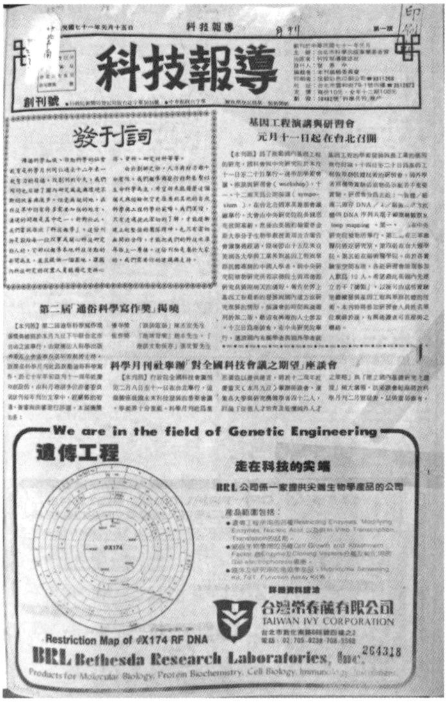

■《科技報導》第一期頭版。

註：1 李國偉著，一九九九年，《一條畫不清的線》，新新聞出版，該出處為頁：二七三。

件事情。在《科學月刊》內部提議做任何事情，只要不要花太多錢，然後你又願意去做，大家通常都會同意。」周成功笑著說。事實也真的就是這樣，《科技報導》就這樣誕生了。

因為《科月》人力有限，很多事周成功都得自己來。為了讓《科技報導》的內容受到科學界關注，周成功非常投入，每個月都會親自到國科會各處，一一詢問該月的活動行程；或是四處打聽有無研討會，如果有的話，便會將之具體化，寫出來成為《科技報導》的內容。同時，周成功還得與儀器商打交道，請他們在《科技報導》上刊登廣告。「我就找儀器商來，問他們要不要登個廣告、贊助一下。」周成功說。換言之，在《科技報導》創刊時期，周成功等於是自己採訪、收集資料，另外還兼拉廣告。

同時，為了讓儀器商對《科技報導》更有信心，周成功還一一蒐集大學教授名冊，到最後總共蒐集到將近五千個名單，這個名冊成為周成功免費寄發《科技報導》的名單。更重要的是，在當時電子通訊尚不發達的時代，周成功的做法給了儀器商很大的信心。周成功說：「儀器商為什麼願意在《科技報導》上刊登廣告？很簡單，只要他到任何老師的辦公室，都可以看到老師們在看《科技報導》，能夠這樣，拉廣告就不是那麼難。」那時候周成功告訴儀器商，他手上的名單有五千份，而且都是具體的名冊，因此順利得到儀器商的廣告支持。「這件事我做對了。」周成功說話的口氣顯得很開心。

因為周成功眼光獨到，帶來儀器商的廣告商機，當時一年可以收到兩、三百萬廣告，由於編輯部的人力不可能增加，參與的教授都是自己去貼名條，然後把《科技報導》寄出。《科技報導》從零開始，後來愈做愈大，廣告也愈來愈多。甚至在「人造衛星計劃」報導期間，《科技報導》的總頁數曾經達到七、八十頁。這件事讓一同參與的《時報》資深記者江才健印象非常深刻。江才健說當時他看那個廣告量，眼睛瞪得大大的，他曾經拿給當時的《時報》老闆余紀忠看。據江才健轉述，余紀忠拿到《科技報導》時，第一件事就是去看廣告：「這是誰辦的？怎麼會有這麼多廣告？」

江才健說，後來《科技報導》一年可有七、八百萬的廣告費，十分可觀。他那時候在《中國時報》負責科學版，心裡也很希望將來科學版可以有機會變成一個刊物，後來江才健自己創辦了《知識評論》刊物，多少都是受了《科技報導》成功的經驗所引導。

《科技報導》的筆調活潑，又沒有《科學月刊》那麼多的限制，因此在發展空間上可以較無顧忌。整體而言，《科學月刊》創刊後，雖然為科學界提供一個參與與論述的空間，《科學月刊》中的不同文章或是讀者投書，也常能看到不同意見的激盪，但《科學月刊》園地有限，未必能夠獲得充分討論。有了《科技報導》後，台灣科學界等於有了另一個言論廣場。《科技報導》在發刊辭上說：「毫無疑問地，國內科技界仍有許多要加強的地方，溝通的問題是其中之一。針對於此，我們嘗試推出科技報導。……它將以科技活動的新聞為主，並且提供一個園地，讓國內科技研究的從業人員，能藉之交換心得、資料、研究材料等等[2]。」

不過，受限於人力與財力，《科技報導》的報導與發行對象，一開始是先以生命科學為主。《科技報導》做為《科學月刊》的姐妹報，是以免費贈送為主要方式，如果有讀者願意支持，也可以每年一百元郵政劃撥支持。以此來看，《科技報導》應該是台灣極早的免費報，這本刊物完全是靠廣告支撐。

由於《科技報導》是台灣社會唯一以理工科讀者為主體的平面媒體，因而發行後很快受到自然科學界的重視，報導範圍便逐漸擴大，不再以生命科學為限。《科技報導》在發行到第八期時寫著：「《科技報導》發行七期了，由於一直都只是為生命科學界的同仁服務，已經引起其他學科朋友的『抗議』。《科技報導》……決定自第八期起，擴大報導範圍。除原有的生物醫學外，我們嘗試將數理科學、工程科學、行為科學與地球科學等各科最新學術活動資料，傳播給科技界，同時也大幅增加

註：2 《科技報導》，一九八二年一月十五日，〈發刊辭〉，第一期：第一版。

發行量[3]。」

非常微妙的是，強調科技時事資訊報導與討論的《科技報導》，其發行量一直增加，充裕的廣告收益，為延續《科學月刊》的理念提供了極大的助益。《科技報導》採小報的報刊發行模式，最早發刊時僅有一頁，後來逐步發展到一頁半，一年後已變成兩頁；發行量也從當初的四千份，一年後到達一萬餘份[4]。到一九八九年時，《科技報導》已大幅增張到三十二版，贊助一年的費用也改成訂閱為二百五十元[5]。一如前述所言，《科技報導》最高峰，篇幅還曾經增加至七、八十頁。

聲援大陸學運　監督衛星計畫

《科技報導》持續受到科學界關注，其內容報導了科技界的動向，但更值得注意的是，《科技報導》也記錄了台灣科學界關注社會的熱情。一九八九年大陸發生天安門事件，台灣科學界也由「朱廣邦、周成功、張仲明、劉源俊、謝學賢」等人發起簽名連署活動。從當年五月十九日傍晚定稿，二十日下午就截止，然後請《中國時報》協助傳真到北京。因為時間緊迫，許多人聯絡不到，最後得到的連署人數是一一七名教授。《科技報導》因此認為：「這應該是首次台灣科學界的聯合行動，也是首次利用傳真設備來達成的聯合簽署行動，值得一記[6]。」隔月，科學界由謝學賢與劉源俊發起，共有八十三名大學教授連署，並由當時的清華大學校長劉兆玄、交通大學校長阮大年領銜，將這封聲援方勵之的信函，交由美國在台協會轉達美國總統布希。有關此一信函的中英文版本，亦在《科技報導》中刊出[7]。

而《科技報導》後來更在當時喧騰一時的衛星計畫中，扮演了非常重要的監督角色。這類的報導從一九八九年七月十五日開始，《科技報導》報導了當時的國科會主委夏漢民對於國內重點科技的討論。夏漢民認為政府原有的十二項重點科技中，有的項目可以合併，有的重要科技則應加入，因此他個人建議把原有的十二項重點科技改為十項，分別是：資訊、材料、生產自動化、生物科技、光電科技、環境保護、災害防治、同步輻射、海洋科技和航空太空科技。其中新增的便是航太科技。夏漢民認為國內應大力推動航空太空科技，所以宜列入重點科技中。夏漢民同時也希望科技界人士能夠對此議題多討論，並可做為隔年全國科技會議的討論主題[8]。

上述有關夏漢民的新聞，《科技報導》是以「本刊獨家報導」形式刊出，顯示該刊對此一議題的重視程度。同時，該刊並在第二版，以半版報導這個大手筆計畫。報導中說，國科會主委夏漢民已在國民黨中央總理紀念月會中表示，國科會計畫以新台幣七十億到一百億元，研製人造衛星，製造時間約需三年至五年。同時，夏漢民說，計畫研製的衛星重達二〇〇磅，發射至二百到三百公里間的低軌道運轉，以氣象及通訊用途為主。若試射成功，將可發射更多衛星升空[9]。

《科技報導》認為，五年投資一百億發展人造衛星，是科技界少見的大手筆，科技界無論立場如何，都應參與討論。緊接著，《科技報導》便決定以「重點科技」做為公共議題，邀請各界加入討

註：

3 《科技報導》，一九八二年八月十五日，〈編者的話〉，第八期：第一版。

4 《科技報導》，一九八二年十二月十五日，〈編者的話〉，第十二期：第一版。

5 《科技報導》，一九八九年七月十五日，〈啟事〉，第九一期：第二版。

6 《科技報導》，一九八九年六月十五日，〈台灣科學界一一七位教授聯合簽名支持大陸學生民主運動〉，第九〇期：第六版。

7 《科技報導》，一九八九年七月十五日，〈科學界聯名致函布希聲援方勵之〉，第九一期：第八版。

8 《科技報導》，一九八九年七月十五日，〈十二項重點科技，何妨重新檢討，夏漢民提主張，也請集思廣益〉。第九一期：第一版。

9 《科技報導》，一九八九年七月十五日，〈一百億新台幣，發展衛星，科學界大手筆，大家矚目〉，第九一期：第二版。

論。在刊登夏漢民報導同時，《科技報導》也在同一版面上刊出「預告」兩個醒目的大字，並寫著：

……重點科技的制定，攸關科技發展，本期刊出國科會主委夏漢民的意見，下一期，我們期待你們的意見。身在科技界，您有權利、也有責任說出對重點科技項目、制定過程、既有結果、未來方向的看法。文長不拘，誠懇候稿（雖然稿費低）。」[10]。

人造衛星計畫在當時似乎已成定案。國科會主委夏漢民與成大航空太空研究所教授趙繼昌，曾經特別到行政院，向當時的行政院長李煥報告人造衛星計畫。據了解，李煥已指示積極發展人造衛星。更早之前，李登輝總統也曾經表示興趣。因而，行政院科技顧問組人造衛星應用與發展研究小組，已完成了可行性研究報告[11]。

正反討論意見並陳

當時，《科技報導》期待學界對於人造衛星計畫能有更多的討論，並對於該計畫表現出懷疑的立場，其他反對的意見也開始在《科技報導》中出現。一九八九年八月底，美國柏克萊加州大學教授李遠哲回台參加第二期光電四年計畫討論會，李遠哲返美後，於九月七日凌晨五時完成一篇〈有關光電科技發展與台灣基礎科學的幾點建議〉文章，並傳真至國科會，《科技報導》也做了報導。李遠哲認為：「如果我們今天必須在發展太空科學與光電科學上做個取捨，毫無疑問的，我會全力支持光電科技的研究與發展……，保護我們將來的，恐怕不是飛機和火箭，而是高度發達的社會生產力。」[12]李遠哲等於對人造衛星案，表達了反對的意見。

從一九八九年七月開始，到一九九一年一月，《科技報導》幾乎每一期都是以頭題新聞的重要版面位置，來處理與衛星計畫有關的訊息，充分展現《科技報導》與科學界人士反對該項科技政策的社會運動立場。不過，《科技報導》也以相當版面刊登了支持衛星計畫的學者專家意見，同時以動態形式漸漸凝聚反對的聲音。

就支持者的意見來說，《科技報導》在一九八九年九月時，刊出成大航太所所長趙繼昌的專訪，趙繼昌即是「中華民國人造衛星應用與發展可行性研究」的撰寫人，對於人造衛星科技發展表示高度支持。此篇文章是由趙繼昌口述，《科技報導》記錄整理。全文如下：

・全世界沒有一個經濟大國，對太空碰都不碰的。

・如果現在不做，以後會後悔。

・太空科技無所不包，是綜合性的，發展太空科技也就同時帶動了許多科技的發展。

・在太空科技上有一些小成就，就能改變國家形象，別人不能再ignore我們，現在國際上認為MIT(Made in Taiwan)就是廉價品，但我們能發射人造衛星，即可顯示在其他方面應該不會太差。少量投資而能提高國家形象，好像在為台灣所有的工業產品做廣告，有什麼不好？

・應該讓老百姓的眼光看得遠，做事要有前瞻性。

・日本青少年對太空非常有興趣，美國六〇年代也有國家目標——登月，我們缺乏國家目標。

・一說要放衛星，就有百分之五十的人反對，比如說何不拿這些經費去做環保？其實，發展人造衛星計畫的錢只有環保的１％，如果把所有的錢都拿去搞太空，我也反對，問題是現在韓國、日本、美國、法國和德國，R&D的經費都總預算的２％以上，我國還太少呀！[13]

註：10 《科技報導》，一九八九年七月十五日，〈編者的話〉，第九一期：第二版。

11 《科技報導》，一九八九年九月十五日，〈人造衛星發展五年大計畫，夏漢民趙繼昌向李煥簡報〉，第九三期：第一版

12 《科技報導》，一九八九年十月十五日，〈火力研究與發展光電科技，李遠哲向國科會提七意見〉，第九四期：第一版。

13 《科技報導》，一九八九年九月十五日，〈為什麼要發展衛星，趙繼昌提數據緣由〉，第九三期：第二版。

在長期的報導中，《科技報導》也刊出其他贊成者的意見。一個筆名為「辣椒」者在討論預算時說：「一百億新台幣，小意思啦！台中核能廠一燒就燒了上千億，還不是什麼都沒有，不但什麼都沒有，人家台電還口口聲聲替奇異公司說話啦。反正老百姓有的是錢嘛。股票市場的成交總額已經壓倒了日本美國，高居全世界第一位，每天新台幣一千九百億元。這樣好了，也用不著太多，保守一點，以一千五百億作基準；財政部郭部長的算盤是二%的證券交易所得稅，那麼一天政府就淨抽三十億，三天半、四天不到，這一百億的人造衛星不就來了嗎？小兒科。……」[14]

另外，在同一期的《科技報導》中，也刊出成大航空太空工程研究所教授賈澤民、邱輝煌的文章，他們兩人認為「一定要先有發射人造衛星的能力，才能進入太空計畫」。像日本在一九五五年就開始了衛星計畫，直到一九七〇年才成功地將一枚二十三點八公斤的小衛星發射送入三百公里的軌道上；而中國大陸則是從一九五八年開始進行，到一九七〇年利用改裝後的中程彈道飛彈長征一號，將一枚「東方紅一號」衛星射入高度四百公里軌道上，並於一九八四年發射了第一枚人造衛星。[15]

賈澤民、邱輝煌兩人認為，就科學觀點而言，發射人造衛星可以「做為高科技發展的火車頭工業」、「利用太空中微重力的環境，進行材料科技的實驗與製造」、「進行生命科學的實驗」、「利於天文觀測」、「可以進行電漿物理、太陽系行星科學、宇宙射線等太空科學的研究」、「可以整合全國科技能力」等。

除此就外，該文認為發展人造衛星還能達到政治的目的。即：

從政治的觀點而言，將來於人造衛星發射成功時，無異是對全世界宣佈，我國的科技發展已到達一個新境界，居時我國除了是經濟大國外，亦將是一個科技大國，這對我在國際地位的提升及被認同上將有極大助益。尤其對全世界的中國人而言，亦會產生一種向心力，願意承認我國才是合法的中國政府[16]。

《科技報導》自然也刊出反對的意見，其中意見可分為幾類，第一類是認為「程序出了問題」。清華大學教授楊覺民說：

> 科學，在整個社會、在科技行政體系裡，都常被扭曲，對這種現象我很痛心。科技行政體系應該是要支持科學家，而不是做官的人說要怎麼做，就怎麼做。
>
> 當年清大發展電動汽車，最重要的應是發展電瓶的技術。但電動車發展變成計畫後，報上天天刊登，行政幕僚把研究目的弄歪了，變得不是科學，而是政治。科學研究應該做出，做不出來沒關係，做不出來也要鼓勵，現在卻成了做生意的辦法。
>
> 訂定同步輻射計畫、重點科技等，因為大陸搞，我們也搞，其中不乏政治因素。最近的人造衛星發展計畫，國科會很多人不知道，由成大趙繼昌教授和國科會夏漢民主委直接溝通，這種方法值得商榷。
>
> 科技行政，應注重的是科學本身。行政體系和科學家之間

■已過世的清華大學教授楊覺民，過去也在《科技報導》上發表意見，反對台灣發展航太技術。（科學月刊提供）

註：14 以筆名「辣椒」發表，一九八九年九月十五日，〈人造衛星是很好 我喜歡〉，《科技報導》，第九三期：第三版。

15 賈澤民、邱輝煌，一九八九年九月十五日，〈我國對人造衛星及太空研究之發展應何去何從〉，第九三期：第五版。

16 同右。

應相互配合，用科學方法做事[17]。

劉源俊也是從決策過程提出批評。他指出事實上早在二十年前，就有立法委員呼籲推動人造衛星計畫，但未受到重視。民國七十一年以後，政府推動八大「重點科技」沒有人造衛星的影子；民國七十五年第三次「全國科技會議」裡也沒有關於太空計畫的議案。歷年來的「科技顧問會議」更從未見過太空科技。他認為，「這次發射人造衛星計畫是突然冒出來的」。劉源俊也談到發展衛星可能使現有的研究資源縮減；亦可能因為關注應用科學，而忽略了基礎科學的參與[18]。

另外，林和則是批評，台灣的科技政策，沾染上太強烈「政治化」的色彩，許多強勢政治因襲下來的惡劣習氣，一一呈現在決策過程中[19]。還有，李太楓認為太空衛星絕不能只靠財大氣粗的去買，只要一把鑰匙的黑盒子做法是沒有用的，如何獲取先進國家的經驗才是重要的課題。李太楓建議或許我們可以先參與國外的計畫，先從負責其中一個小組件開始。他同時也在文章中提醒，太空投資的風險極大，數億美元很可能在一瞬間化為烏有[20]。

四百餘人連署形成輿論壓力

在一九九〇年一月時，《科技報導》即報導已有四百零三人參與連署，同時在一版位置刊出連署者姓名；第二個月即強調又新增三十六人參與連署，同時亦把連署人姓名刊出。但由於此事已經出現贊成者與反對者立場對峙的現象，因而在一九九〇年五月間，《科技報導》以五個版面分別刊出贊成者與反對者的名單，其中「支持現階段科學用人造衛星計畫連署名單」是由成功大學航太所提供，而「建議立法院擱置衛星計畫預算連署名單」，雖未說明出處，則是由《科技報導》所提供。

在人造衛星計畫中，《科技報導》曾經發表過兩次公開信，內容多半是認為這一百億的預算決策過於草率，但因連署人數愈來愈多，已經形成極大的輿論壓力，國科會曾因此承諾籌辦座談會擴大討論。

最後，立法院在一九九〇年五月，三讀通過（民國）八十年度中央政府總預算時，將國科會預算刪減五億元，其中包括人造衛星計畫的兩億元。《科技報導》這方的學者，無不表現出極高的失望之意。科學對台灣來說是一個外來的東西，具有強烈魅力的太空科技，自然對台灣產生高度的吸引力。然而，人造衛星計畫缺乏科學家與科學社群完整的討論就付諸行動，《科月》在這個過程中漸漸顯現出本土的特色與科學界自發的力量，如今重新回顧此事，實具有相當的意義。《科月》成員台大大氣系教授林和曾經感慨地說：

> 一百億元經費，投入股市廝殺，恐怕如泥牛入海，但用在科技研究上，卻是前所未見的大手筆。我們先要弄清楚「比例感」，國科會與太空計畫最密切相關的兩所機構——自然處、工程處，年度預算皆在四、五億左右，目前全國科技人口，副教授以上理學院約有一千人，工學院約有一千七百人。由此觀之，一項每年二十億元，動員七百名左右研究員的超大型計畫，所造成的衝擊力量，勢必永久性的改變我國科技命運不可。
>
> 既然有此嚴重後果，料想中，我們的決策過程必然經過審慎周密的考慮，絕非政治人物一時之逸與遄飛，率爾操觚。但實情卻讓人失望。攸關未來科技走向的這麼一樁大事，就由少數人拍板敲定，

註：17 楊覺民，一九八九年十月十五日，〈科學不應被扭曲〉，《科技報導》，第九四期：第四版。
18 劉源俊，一九八九年十月十五日，〈論人造衛星計畫〉，《科技報導》，第九四期：第八版
19 林和，一九八九年十月十五日，〈談科技政策〉，《科技報導》，第九四期：第七—八版。
20 李太楓，一九八九年十月十五日，〈從航海家太空船的成功看我國擬議中的太空發展〉，《科技報導》，第九四期：第八版。

是否符合現階段科技發展的效益及整體考量，一直未能交代，這裡由上而下的黑盒子作業，既不科學，也不民主，充滿了強烈政治氣息。

衛星計畫曝光以後，一向沉默的科技社群，體會到其尺寸的巨大，以及由天而降的突兀，居然也奮起質疑，於是有兩次教授聯名信之舉。國科會對此回應，皆從資源分配著眼，強調「錢多不是壞事！」很可惜矮化了科技界的訴求。

某次在台大舉行的衛星座談會中，國科會發言人舉例說明衛星計畫的迫切性，根據他的說法：「工程處過去三年的獲獎率已經從百分之八十幾左右跌落到百分之七十幾」，所以「需要推動一項大型計畫以免人才閒置。」這種說法實在勉強極了，百分之七十幾的獲獎率可能已經接近世界紀錄，美國國家科學基金（NSF）一些學門如分子生物學獲獎率還不到百分之十五，我國對科研計劃的獎助一向寬大鬆弛，接近社會福利制度，難道我們的尖端科技需要靠目前篩選淘汰的百分之二十幾的科技人員執行？況且，同樣的統計數據，幾個月前被國科會當作研究品質提昇的證據，這裡又顯示我們科技政策的前後矛盾，缺乏自主判斷。

由上而下的科技政策好像畫廊老闆，先訂好標價，寫上畫題，然後請畫家面對空白帆布，搜索枯腸。衛星計畫自從採取「先上車，後補票」的方式，大肆招徠。許多跟太空沾不上一點邊，或者循正常評審過程希望渺茫的計畫，蜂擁而至，躍躍欲試。可預見在這麼大的資源污染下，科技圈近年來慘淡經營的一些價值觀，本土意識的萌芽，將被摧毀殆盡，這種「優氧化」的反淘汰過程，實在不是我們脆弱的科技界生態所能承擔。[21]。

如今雖已事過境遷，但是人造衛星計畫案曾經真正團結台灣科學界力量，並就該議題提出具體意見與想法，這類事情在過去是絕無僅有，即使在現在也無法再現。很重要的是，人造衛星運動讓《科學月刊》裡的社群真正凝聚起來。李國偉說：「我想我們那一批科學家，已經盡了科學家的社會責任跟良知，有沒有作用是另外一回事。」

《科學月刊》一群人聚集後，無形中形成了科學社群，人造衛星事件讓這個科學社群又更加凝結。事後來看，洪萬生認為《科學月刊》的屬性有一點點接近運動性格，但又不是很明顯。之所以如此，是因為《科月》的成員個個受過很好的實證科學訓練，說話言談自然與政客、團體的運動行徑有差異，所以，在效果上就無法像若干的運動團體那麼有力量。但是，「那是一個出口，是一個科學家對現實政治很不滿的出口，這些政治老大都知道！」洪萬生說。

人造衛星事件也可從中看出科學社群與國家的關係。李國偉認為可能表現在兩方面，一個是在選擇國家的重大科學發展方向上，一個是在選擇具體的大規模研究計畫。前者他是以核能科技為例，所以蔣中正總統於一九五五年八月十二日的國防會議上，決定清華大學復校與建造原子爐的方案，已經埋下國防科技試行的伏筆[22]。此事可以進行更多的研究探討，只是年代較遠，與今日的科學社群關係較遠。但在選擇具體的大規模研究計畫方面，一九九〇年代的人造衛星計畫，在當時就是一個受人矚目的案例。從科學社群的角度來看，李國偉認為「這是台灣社群空前且最有意識的一次運動。」同時。李國偉說，通過這種啟蒙式的抗爭，科學社群自主的問題才走入舞台的聚光燈，也成為發起第一屆民間科技研討會的動因之一[23]。

除了有許多政治力量在其中運作外，李國偉認為衛星計畫還凸顯了科學社群的分化與內在矛盾。

註：21 林和，一九九〇年四月十日，〈政治衛星，欲速則不達〉，《中國時報》。
22 李國偉著，一九九九年，《一條畫不清的界線》，新新聞出版，頁：三三〇。
23 李國偉著，一九九九年，《一條畫不清的界線》，新新聞出版，頁：三三二—三三三。

他說：

科學社群為了知識問題而發生學派間的論辯，是十分自然的現象。但是衛星計畫利用其普降甘霖的經費誘因，使得科學社群內某些團隊向官僚體系輸誠。他們因為攀附到官僚體系的價值脈絡中，而令專業科學的判斷迷航。……如今官僚體系內和科學社群周旋過招的人，卻是官僚化的科學家或工程師[24]。

人造衛星計畫事件過後，由《科技報導》所凝結的科技社群已經展現該團體自發性的力量，並且開始跟本土議題結合。除了在科學政策面相上，形成一股對話與監督的聲音外；對這群年輕科學家而言，過程中實際產生的心靈撞擊，已形成更大的震撼力量。

當時這股科學運動的訴求是要重視科學社群的自主性，在衛星運動結束後，便有了第一次的「民間科技會議」。民間科技會議主要是相對於官方的科技會議而來。民間科技會議表現了科學社群集結的信念，是集體意志的展現。一九九〇年十二月，《科月》因為人造衛星案，促成了第一次民間科技會議；一九九三年一月，第二次「民間科技會議」則是以科學教育為主題，提出「迎接廿一世紀的科技台灣」的信念。在二〇一〇年，《科學月刊》預計辦第三屆民間科技會議。

第三屆民間科技會議固然感受到世局劇變、價值觀也已不同，但科技社群議題的重要性，似乎仍未褪色。李國偉就說，台灣無法避免這項議題，特別是在台灣學術界目前建置分工太細，台灣新的科學社群如何再造，都是目前非常值得深思的問題。

註：24 李國偉著，一九九九年，《一條畫不清的界線》，新新聞出版，頁：三三三。

13 台灣科普的省思

■科普工作是《科學月刊》發展的重點之一。左起依序為楊覺民、劉凱申、王九逵、袁家元、曹亮吉、王亢沛、林孝信、李怡嚴、劉源俊、宓世森。（科學月刊提供）

《科學月刊》出刊至今已四十年，率先帶動台灣的科學教育，幾乎可以說是推動台灣科普的立基點。透過《科月》角度來看科普的歷史與發展，正好為台灣的科普教育，提供一個活教材。尤其，《科月》在四十年的經營中，也著實累積了不少科普的經驗，若能系統化處理，對於台灣未來的科普發展，應有一定的參考作用。

「科普」這個名詞

「科普」在台灣其實已經是一個流行名詞，甚至可說是個流行的概念。許多人不假思索，都會對科普採取高度讚許的立場，但是對於何謂「科普」、科普的意涵與表達方式，就常是「存而不論」。因而，在本書將台灣理工科知識份子傳達科學知識的熱情做了一定的闡述後，實有必要就時下流行的「科普」概念做更深層的探討，以便讓科普的理念與道理，能夠更加清明。

對台灣而言，科學普及、通俗化一直被視為是國家現代化很重要的任務之一。不僅台灣如此，對岸中國大陸也有心致力於此。儘管學者與民眾曾反覆討論過，但對於科學普及究竟應該採取哪一種說法，一直沒有清楚地表達。而目前採用極多的「科普」一詞，卻是來自中國大陸。張之傑說，大陸創造的種種術語，有些常會令他總覺得有如江湖黑話，既粗俗，又惹人厭。但是「科普」這個術語，卻使他思索了兩年，最後竟然接受了它，這是他始料未及的事。張之傑認為，「科普」是「科學普及」一詞的簡稱；大陸為了推動「四化」，遂大力倡導科普，甚至將科普稱為一種學問——「科普學」，以期喚起民眾，提高國民科學水準。最後張之傑決定採用「科普」這個名詞。他說：

大陸所謂的科普，就是我們俗稱的通俗科學（工作），或科學社教（工作）。但是科普這個詞，語意遠較我們所用的兩個詞廣闊，念起來也比我們所用的兩個詞生動。經過兩年多思考，筆者決定揚棄沿用已久的通俗科學而取科普。這個決定使筆者扮演的角色之一——通俗科學工作者，變成了科普工作者[1]。

然而，並非每個人都同意用「科普」這個詞。資深科學記者江才健說他不喜歡用「科學普及」的概念，他個人比較喜歡用「科學評論」等字眼。他覺得好的科學報導、知識，應該要提供更大的解釋，所以有「評論」的意味，可是這很難做，一般人也沒有時間去做，通常得到一個結果就寫了。

任職於中研院史語所的王道還也提到他不喜歡用「科普」兩個字，他寧願用「科學寫作」（Science writing）的概念。他說他不喜歡「科普」真正原因很簡單，就是學術界對科普兩個字有很極端的鄙視，所以他會說他自己是一個科學作家，用英文來說就是Science Writer。

儘管在名稱上尚未定論，但是《科學月刊》從創刊以來，就一直從事科學普及、科學通俗化與科學寫作的事。前面一些章節也提到，《科月》的內容從發刊起一直被認為是較為艱澀的，不但讀者有此反應，就連作者也這麼認為，因此，《科月》多年來一直把科學通俗化視為努力的方向。同時，由於《科月》是以高中與大一同學為主要對象，文章來自自然科學不同領域，要想全部都讀通，自然有一定的困難度。

在這方面，張之傑的看法是，科普本身有一定的對象性，並非特定的科普作品適合給所有人看。有的科普作品是寫給兒童看的，有的是寫給大人看的，有的甚至是寫給同行看的，對象都不相同。例如史蒂芬・霍金（Stephen W.Hawking)所著的《時間簡史》，也是一本科普讀物，但讀者假如不是對現代物理有相當造詣，根本看不懂，即使看也看不出門道來。學生物的張之傑說他自己曾經認真看了好幾次，還是看不出名堂來。

註：1 張之傑，一九八三年六月，〈科普與科學藝文〉，《科學月刊》，頁：四八二。

因此，一個科普刊物與其所界定的讀者對象間的對話關係，便變得非常重要。每一個從事科普寫作的人，一定要先界定自己的傳達對象。從事不同科普工作的人，極可能因為讀者對象不同，就會採取不同的科普內容與表達形式，這些都是台灣科普工作可以反省深化之處。

就以曹亮吉的幾個作品為例。《阿草的曆史故事》以相當生活化的筆法詳細介紹、比較中西曆法的原理及演變過程，加上採取兩人對話的型式，使讀者在輕鬆自然的狀態下吸收科普知識。而該書書寫時篇幅不長，著重在簡單的概念上，遇到複雜算式會盡量獨立成小框，或是統整在最後一章說明，讀者不會因為數學算式而中斷閱讀，甚至不耐煩地把整本書闔上。

而在《阿草的數學聖杯》一書上，該書最大的優點是結合日常生活的情境，舉一些實例然後告訴讀者，在生活中人們習以為常的對話、習慣，其實都含有數學的概念在裡面。例如台灣地址的系統是坐標系，還有我們所用的「俗語」中的邏輯謬誤等等，告訴讀者數學不只是書本上的東西，更非與現實生活無關，數學其實是一直為我們應用。另外，「阿草」曹亮吉還講述了一些很實用的數學，例如所得稅計算的原理（該書第三、四章）、複利的估算（該書第二、三章）。這一類舉凡是跟生活做結合的部份，都會讓人想要一探究竟。

雖說曹亮吉的著作比一般教科書生動許多，但是書中列出一堆的數字、算式，也可能讓讀者望之卻步。由這個案例可知，科普寫作中，有的是以文字敘述為主，也有的則是採取了特定領域的抽象語言，以數學領域而言，曹亮吉教授在他的多本著作中，都必須使用若干算式，讀者才可能明白。因而，究竟在科普表達中要不要有算式，或許會有不同的想法。張之傑認為在《時間簡史》書中，只有一個數式，就是愛因斯坦的$E=mc^2$，其他便都是文字說明，沒有出現算式。他個人覺得應該是盡量不要用算式比較好，讓一般人也可以看，但是即便如此，一般人可能還是看不懂。張之傑認為，這正好說明了科普的特性。

其實有算式、沒算式不是那麼重要，並不是說沒算式就可以看得懂，因為科學距離生活較遠，不像文學跟人們的生活很容易接合，科學常是遠離常識、遠離生活。所以外行人需要有相當的程度，否則也無從看起。

科普由於作品的獨特性，具備一定的知識門檻性，無法像流行文學作品採取大眾化或是商品化的方式，同時受眾範圍已經受到相當的限制，如果因為不能體會科普的重要性，科普作品變成出版界的「票房毒藥」時，對於社會的影響其實很大。

但為何科普創作如此重要，張之傑認為，這可以分成兩個層次來看。第一個就是純粹為了普及科學知識。看了科普作品以後，可以讓更多人對這個有興趣，可以多知道一些事情，像奈米、幹細胞等新知識，看了以後可以讓人產生興趣。

除此之外，也有來自科普作者的自我要求。透過寫作者對某學問一定的洞識力，可以跟其他的學問做連結，或傳達一些思想，所以有一些科普名著實際上是一種啟發。比方說好多年以前，王道還經常藉著譯註傳達他的思想，試圖對人類的文明發展提出自己的想法，這就是科普的概念，看了這樣的書會很有啟發。

陽明大學微生物及免疫學研究所教授程樹德認為，科普是科學家天然的喜好。美國、歐洲等大學科學家都會寫科普的作品。牛津大學講座教授道金斯，就是因為寫科普書籍，而成為聞名全球的學者、作家，他的地位不是數論文數量來的。

但科普寫作卻一直不受台灣學術界的肯定，根據目前國科會、教育部對大學教授的要求標準，大學教授與學者必須投注大量時間於研究中，科普創作對於他們的學術成就並無加分作用，甚至可能會有減分效果，認為從事科普工作為「不務正業」，但程樹德認為這個問題很重要。他說，科普工作就是一種文化工作，其他國家會以此來培養年輕的學生，這樣科學文化就可以一代接著一代傳遞下去，由此可見科普的重要性。

「我對台灣的科學政策已經完全失望了」。程樹德說，他參與《科月》十餘年，發現參與的人愈來愈少，年輕學者加入的已經非常少。最主要原因是因為台灣各大學要求學者要做研究，並且用獎勵、研究計畫拘束了大學所有理工科的老師。但是做科普工作不會得獎、也不能升等，什麼都沒有。

然而，《科學月刊》以科普為辦雜誌的主要目標，數十年不變，不管今日科普雜誌的競爭市場有多激烈，從歷史上來看，《科學月刊》均提示了一個「科普無悔」的方向。《科月》創刊後，也有其他不少的科學刊物陸續創刊。包括《牛頓》、《科學眼》、《科學發展》、乃至現在《Scientific American》的中譯本《科學人》均先後出刊。這麼一來，《科月》的競爭者多了，在市場上已居劣勢，但《科月》在推動科普的台灣科學史上，無疑仍是處於先鋒的角色。

從《科學月刊》發展的歷史來看，可以得知，在台灣科學資訊貧乏的時代，《科學月刊》的參與者，以志工形式貢獻他們的心力，完成一篇篇的通俗化作品，在民國六、七〇年代物質條件匱乏之時，讓無法了解世界的遼闊，或是在學習上出現閉塞的無數年輕學子，能夠獲得認識科學奧妙的機會。《科月》的創辦者提供價格便宜的《科學月刊》，同時又鼓勵在海外接觸世界新知的台灣留學生，能夠採取中文寫作形式，將最新的科學發現傳達到台灣，因此鼓勵了許多人，帶給許多人對科學的希望。這點，是《科月》的初衷，也是其歷史意義之所在。

《科學月刊》除了帶動許多同性質的刊物外，也對其他類型的刊物形成某種啟示作用。工研院化工研究所教授張敏超曾說：「由於工作的關係，了解當時《科月》之方向並不適合工業界。對工業界來說，《科月》之內容依舊是在『象牙塔』裡做學問。因此，決定排除萬難辦一份給化工業界看的專業性雜誌。就這樣，一本叫做《化工技術》的雜誌誕生了。張敏超認為，這幾年有許多科技性之雜誌出現，大概是《科月》對社會最偉大之貢獻吧[2]！」

大陸推廣科普超越台灣

台灣的科普書寫一直是由民間自主推動，國家沒有提供資源，出版的刊物幾乎都是靠市場機制存活。但是大陸對岸不同，台灣對科普的推動已有相當長的一段時間，陽明大學微生物及免疫學研究所副教授程樹德，自從一九九八年十一月起擔任《科學月刊》總編輯後，便開始積極與大陸科普單位聯繫，對大陸科普的推動工作有了一定的了解。程樹德說，他先是舉辦「兩岸古生物研習營」，並且也連續兩年推動「兩岸科普座談」，一直試圖在兩岸科學界建立關係。

程樹德說，大陸對科普工作非常重視。他們所謂的「科普」工作，包括農業推廣、基礎的工業應用、同時也包含科學啟蒙部分。「他們對科普的想像和台灣不同」，程樹德接著又說，科普是科學家的興趣，台灣官方卻幾乎是扼殺了大家的興趣。

大陸先是訂定了「科普法」，載明各研究單位或是學術單位都要參與，而且要大學老師寫科普，這等於國家以法律規定大陸學者，要將科普視為是自身的責任。程樹德認為大陸之所以對科普這麼熱衷，其實是因為大陸設有「中國科學技術協會」（簡稱科協）的全國性組織，他們在名義上為非官方，實際上是官方組織，在大陸各地都有分會，而且人力非常充足。從高層的院士演講到基層的農業、工業等技術的推廣，全部都納入「科普」範圍。另外，科協也在各地推動設立科學館，並且在各地協助發行科學刊物。

據大陸方面的文獻指出，中國大陸自二〇〇二年訂有《科普法》，二〇〇六年三月二十日更頒布《全民科學素質行動計畫綱要（2006-2020年）》，（簡稱「科學素質綱要」）。這個「科學素質綱

註：2 張敏超，一九八六年八月，〈為中國科學再貢獻〉，《科學月刊》，頁：五七九。

■2001年首屆「兩岸古生物營」，造訪之處包括遼西、朝陽、四河沌。（程樹德提供）

要」是由中國的中國科協會同中組部、中宣部、國家發改委、教育部、科技部、財政部、中科院等十三個部門共同起草，並上報國務院審議[3]。黃丕展並在同一篇文中強調這是中國落實《科普法》和科學發展觀的重要舉措，是中國歷史上第一個由政府發布、專門針對提高全民科學素質的綱領性文件。但在兩岸科普交流中，也有中國大陸學者注意到兩岸發展科普的差異時說到：

> 值得注意的是，海峽兩岸在科學普及工作方面，經過了解與分析，存在著很大的不同。其最大的不同在於，祖國大陸的科學普及工作多為政府機構扶持的公益性活動；台灣方面的科學普及工作均為民間組織扶持的公益性活動[4]。

二〇〇八年十一月十五日至十七日，兩岸一百多名科普界、科技界、教育界學者及科學愛好者，在福州舉行有關科普的廣泛交流，《科學月刊》便是主辦單位之一。緊接著二〇〇九年八月二十六日至八月三十日又在大陸漳州辦了第二屆兩岸科普研討會。今年是《科月》創辦四十年，第三屆兩岸科普研討會預計將在台灣舉行。

然而，科普的推動是長期而緩慢的，推動者如果沒有這個用心，只是因為上級交代任務而寫，寫了也會被退稿，也不可能成為科普作家。因而，可貴的是在作家心中的原動力。

以這個角度來看《科學月刊》，會知道《科學月刊》網羅了數百名台灣自然科學領域的學者，雖然每個人貢獻的時間不同，但是卻以各自的方式，為台灣的科學通俗化工作，盡了心力，同時不求報酬。就如同台大化學系教授劉廣定所言，《科月》在創刊前十年，寫作者幾乎都沒有稿費。工作者除了專職人員外，只有總編輯有極微薄的經費，其他全部都是志工。

同時，《科月》給投稿作者的稿費也愈來愈少。《科月》資深成員江建勳習慣保留《科月》的各種資料，他在其中看到一張民國九十年十一月十三日的備忘錄。當時的理事長是羅時成，總編輯是程樹德。這份備忘錄就是要通知所有作者：「自即日起，《科學月刊》之稿費降至原定額之百分之六十，日後財務改善時，再予調高。」程樹德還在備忘錄上寫了幾行字：

各位作者：

這一陣子景氣不佳，本社財務大受影響，為求節流，只好降低稿費，待財務轉好後，再予調高。事出無奈，尚請諒解支持，並繼續投稿。

總編輯　程樹德

註：3 黃丕展，二〇〇八年十一月，〈科學普及與國民素質〉，出自《首屆海峽兩岸科普研討會論文集》，舉辦地為福建．福州。頁：二五。

4 林更生，二〇〇八年十一月，〈海峽兩岸科學普及工作異同的探討〉，《首屆海峽兩岸科普研討會論文集》。頁：二二七。

備忘錄：民國 90 年 11 月 13 日

自即日起，科學月刊之稿費降至原定額之百分之60，日後財務改善時，再予調高。

理事長：（簽名）
總編輯：程樹德（簽名）

各位作者：

這一陣子景氣不佳，本社財務大受影響，為求節流，只好降低稿費，待財務轉好後，再予調高，事出無奈，尚請諒解支持，並請繼續投稿。

總編輯　程樹德

■因應不景氣，總編輯程樹德致函給作者們，必須調降稿費，並請求諒解。
（江建勳提供）

多年來這些教授能夠在《科月》擔任志工，不計稿酬寫稿，最主要是因為他們從美國等國家留學回國後，多半能在台灣各大學找到一份穩定工作，所以才有可能為《科月》進行奉獻。但即使這樣，也有許多人因為大學教書研究工作過於繁重，最後都是「心有餘而力不足」。因為台灣無法單靠科普寫作過活，幾乎可以說，台灣所有的科普作家都是業餘的，而在科普刊物中，若是以小學生為對象的話，不是學科學的人也可以努力成為科普作家，學科學的人有時會寫得比較深入。但學科學的人也往往只能寫本行，太遠的領域也寫不來。

而在台灣的教育體制中，科普從學前教育、小學開始，到國中因為升學開始受影響，到了高中還是面臨升學更大的壓力。原本到了高中、大學、社會階層，科普的寫作空間可以變大與變廣，但無可諱言，由於在這個階段的專業性較高，因而科普寫作者幾乎都是以大學研究者為主，科普寫作卻不能視為學者的正式著作，專業價值比不上傳統的學術研究論文或是著作，以致許多大學教授並無意願從事科普相關工作。這使得台灣的科普出版中，翻譯著作還是佔了很大一部分。就算有國人創作，品質還是有待精進，但從科普的重要性來看，這仍是國內學者應該努力的方向。

台灣科普出版的濫殤

科普出版在台灣的歷史也還不超過二十年，其推動也與《科月》成員有關。第十一章已經提及，《科月》成員中的林和、周成功、李國偉、牟中原四人，從一開始就為了科普出版而努力。當他個人開始思考要林和不諱言，當初會有這個念頭，多少因為在《科月》中得不到共鳴有關。當他個人開始思考要對這個社會做一些貢獻時，他想到了科普出版。林和說，一九八五年他回台灣立刻生了場大病，這個病消耗了他不少的青春，他也就決定留在台灣。一九八五到一九九〇年，這短短的五、六年，台灣的政治急遽改變，社會經濟也都在改變。在那時代，有整整一個世代的科學工作者，他們年輕、剛回國、也沒有明確的政治取向，《科學月刊》代表一種社會革新、啟蒙與理性，參與《科月》好像經歷一個「青春成人」似的洗禮。林和說，那個時候，好像每個人都接受過一點《科學月刊》的啟發，這代表一些象徵的意義，甚至代表一種身分的取向。

但是，後來林和看到，若干人對科學真正意義和意涵的瞭解其實非常粗糙，尤其是一般的科學工作者，其實並沒有很好的文化背景。「我覺得這應該要做，但《科月》是不可能做到這些，」所以那時林和找了《天下文化》跟他合作。

在林和等學者開先鋒後，如今各大出版社都有科普書，甚至能變成一個書系，可見它必然有一定的讀者群。這其中，有的是國人自己寫的，有的是翻譯的。能自己寫當然最好，因為好的科普書一定是跨人文社會的，就是連結很廣，外國人不可能跨到你的社會與人文，所以能自己寫當然是最好，這樣的工作需要寫作者相當的付出，社會也應給予鼓勵。但在出版市場日漸緊縮之際，科普出版亦面臨了前所未有的困境，許多正統科普書難以出版，或是因為讀者群較少，出版社愈來愈不敢投資。

張之傑就舉了個例說，他年輕的時候寫過科幻，但科幻寫作大概只有十來篇吧！絕對不到二十篇。之前他曾經上雅虎網站去看，打自己的名字做關鍵字搜尋，結果都是科幻的作品跳出來，「我寫科普寫這麼多，查了又查都跳不出來；寫科幻沒幾篇，人家卻會抓出來看。」從這樣鮮明的對比來看，張之傑覺得做一個科普作家，實在寂寞。在這方面，大陸卻把科幻與科普混在一起，這點台灣許多科學家並不贊同。

認識科學之美

其實，科普更重要的是讓人認識科學的美，聆聽科學的音樂。在這個部分，台大大氣系教授林和給了一個很動人的詮釋。林和說：「科學太有趣了，人類最重要的數字是從1開始，萬物皆由1開始建構，然後聰明的波斯人發明了〇，在那之前希臘人覺得π(圓周率)是個神秘的數字，然後更聰明的人又發明了$\sqrt{-1}$，這是思想的大突進，我們講i，這個虛數等於是把實數的範圍增加了一倍。這個數字再加個e，二・七一八這個數字發明得比較晚，但實在太重要了，我如果借你一塊錢，以複利來算，你一年後要還我一億倍的數字。」

「歐拉（Euler）是最聰明的人，有一天他的心情很好，他看了這些數字就寫下（$e^{i\pi}+1=0$）這個歐拉公式（Euler Formula）太不可思議了！你再也找不出第六個數字比這些數字有更大的重要性，天地的奧秘都在這五個數字，這世界有比這更美妙的嗎？這就是一個很好的例子，科學真是讓人口水都掉下來的東西。」這是林和對科學的詮釋。

而《科月》以雜誌形式推動科普。《科學月刊》的從事者，有的人會動筆寫，有的寫得少，但其實都可視為是科普推動者。曾經在《科月》創刊早期參與的中國醫藥大學校長黃榮村說，他以前曾幫《科月》編了精神疾病議題的內容，這牽涉到精神病理學、心理病理學，這些議題一定要有本地的資料配合。「我覺得《科月》的立基就是在地，採用本土資料才有價值，大家也才願意參與。另外像精神疾病或是視覺，人類的知覺現象，是跟每個人生活有關係，讀者也會想了解。」黃榮村說，他覺得《科月》等科普刊物可以發掘兩個部分，一是本地題材跟本地科學家的特性，這就是民眾身邊的事；另一個就是台灣本地科學家參與尖端科學的部分，這類學者的貢獻應該要讓大家認識。這些事做了以後可以讓大家覺得，科學是我們生活的一部份，因為跟台灣有關。

換言之，黃榮村認為，當然我們可以說科學沒有國界，但你要讓大家感到有興趣、產生認同，第一個要讓讀者感覺到相關，如果一直強調「科學無國界」，這樣等於很多事不必做了。「所以它基礎是來自本地。」黃榮村進一步指出：「但是科學終究是沒有國界的，我們希望進來以後就是要真的進入科學中，才能夠更了解科學的面貌，人才一步步接上去。我們希望年輕人能夠來把這些事情做下去，要不然談什麼科普，《科學月刊》又有什麼存在的價值？」

前東吳大學校長劉源俊則認為，科普的目的不只是知識，一開始林孝信就跟他談這個問題，就是希望要借科學知識的傳播，來提倡科學精神與方法，「這點我認為《科月》還沒有成功。這滿遺憾的，《科月》頂多是做到科學知識的普及而已。」劉源俊反省《科月》四十年時這樣說到。

前中興大學教授陳國成曾經以個人力量發展科普，獨力創辦《自然》雜誌二十一年，雖然《自然》雜誌目前已經停刊，也是《科月》成員的陳國成，對於科普工作依然是無怨無悔。陳國成說，如果沒有堅強的信念，任何事都會成空。「我強調的是播種的重要性，先不要想它能不能發芽成長，但總是有個希望在。播種的心境不在於有沒有收穫，而是得失心不要太重，這樣就不會蒼老。」陳國成

■中興大學教授陳國成（右二），以個人經費創辦《自然》雜誌，獨撐了二十多年，無怨無悔，其妻江瑞湖（右一）教授給予最大的支持。（科學月刊提供）

雖然已經退休，但對於國家發展仍然憂心忡忡。他覺得現在的處境比以前更難，以前的人還願意奉獻，現在的人更加現實，即使對社會國家有幫助，也不做對自己吃虧的事。

東吳大學教授曾惠中也提到，他自己有一種感想就是，像《科學月刊》這樣的一個科普媒體之所以會興辦起來，純粹就是科學教育或是科技工作者的熱心導致，這些人認為辦刊物是推廣科學的一條路，從這個刊物開始，後來就有人建議，也有人努力從事電視節目、廣播等零零星星的嘗試，但是都沒有真正持久。這些理工背景的科技工作者來參與科學傳播的工作，從現在來看起來，其實是太天真了。我們認為說只要我們努力，這個事情一定可以做好，我覺得出發點是對的，「可是從歷史的脈絡來看，這樣的工作，其實應該要結合各方的人才，不是純粹理工的人可以把這個事情做好。」

曾惠中又說，英國的公共電視ＢＢＣ曾來台灣辦討論會，傳授他們推廣科普的一些經驗。ＢＢＣ告訴台灣那些對科普有興趣、想要從事科普工作的人說，從事科普，先要有「賣點」，也就是說不管做雜誌、做電視，或者做更多的媒體，一定要先有一個好的、吸引聽眾、觀眾、或讀者的故事，且必須是可以銷售的。

在這方面，交大教授葉李華也曾說到，小時候人人都有好奇心，那是接受自然科學教育的黃金時代。可是假如自然科學類教科書、教材與教法設計不當，就很可能迅速扼殺學子對這些學科的興趣，讓許多小朋友小小年紀就開始對科學反胃，進而心生恐懼。然而，這些「科學絕緣人」竟然能從科普書找到第二春，足以證明他們的好奇心並未完全萎縮，而科普書正是強而有力的活化劑[5]。

因此，曾惠中認為，《科月》當然不可能重來過，但他認為還來得及，就是《科月》應該要多邀請社會科學跟人文學界的熱心人士來參與，這樣的人必須認同推廣科普的目標，並且以人文、社會科學的專業，讓科技工作者在經營上、甚至在編輯上，有一些新的作為。因為台灣到現在一直都是重理工輕人文，有些理工學者認為，他可以寫文章，為什麼不能夠編雜誌？可是，台灣的媒體已有一定的發展了，「至少純粹就媒體來講，《科月》不算是一個成功的媒體，這個媒體要再發展，就是要有其他領域的人參與，我覺悟的是，就是承認它是個文化事業，文化事業當然要用文化事業的專業經營，才能夠有發展。」曾惠中說。

針對曾惠中提出的這個想法，首先得打破「兩種文化」的迷思。英國科學家史諾（C.P. Snow）在一九五九年提出「兩種文化」的想法。史諾重點在於提出科學與人文分歧對立的現象，以及因此延伸出的種種弊端。史諾當時在英國劍橋大學以「兩種文化及科學革命」進行演講。他所謂的「兩種文化」，指的是他稱為「文學知識份子」（the literary intellectuals）與「自然科學家」兩類。他認為上述兩者彼此猜忌嚴重，缺乏理解，而這阻礙了運用科技改善人類問題的遠景[6]。

註：5 葉李華，二〇〇二年八月，〈科普書的啟示〉，《科學月刊》，頁：六九八—六九九。
6 查爾斯、史諾著，林志成、劉藍玉翻譯（二〇〇〇年），《兩種文化》（The Two Cultures）。台北：貓頭鷹出版社。

台灣目前想要改善這個困境，可能就是得破除兩種文化的隔閡，放棄本位，真正做到跨領域合作，才能對台灣學術界，帶起不同的風氣。

「不可能的任務」？

雖然科普一直是《科月》倡導的核心，但是，早期全力投入《科月》的清大退休教授李怡嚴的想法，現在卻有了一些轉變。李怡嚴拿著他手寫的文稿，是一篇沒有發表的文章，內容都是他對科普的體會。退休的他雖然已經不參與科普工作，但是對於科普，李怡嚴還是有著相當嚴謹的反省態度。李怡嚴認為，科普工作過度強調包裝，他覺得自己可能錯了。李怡嚴的文章，非常值得全文摘錄：

記得當初，我記得澳洲有人做實驗找到夸克，以為這是推介高能物理的好機會。興奮之餘，也不管那個實驗還沒有被證實，就趕快寫文章，想嘗試一下自己「包裝」的功力。結果，實驗被證實是錯的，首次嘗試，雖然達不到期望的目的，可是還是深信「包裝」是吸引科學人才的不二法門。只是這麼些年下來，漸覺得有些不對勁。

目前閱讀了道金斯所著之《解構彩虹》（UNWEAVING THE RAINBOW），有一句話似乎替我把意思講出來了：「提倡科學，如果過份強調其好玩與容易，我擔心這只會將麻煩留給日後而已。」細思之下，為提倡「科普」而採用廣告手腕，其苦果已經顯現了。

表面上看來，目前台灣的科學界似乎很蓬勃；實則科學發展的隱憂不少；尤以科學教育為最。已經有很多先見者討論過，不再重複。這裡只談我自己在大學中的經驗。

我現在已經從大學退休了。記得我剛進入的時候，大眾對大學教授的典型批評與抱怨，是學不到東西，「甚至一本講義用一輩子」。因此我立意使所教的每一門課程有足夠與跟得上時代的內容，並且盡我所能，講得正確與清楚；為學生發揮解惑的功能。三十年下來，似乎收穫不如理想。我的感覺是，大部分的同學不肯多花時間去學習。我在同學間收集到他們普遍的想法是：他們被吸引入科學的學系是「被騙的」；進入以後，發現不是原以為那樣的好玩與容易，他們不甘願「感性的青春」被浪費在「枯燥」的功課上，因此他們不能夠為成績不好負責。其實按照我的判斷，大部分的同學的天資還是足夠的，只要他們願意多投資一些精力在學習上面。可是同學們的學習情緒，是互相感染的；當大部分的人以「不讀書」為「高尚」時，想讀書的人反而會有罪惡感。

科學的課程，當然不會容易到看一下就會；可是只要能按部就班，把握住其中的邏輯關係，則也不會特別難。在對科學內容有了充分了解以後，當可由其中發現到趣味。通常，總有一些人的性格，與科學相近。如果這些人有充分學習的機會，則科學的發展，自會由他們延續下去。反之，如果在大學中勉強收進了一批性格不相近的人，他們的反感，反而會影響到旁邊那些本來對科學有興趣的人，結果當然是得不償失。

與上面所引道金斯的話相印證，可能我們太積極於用「包裝」來引誘學生投入到科學界，以致起了反作用。對「科普」的經營，似乎應該著重於介紹對科學的學習門道，而不在硬將本來對科學沒有興趣的人，用廣告術吸引到科學的園地來，表面上，這固然可以壯大科學的聲勢，實際上只會如道金斯所講那樣，將麻煩留給日後的大學。

由此來看，李怡嚴認為科普根本是個「不可能的任務」，除了李怡嚴之外，王道還也對科普這個目標產生了懷疑。

王道還坐在他中研院史語所的研究室內，四周都是堆得高高的書，不少讀者都明白他對科普的努力，但是他卻抱持悲觀的想法。王道還說：

「在我們那個時代，我們都相信科學民主救中國，我現在冷靜想，就知道不可能了。科學有先天上的問題，基本上科學是一種極端特殊的認知模式，需要長期的、非人道的、慘無人道的訓練才能夠習慣，一般人是沒有辦法的！一般人就算喜歡聽科普、喜歡聽科學演講、聽我講科學新聞，那是湊趣而已。」

王道還很嚴肅地說，他在廣播節目上多次反覆警告與強調：「科學不是躺在沙發上就可以明白的，我現在已經非常死心塌地地相信，宣傳科學、普及科學這一個行動的本質，是不可能成功的。」

王道還解釋說，他所謂「不可能成功」的意思是，科普不可能像其他類型的社會運動得到那麼廣大的支持，搞科學的人最多得到的是意識形態的支持，真正打動人心的支持是非常的少。「但我們還是願意這樣做的原因就是，這個社會需要一定百分比的人真的懂科學，我承認我是在為少數人做科普，我期望不會那麼高，來上我的課、來聽我演講的人絕大部分不知道我在講什麼是理所當然的，我是抱持著這樣的態度，我覺得絕大多數的人都不肯承認這一點。」最後，王道還又說，他明白無論是台灣或是中國大陸，對於科普都非常熱衷，都認為是可以救中國、救台灣的。「我現在冷靜想，就知道不可能了。」

一生都在推廣科普的陳國成則認為，科普的原則不是每個人都走到尖端金字塔頂端，若是每個人都像楊振寧那樣，台灣也垮了。「就算是一個改良作物的農夫，也是一個了不起的人物，社會是需要小草的，不是要每個人都變成大樹。這是一個科普的原則，必須要多方面去發展，然後才有機會慢慢走到尖端。」陳國成最後如此總結。

透過上述各種不同看法可知，科普雖已經成為流行語，卻包含著複雜的意涵，與科普工作者不同的期望。依李怡嚴與王道還所言，科普的真相或許不是如文字表面所言，可以達到「普及」的狀態，科普其實是非常「小眾」的，但如同陳國成展現的堅定意志般，科普必須好好推廣，卻絕對不能以人數多寡做為投資與否的要件。這些提醒，說明了科普工作的重要性，但也在無意中，提示了科普工作者孤寂，卻又勇往直前的意志。

再仔細去推敲，包括《科學月刊》在內的許多科普工作者，多年來未間斷他們對科普的信念，之所以如此，是因為科普工作者相信，科普的重要性在於啟蒙，而讓年輕人得到科學啟蒙的機會，永遠是科學教育工作中，最重要的一環。

14 科學社群的過去、現在與未來

■《科月》最大的挑戰，就是得有年輕人接棒，讓台灣的科學社群持續運作。圖為《科月》三十年時，當時的中研院院長李遠哲（中，《科月》成員）、羅時成教授（右二）與其他年輕人合影。

（羅時成提供）

《科學月刊》從創刊至今發展四十年，《科月》成員歷經台灣幾個大變局，曾經思考過的課題，曾經有過的心路歷程，時至今日，學界以外人士或新世代能夠體會與感同身受的，恐怕已經愈來愈少。然而，這或許是台灣知識界必須反省的課題，畢竟集體社會的冷漠，恐怕比一本雜誌的興衰來得更令人關切。如今，重新檢視《科月》所走過的軌跡，更能觸動人心的，並非是科學新知的引進，也並非是否認知雜誌成功行銷的秘訣，而是能否再度啟動知識份子的集體力量，讓科學的知識展現它兼具文化與美學等動人的面相，進一步在台灣生根。

重新回顧這段歷史，《科學月刊》從成立以來，其中不少成員或以個人或是以集體方式，不斷為當時的科技政策，提供諍言。當時一群看似鬆散的理工科知識份子，共同凝聚成台灣第一個隱形的科學社群，因此觸動更多有心改革的知識份子投入，不僅為台灣撒下科學的種子，對有志於科學的年輕人也產生了啟蒙的作用。這些事例，相較在今日學界忙於SCI、SSCI論文與爭奪研究經費之現象，幾乎已是不可多見。這份消逝的科學之愛，以今日來看，實在彌足珍貴。

當然，就雜誌的行銷與製作來看，《科月》或許仍有改進的空間，但這些屬於傳播出版的專業，畢竟不是參與《科月》等自然科學家的專長，因而以此來評論《科月》的經營成敗，或許是其中一個角度，但可能不是最重要的地方。本書認為，《科月》透過雜誌的平台在台灣所塑造形成的「科學社群」，才是《科月》在台灣科學發展史之所以佔有一定位置的原因所在。

回顧四十年來，《科月》的誕生與成長歷程正是台灣力圖發展科學與科技之際，《科月》的參與者在科技政策上，多次扮演了諍友的角色。台大化學系教授牟中原一語道出了這些「老科月」共同的心聲：「我們當時有發言的機會，也有發言的動機。」

今日與四十年前相比，實為兩個截然不同的時空，當時科月成員先後經過保釣運動、退出聯合國、中美斷交等重大國際事件的衝擊。同樣的，那也是個政治閉鎖、物質條件極度缺乏的時代。然而，彌足珍貴的是，這些科學家並未因為這些不利因素而退縮，反而以他們所熱愛的科學，做為投入台灣的切入點，進而在台灣建立科普發展的立基點，讓台灣的科學家產生集體感，知道自己並不孤單，進而促成科學社群的初步雛型。

《科月》雖只是一本雜誌，然而這本雜誌在當時，卻像是一個聚沙成塔的平台，默默推動台灣的科學改造工作。許多事件時間已經久遠，但從口述歷史與昔日的報章文獻中，卻還是可以看到其中的軌跡。

倡設科博館 推廣中文電腦化

可以說，《科月》成員除了維繫一本雜誌的持續發行，卻也同時陪伴台灣發展科普與科學教育，並以點滴之力匯集成科學社群力量。林和說，科技發展的真正要件是，我們能否深植誠懇篤實的學風？史蒂芬・第德戎（Steven Dedijer）曾經指出：「科技發展中的國家第一要務即是建立擁有自己傳統的科技社群。」這絕不是硬體主義所能奏功[1]。

隨著林和的意見往下走，可以看出《科學月刊》成員在以下所列舉的若干事例中，已經是以科學社群的型態發言。重提這些往事，絕不是要刻意放大《科月》的角色，畢竟台灣還是有許多其他幕後英雄的參與。然而，《科月》的成員時刻動念為台灣的科學發展提供意見，這樣集體知識力量，絕對是值得記錄與傳承的公共價值。

其中一個例子是，在早期台灣地方興建科學博物館，便可以看到《科月》成員齊心努力，參與了好幾年的軌跡。民國六十年間，《科學月刊》便一直倡議在各地設立科學博物館。民國六十五年，沈

註：1 林和，一九九〇年四月十日，〈政治衛星，欲速則不達〉，《中國時報》。

君山、陳國成等《科月》成員就提出設立「科學中心」的構想，李怡嚴、劉源俊與《科學月刊》亦一直鼓吹在地方上設立具體的科技博物院[2]。這些如今想當然耳的意見，其實有相當部分是《科月》幾名有心成員深思而後提出的。

例如，李怡嚴與劉源俊兩人曾在〈我們對於「科技博物館」的意見〉一文中，提到：

台灣的科學教育過分偏重書本，這些書本甚至不是教科書，而是坊間有害無益的猜題及各式各樣的解題，以致學生們缺乏思考及動手操作。要挽救這種情況自非一朝一夕，但無疑建一座「科學博物院」是個很重要的步驟。……目前設在南海路的科學館的確太小了，設立二十餘年來，一直缺乏經費改進，效果很不理想，……我們樂意見到教育當局拿出魄力來，以政府辦十項工程建設的精神來促成此事[3]。

在他們兩人的構想中，這個以教育性為主的「科技博物院」可以加深一般學生對各項科學原理與各種裝置機械的了解，其內容包括基本科學與工業技術方面的展示。爾後，行政院終於在民國六十九年的國家十二項建設中，於文化建設列入了三座科學博物館的計畫，台中的科學博物館即為最先實現的一座。

另外，《科月》這個科技社群也曾具體推動過不少事。已故的《科月》成員馬志欽教授曾經在《科月》撰文提及「中文電腦化」誕生的過程。馬志欽說，民國六十年冬，國家科學委員會（當時吳大猷先生任主任委員，張明哲先生任副主任委員）為推展電腦科技的研究，邀請了留美專家劉兆寧、張系國、朱耀漢等四、五位學者返國策畫。當時他兼職國科會的主要任務是推動國內電機、電子工程的應用研究。在一次聚會中，他企盼地探詢劉兆寧：「電腦可不可以用來處理中文字？」

劉兆寧想了想，還歪了歪頭說：「應該是可以吧？」馬志欽說：「如果可以的話，我就找錢來

（意思是主動向國科會提出計畫），你們來研究（因電腦非我專長）。」劉兆寧說：「好！」

馬志欽的文章寫道，就這樣經過了三個月的規劃作業與努力後，終於受到了張明哲副主委的大力支持，核定了當年約三百萬元的經費，由台大、交大、清華、成大、中央研究院等五單位合作進行，這可以說是國內第一次有實無名（其實初期並不大）的計畫。此項計畫約延續了五年的時間，共支用經費約新台幣兩千萬元。因為國科會檔案已不知封存何處，馬志欽僅能就他個人的記憶，提到第一年由劉兆寧擔任召集人，其次各年分由張系國、朱耀漢、江德曜等召集。終於，五年後，民間的研究竟已風起雲湧，可見這個研究起了一定的帶頭作用。馬志欽在他的文章中還寫著：

靈感是不會憑空產生的。我對中文電腦的興趣，應肇始於服役陸軍通訊署的時代。當時，軍隊派我去學習並「驗收」高仲芹先生所發明的（早期中文打字機的研究，首推林語堂先生）、之後與日本沖電氣（ＯＫＩ）合作研製成功而售予軍方的高氏中文電腦（一種用部首分類及大鍵鑒檢索的機械式半自動滾筒式鉛字印字機）。但真正催迫我興起用電腦來處理中文字念頭的是由於：一、當時大陸積極推展簡體字及漢字拉丁化，而台灣也有積極呼應漢字拉丁化、否則便會阻礙科技發展的論調；二、電腦英文印字機很有趣，引起我印中文的遐想；三、也是一種民族使命感，怕日本對漢字處理研究領先我國（高氏中文電腦即為一例）及四、我對中國文字的真正喜愛。

我自始也不是一個電腦工作者，也未直接參與中文電腦的研究，但十九年來無時無刻不在關注中文電腦發展的走向。記得五、六年前在一次參觀年度資訊展的現場，目睹琳瑯滿目的中文資料處理系統的展示後，當我以一個旁觀者的心態怡然的退出人潮時，忽然後面有人在拍我的肩膀，回頭一看，

註：2 見郭正昭文，民國六十七（一九七八）年二月十三日。〈再談「科技博物院」之設立〉，《中國時報》。

3 李怡嚴與劉源俊合寫的〈我們對於「科技博物院」的意見〉，《中國時報》，民國六十六（一九七七）年一月十日。

原來是當年國科會副主委張明哲牧師，他朝著我微笑說：「志欽，我們成功了！[4]」

如今重讀馬志欽的文章，實在令人非常感念。《科月》成員自發性地集結有心人士，默默做出貢獻，教育改革也一直是《科月》成員長期關注的項目，《科月》刊物內容中經常可見到有關教育的關注與建言，可見《科月》成員對教育的改革建議從很早就已開始。在台灣解嚴後，隨著台灣的社會多元化，各種團體應運而生，《科月》的成員也投入各式社會運動中，其中，教育改革仍是台灣相當重要的一股運動。而從教改理念的抒發中，可以看出，《科月》在性格上，已經具備反對者的角色。

投入教改發揮實質影響力

《科月》成員之所以會投入教改，還是基於理念上的驅動所致。《科月》的成員中不少擔任教職，特別注重科學知識的傳佈，不論是新知或是科普，其實都與教育相關，也因此，這些科學家特別容易關心教育。

教改在台灣歷經十年以上的時間，《科月》成員幾乎都有同步的參與，並對政府的教育施政形成壓力。包括劉源俊、劉廣定、曹亮吉、黃榮村等，均多次藉著《科學月刊》抒發個人的教育理念。有的《科月》成員為了教改，甚至投入改革運動中，對教育政策發揮了實質的影響力。

一個明顯的案例是在一九九〇年二月，由於行政院下令教育部提出「延長國民教育——自願就學高級中等學校方案」（簡稱「就學方案」），多名《科月》成員深感爭議過大，時間過於倉促，太快實施著實不妥，因而黃榮村、劉源俊、曾憲政、郭允文等《科月》成員，再加上張清溪、王震武、吳英璋、張玨、謝小芩等一同組成「國教改革對策聯盟」，在當時形成極大的集體反對聲浪。

《科月》成員最主要的意見在於，該方案擬以國中在校三年之段考成績與一次或數次統一命題考試成績，來取代現有聯招。表面上看似是重視三年的學業表現，但《科月》成員認為這樣做極可能在公平性方面出現問題，還可能導致國中三年「分分計較」、「打倒別人才能晉級」的惡性競爭，這將嚴重傷害國中生的人格發展[5]。

《科月》因為重視這個問題，還曾經發起連署，當時共有六十名學界人士參與。而在《聯合報》這篇〈請勿以一代國中生當試驗品——我們對「自願就學高級中等學校方案」〉一文，則成為大家的共同聲明。

如今再度回憶此事，劉源俊與黃榮村印象都還非常深刻。劉源俊還記得他與黃榮村兩人通力合作，一起動腦討論聲明稿內容，並由黃榮村動筆寫下，兩個人再合力呼籲學界人士加入連署，終於即時阻止了這個不合宜的教育政策。

然而，教改議題在台灣所涉及層面相當廣，複雜度日益增加，《科月》內部意見也未必統一，甚至有時不同成員間是處於意見相左的角色。

在教育政策上，《科月》有時是採取個人式的關心，有時是部分《科月》成員一起發聲，但嚴格說來，《科月》從未形成內部集體的教育政策共識，甚至隨著教改運動的蓬勃發展，成員間的意見甚至發生衝突。民國八十三年，台大數學系教授黃武雄等發起「四一〇教改運動」，國內教改呼聲被推到最高點。當時《科月》成員對於教改聯盟提出的改革意見看法不一，以致有的成員參加該運動，有的則未參與。因為民間對教改議題盼望殷切，教育部感受到民意的趨向，當時的教育部長郭為藩於是

註：4 馬志欽，一九九一年二月，〈回顧「中文電腦化」時代的誕生〉，《科學月刊》，頁：一五七—一五八。

5 見聯合報一九九〇年二月十九日第廿七版「大家談」，標題為〈請勿以一代國中生當試驗品——我們對「自願就學高級中等學校方案」〉的看法。

向行政院長連戰提議，組成「行政院教育改革審議委員會（簡稱行政院教改會）」，並建議由諾貝爾獎得主李遠哲負責主持。

由於《科月》對教育的問題極為重視，在李遠哲獲邀設立「行政院教改會」時，《科月》成員也有一定的參與。當時的報紙媒體還指出，在三十一位教育改革審議委員名單中，……理工科系學者不少，其中不少曾是合辦《科學月刊》的學者[6]。

當時獲邀的《科月》成員有沈君山、劉源俊（後來退出）、黃榮村、曾憲政、曹亮吉、李國偉、牟中原、楊國樞等人。另外也是「行政院教改會」成員的劉兆玄、韋端、黃鎮台，過去也曾經參與過《科月》。由此來看，令人感覺到《科月》參與教改的機會似乎比其他團體來得多。

但從另一個角度來看，這些教改成員除了具有《科月》身分外，也都因為個人熱心公共事務，各自參與了其他不同的民間團體。如黃榮村同時是「澄社」社員、曹亮吉加入了「大考中心」，因而身分多元，已經不再只是純粹的《科月》成員而已。李國偉說，「行政院教改會」名單上看起來好像不少《科月》的人，《科月》也有若干人參與，但李遠哲並未以《科月》社團名單為參考標準。李遠哲本人也說明，當時他是廣邀各界代表參加，有地方縣市、民進黨、還有企業界、教育界，並未以任何一個社團為考量。

李國偉又說，當時李遠哲會找台大化學系教授彭旭明和他（都是《科月》成員）一起談教改，與《科學月刊》無關。但李國偉認為，他個人、牟中原、彭旭明等學者能有機會參與教改，與《科月》的人際網絡應該還是有些關係。

重談此事，當時費盡心思積極找人的李遠哲，至今關懷教改的心情不變。李遠哲本人也是《科月》會員，教改幾乎是他回台灣後，最關注的一件事。他強調，中國文化一千多年來一直相信筆試選才，總以為筆試可以評定一個人的能力，使得許多年輕人只是忙著準備筆試，無法發展自己的才華。

因此，在他受邀擔任「行政院教改會」的召集人後，他和三十幾名參與者努力了兩年，投注了相當多的心力，還讓他被沈君山取笑。

李遠哲說，有一次沈君山看到他，就跟他說：「遠哲，你明明可以當菩薩，但你不當菩薩，卻要當住持。」李遠哲說，他那時候還搞不清楚「菩薩」與「住持」有什麼不同，後來他明白了。又因為李遠哲每每親自參與會議與討論，其他成員也跟著賣力，沈君山又開玩笑地跟他說：「這輩子沒這麼努力過」。當時參加的人每週二、三都有分組討論，每個週末一起討論，又到各個鄉鎮與大家討論，綜合大家的意見再寫成「教育改革總諮議報告書」。原本立意良好，不料後來有關教改的批評不斷。

李遠哲說，因為政治因素介入，使得教改評價變得複雜。有關教改理念與做法，他原本希望可以向當時的總統李登輝親自報告此事。但是李遠哲提到，李登輝總統曾在選舉時希望李遠哲擔任行政院長，為他給婉拒，李遠哲似乎感受到李登輝對此事非常不諒解，因此，當李遠哲積極想直接向總統報告教改議題時，李登輝則僅要他在行政院長連戰報告時，「跟著來就好了」。後來因為連戰一直沒去報告，李遠哲也就沒有和李登輝總統談這件事的機會。

「行政院教改會」運作兩年後，雖已形成若干共識，但似未受到該有的重視。也是「行政院教改會」成員的曹亮吉還記得當時的一些過程。曹亮吉說，教改會的報告主要是交給行政院長連戰，有一次行政院院會要討論此事，教改會所有成員當天都被通知參加，並由召集人李遠哲在行政院院會中報告。「我從那一天的過程，就知道教改會的結論與建議，只會被擺在書架上了」。曹亮吉回憶說，那天召集人李遠哲報告後，教育部代表的回應是：「教改會建議的，許多事我們已經在做；教改會沒有建議的，教育部也做了。」曹亮吉說，他當時一聽，整顆心都涼掉了。

註：6 陳鳳馨報導，一九九四年八月卅一日，《聯合報》頭版。

而就《科月》內部而言，對於教改理念也有不同的看法。《科月》的成員，有的參與四一〇教改聯盟，有的沒參加；等到李遠哲站起來集結各方力量進行教改時，李遠哲的教改理念與四一〇聯盟的理念較為接近，因而形成《科月》成員有的在行政院教改會中提出具體的教改意見，另外也有《科月》成員則在教改會外寫文章，提出批評的反面意見，甚至有時批評意見非常強烈。其中的意見差異，則是集中在廣設高中、有關職業教育廢除與否等的討論；而「行政院教改會」本身存在的體制問題、以及師範體系參與情形，也是雙方意見不同之處。

「今天來看，他們有些批評是對的，當初大家推動教改時太天真，但是我們總覺得，一定要有人出來做事，不能只是動動嘴巴而已。」行政院教改會成員牟中原這麼認為。

後來退出「行政院教改會」的劉源俊也說，大家會提出不同意見都是為了教育改革，但這件事後，「《科月》內部的情感確實受到影響了。」劉源俊談到這些往事時，語氣變得緩慢，他覺得這實在是《科月》內部的損失。

參與超導對撞機的辯論

除了教改外，《科月》另一值得一提的案例，是有關超導超級對撞機（Superconducting Super Collider；簡稱ＳＳＣ）中ＧＥＭ偵測器的研製一事。在民國八十一（一九九二）年間，我國政府原擬出資參與美國ＳＳＣ計畫，在歷時約一年半的辯論後，最後喊停。這個案例，《科月》幾個核心成員扮演了關鍵的角色。

民國八十一年七月間，媒體指出經過中研院院長吳大猷與院士諾貝爾獎得主李政道，一同向當時的行政院長郝柏村提議，郝柏村因而決定支持我國參加美國ＳＳＣ計畫[7]。

整個案由是因為在九〇年代，美國經濟並不景氣，ＳＳＣ面臨美國國會的重重難關，當時歐洲也已經退出，於是美方ＧＥＭ偵測器的遊說者設計了一個「機會」，透過我國高層「科技政治」的運作，希望藉台灣的「慷慨解囊」以突破困境，進而博取其他亞洲國家的支持，以期度過難關。而在此同時，國內一些高能物理學者也想尋求一個可以參與重要實驗的機會，所以一拍即合[8]。

另根據溫伯格在《科學迎戰文化敵手》一書中談到，二〇〇一年一月三十日，華盛頓官方宣布，決定要建造供基本粒子物理學使用的大型新加速器，也就是超導超級對撞機。所謂大型是指它的圓周有五十三英里之長，這麼長的圓周是為了把質子加速到二十兆電子伏特的能量。同時，在加速器的圓環裡，有兩股以相反方向旋轉的質子束，它們會在若干指定交會的區域猛烈相撞。這樣研究的目的是為了打開新的高能量區域，突破目前研究的範圍，但是總造價是四十四億美金[9]。

因為需要的經費過高，美國為了ＳＳＣ也辦了聽證會，溫伯格也曾經到場作證，他在聽證會上是支持國會以如此高額的經費來建造這加速器。溫伯格說，或許美國的粒子物理學家對於該建造何種加速器，立場已經非常一致，但是在美國還有其他的物理學者，相當反對建造ＳＳＣ，已有文章形容「這是美國物理學界所面臨最具分裂性的問題」。溫伯格說，在英國也有類似討論，不過不是關於ＳＳＣ的建造，而是要不要留在日內瓦的歐洲粒子物理研究中心（ＣＥＲＮ）這個歐洲物理研究集團裡，英國科學家也很難達到共識[10]。一九九三年美國國會取消了ＳＳＣ計畫的經費，在日內瓦的

註：7 楊維敏報導，一九九二年七月廿日，〈郝揆支持參加美超能超導對撞機計畫〉，《中國時報》。
8 劉源俊，一九九三年五月十五日，〈科技政策與科學精神——探頤索隱論我國參加ＳＳＣ事件〉，《科技報導》，第卅八版。
9 溫伯格著，李國偉譯，二〇〇三年，《科學迎戰文化敵手》，天下文化。頁：卅。
10 溫伯格著，李國偉譯，二〇〇三年，《科學迎戰文化敵手》，天下文化。頁：卅二。

CERN卻繼續建造比較小、但功能類似的加速器。

這個爭議，其實也存在於台灣，台灣固然期待能透過參與這類國際性的學術研究，來提升台灣的尖端科技水準，但是有關這類相當專業的討論，若非科學社群以專業知識進行判斷，一般民眾實在無法了解。

在事件爆發後，《科月》核心成員便開始寫文章關注此事。劉源俊在事件發生後首先就指出，SSC的兩個偵測器SDC與GEM的功能是互補的。設計圖中顯示，GEM中最重要的部分是其中的量能器（calorimeter）及緲子偵測器（muonchamber），並非中央軌跡定位儀（central tracker）。同時，GEM的原始構想來自丁肇中實驗組的L設計，該小組原本就已請沒有經驗的台灣研製其中中央軌跡定位儀的計畫，原因是該部分並非最重要，如做得不理想，影響亦不大[11]。

《科月》另一核心成員周成功也指出，我國是否應投資五千萬美元，參加美國耗資八十億美元的超能超導對撞機研究計畫，已經在國內科學界引發爭議。此事源起於李政道院士應中研院院長吳大猷請託，就幫助台灣成為世界主要科學中心的課題，提出一個中美合作計畫。計畫主要內容是美方同意在「台灣政府所提供的經費，全部使用於台灣」之原則下，協助工研院及參與的高能物理組，在國內製造對撞機核心部分的一個偵測器[12]。

同年更早的八月四日，本身亦是《科月》成員的《中國時報》科技記者江才健便以SSC已在美國科學界與政壇引起極大爭議，認為台灣在參與一事上，應有通盤的考量與檢討。隨後又有包括袁家騮、吳健雄、李遠哲、丁肇中、鄧昌黎共五名院士，對於行政院將以十年十億台幣參加此一計畫的決策過程表示疑義[13]。

中時資深科學記者江才健，緊接著便在《時報》大篇幅報導此事，並且強調SSC計畫在台灣面臨了非純科學範圍的考量[14]。隨後幾個月的時間中，江才健針對此事做了連續性的報導，後來報端出現以「中央研究院」名義，在報紙上刊登廣告，指出《中國時報》對ＳＳＣ的報導為「無實質依據」[15]。由於被指控的江才健之報導實為「中研院院士李遠哲的錄音訪問整理」，因此，李遠哲還親筆來函，證實江才健的報導正確[16]。

劉源俊最後更從「地利」與「人和」兩個角度，來說明他反對的立場。自地利而言，他認為中研院物理所連一個金工廠都還付之闕如，突然說要建造李政道院士所謂「高科技」的高能物理偵測器，豈非好高騖遠？在台灣當時只有四、五百位物理學博士，其中有從事高能物理經驗者不到十人，人才嚴重不足。

自人和而言，這一計畫因為沒有在院士會議報告討論，就進入政府高層決策圈，先是五位院士來信質疑卻得不到回覆，後來二十一位院士聯名致函行政院長郝柏村，要求「進行審查，作成公正妥善的結論」，才有國科會將計畫書送請審議，而在諮議會開會否決之事。劉源俊認為，如果一開始便能請教多位院士的意見，就不會呈現後來人和方面無法轉圜的局面[17]。

由於《科月》不斷的關注與討論，台灣最後並沒有補助經費參與ＳＳＣ計畫。劉源俊教授談起此

註：
11 劉源俊，一九九二年十月十五日，〈釐清觀念 探討真相——關於援助美國建造ＳＳＣ中ＧＥＭ偵測路問題〉，《科技報導》，第五版。
12 周成功，一九九二年十月十五日，〈從對撞機的爭議看我國科學發展的策略〉，《科技報導》，第七版。
13 江才健報導，一九九二年八月十三日，〈五院士對我擬參加美ＳＳＣ計畫表關切〉，《中國時報》。
14 江才健特稿，一九九二年九月十九日，〈ＳＳＣ計畫在台面臨非純科學範圍考量〉，《中國時報》。
15 中央研究院的廣告是於一九九三年三月廿三日刊登。
16 見《中國時報》一九九三年三月廿四日報導，〈李遠哲親函證明報導完全正確〉。
17 劉源俊，一九九三年五月十五日，〈科技政策與科學精神——探頤索隱論我國參加ＳＳＣ事件〉，《科技報導》第卅八版。

事時還記憶猶新，認為這是他與江才健等人的孤軍奮鬥。江才健藉著報紙的力量發揮了科學記者該有的言責，幫國家省下大筆經費，他也覺得自己做了一件有意義的事。

催生「台灣科學促進會」

儘管《科月》曾經為台灣科技政策、教育改革做出努力，但《科月》最讓人遺憾的是，《科學月刊》雖在台灣帶出第一個科學社群，但是台灣的科學社群並未因此茁壯，其中有許多因素值得探討。科學社群或許可以有許多種不同定義，孔恩在《科學革命的結構》一書的後記中，曾經嘗試定義科學社群。他認為科學社群在最廣泛的一個層次為，可以所有的科學家都屬於同一個社群；另外稍低一點的層面上，主要的科學家專業團體如物理學家、化學家、天文學家、動物學家等[18]。除此之外，孔恩非常強調自主性，他認為：

> 一個不能獨立自主的科學社群，無論它是理論性的還是技術性的，都是無法真正發展的。所以，所謂技術、應用科學的發展，端賴於相應的科學社群是否自主、健全，而不在乎是否有一紮實的「基礎」科學從旁支持[19]。

而在此刻，台灣已有各種學會、科學中心，《科學月刊》則又提出成立「台灣科學促進會」的構想。《科月》創辦人林孝信是首先提出這個構想的人。他指出，英國在十九世紀的二〇年代就成立了「大英科學促進會」（British Association for the Advancement of Science；簡稱ＢＡＡＳ）。接著美國晚了二十多年後也成立了「美國科學促進會」（America Association for the Advancement of Science；簡稱ＡＡＡＳ），目前世界上最有影響力的科學刊物《Science》，就是他們的機構刊物。所以，他在四十多年前《科學月刊》創刊時，就提出成立「台灣科學促進會」（Taiwan Association for the Advancement of Science；簡稱TAAS）的想法，《科學月刊》便是「台灣科學促進會」負責對外的刊物，希望能因此監督台灣的科學政策，並做到普及科學等事。同時，「台灣科學促進會」是一群眾性組織，只要關心科學的人便可參與。

林孝信說，《科月》不少人都希望他能回台灣，並到《科學月刊》來做這件事，當時《科月》董事長張昭鼎也表示歡迎。但就在他打包準備回台前，突然接到張昭鼎表示「此事暫緩」的訊息，他到現在還不知道真正原因為何。

如今，事隔《科月》創刊四十年後，林孝信還是在探究成立「台灣科學促進會」的可能性。他說，台灣已是一個公民社會，有勞工、婦女等公民組織，但是與「科學家」有關的科學社群，到今日卻一直還未能成立。

其實，成立「台灣科學促進會」一度成為《科月》內部的主要爭議，甚至可視為是當時組織發展的路線之爭。在《科月》內部，意見之一是希望能夠成立「台灣科學促進會」，採取的是社會運動路線，而非只是維持「同人雜誌」的性質而已，並希望由林孝信來負責成立。本書從訪談中發現，許多參與《科月》的成員，多半具有社會改革熱情，非常希望《科月》能夠走入民間，對社會形成更大的社會影響力，並且可以團結所有科學界的知識份子，成為台灣最有力的科學社群，為國家社會貢獻更多力量。而具體的意見，便是由《科月》促成「台灣科學促進會」，成為台灣最大的科學社群。

註：[18] 孔恩著，一九七二年，程樹德、傅大為、王道還、錢永祥（二〇〇〇年）譯。《科學革命的結構》，頁：二三六—二三七。台北：遠流出版社。

[19] 孔恩著，一九七二年，程樹德、傅大為、王道還、錢永祥（二〇〇〇年）譯。《科學革命的結構》，頁：廿六。台北：遠流出版社。

■《科學月刊》創辦人林孝信首先提出成立「台灣科學促進會」的構想，以作為監督台灣的科學政策並推動科學普及等事。
（科學月刊提供）

■《科月》成員為了成立「科學促進會」一事，曾於中研院原子分子研究所熱烈討論。圖為《科月》核心成員劉源俊。
（科學月刊提供）

■中央大學教授劉康克（中），不希望《科月》只是同人雜誌而已。
（科學月刊提供）

之所以支持這樣的主張，有些成員會談到當時較為敏感的省籍意識。牟中原不諱言，《科月》的主要成員相當多都是外省人，固然這些外省人較有報國的信念，但也讓人擔心，會不會因此阻絕本省人等參與這個團體的意願。「我是在台灣人圈中長大的人，我台語說得很溜，我比較了解本省人的想法。」牟中原說。

牟中原又說，當時參與《科月》的一些人多半是三十幾年次，在大陸出生，或是父母來台灣不久後出生。這些人原本沒有族群意識，但是約自一九九六年以後，台灣開始分族群，「我這才發現我們自己變成『同人』，缺乏社會擴張力，我們看到其他團體也在推動科普，但是《科月》卻已經沒有活動力了。」牟中原說出他的看法。

於是，《科月》內部有若干人便主張由林孝信來負責推動有關「台灣科學促進會」成立一事。「林孝信或許沒有辦法改變整個科學社群，但至少可以讓科學更壯大，如果林孝信可以把局面弄大，對《科月》會是一個很大的轉變。」這是牟中原當時的想法。更何況，林孝信創辦了《科月》，由他來做這件事順理成章。

但是，也有一些《科月》成員對此持保留、反對的態度，認為《科月》應保持為一靜態刊物與基金會的立場。這個分歧的立場不但在《科月》內部形成裂痕，也同時牽動了台灣科學社群未來的發展。

撇開個人與情感等因素，而就「科學促進會」成立的是非對錯來看。《科月》的核心成員劉源俊最了解林孝信。「林孝信曾一度要回來組織這個科學社群，這是他腦子裡長久的想法。他認為《科學月刊》不應該只是月刊而已，是應該要組成一個科學社群。」然而，劉源俊綜合反對成員的意見後說明，「台灣科學促進會」一旦成立，便會立刻衝擊《科月》既有的組織編制，帶來人事上極大的不確定性。

劉源俊說，《科月》的組織已經定型，是基金會型式，基金會裡面設董事會，任命一名社長（現在叫理事長），由社長來組「科學月刊社」，所以「科學月刊社」是一個準社群，但不是真正社群，是附屬於基金會下。「林孝信的看法與此不同，林孝信認為應該是有一個社團，基金會則是附屬於社團的。所以這裡面有一個爭執，最後的結論是沒辦法改。」劉源俊說。

劉源俊認為，反對的意見認為社團的做法涉及選舉，如果爭執太大，就連《科學月刊》這本刊物都會受影響，因而主張等刊物穩住以後再談「科學促進會」的事。「有人認為《科學月刊》沒有能夠催生出科學促進會，形成一個科學社群，是一件很令人惋惜的事。但如果當時真的有這個社群，因為《科學月刊》成員政治立場並不一樣，在今日台灣政治分立情況下，結局一定是分裂的。」劉源俊對此事的看法較為悲觀。

四十週年的檢討

在《科月》四十年生日之際，回過頭來檢討，或許可以好好探究《科月》為何「不振」的原因。原因自然不只一個，其中，《科學月刊》缺乏企業經營，一直被認為是相當關鍵的主因。劉兆玄說：「《科月》最可愛的地方，就是它的純度、理想主義色彩；但是不專業化、不求經營，沒有現代企業的觀念，也是它的致命傷[20]。」

《科月》因為缺乏企業經營理念，長期來始終為經費所困擾。但《科月》成員多為大學教授，他們以課餘時間投入，之所以無法繼續擴大規模，有一原因是學術生態的改變。早期六、七〇年代，學者剛剛回國的時候，可以做的事情比較少；但現在可能參與的空間變大，研究壓力也變大。目前由於台灣學術界的生態改變，研究、教學極為忙碌，大學教授參與學術社群的風氣愈來愈不佳，這些情形也日益衝擊到《科學月刊》身上，當內部在思考這個問題時，長庚大學生命科學系教授羅時成在召開理事會時甚至提議：「《科月》是否就在四十週年慶時關門？」

關於《科月》的未來，羅時成是持悲觀的說法。「我曾經跟《科月》的理事們提出一些講法，四十年時間一到，就是我們要想辦法關門的時候了，可以把《科學月刊》賣給財團或是其他人，當然還是要讓這一塊招牌持續下去。」羅時成說。

羅時成之所以會有這種想法，是因為他覺得《科學月刊》像是個種子，目前其他科學性刊物主要的編輯群，有不少都是離開《科學月刊》然後過去的。這些人在《科月》，都不會覺得是一個長期的工作。另外，就學界來說，近幾年漸漸沒有新血加入。「我一九八〇年回來，程樹德大概八〇年底才回來，他那時候還願意投入。等到九〇年代、千禧年代，留學生回來那麼多人，但是參與的卻愈來愈少。我們當初也是拼命拉人進來，但他們能偶爾幫忙寫一篇文章就不錯了，沒有新血投入真的是……我想這是最主要的問題。」羅時成邊說邊搖頭。

但是像是《科學人》等其他科學刊物，採取的是專業的做法，是一家出版公司的刊物。而《科學月刊》則是業餘的，參與者多點興趣就多投入一點，少一點興趣就少一點。有些人有時候很關心，有時候又似乎不那麼關心；過程中有的人來了，又走了，再換一些人。因為這樣，羅時成不覺得《科學月刊》可以走得非常遠。羅時成認為最好的想法就是賣給財團，或是找到一些財團，願意繼續支持《科學月刊》在台灣科普中扮演一個角色，每年可以支持一些財源，然後把《科月》組織化、現代化。

羅時成的建議令大家吃驚，但也指出目前《科月》的困境。長期參與《科月》的江建勳也認為《科月》多年來的經營確實很辛苦，現在如果能有一個金主出來認養將會更好。

羅時成曾經私下問中國醫藥大學校長黃榮村的意見，黃榮村很早就參與《科月》，他聽了卻提出

註：20 劉兆玄，一九八六年八月，〈我與科月的接觸〉，《科學月刊》，頁：五七八—五七九。

反對的意見，直說：「不要、不要、不要。」羅時成這才意識到，在「老科月」心中，《科月》是這麼寶貝的東西。顯然這些人比他早加入《科月》，他們對《科月》的情感要比他還要深。然而，《科月》固然創刊不易，四十年的歷史地位也很珍貴，但是《科月》還是得面對自身定位的問題。

「變成同人刊物的好處是不會終止生命，但是卻會喪失社會影響力。」牟中原很感慨地說。黃榮村也認為，與《科月》有關的科學社群的意義較沒有顯現出來，「《科月》本來有機會做這個事情，比如說介入教育議題、或是介入淡水紅樹林議題等，這其實是比較像是科學社群在做的事情。」黃榮村說。再以《科月》不同成員長期關注的肝炎議題來看，也是科學社群展現的例證。在這方面，國家衛生研究院院長吳成文曾說：

肝炎故事讓我感觸深切的是李國鼎，當初如果沒有李國鼎，肝炎防治絕對做不成，所以他有很大的貢獻。但是，現在台灣沒有李國鼎了，那麼是否表示我們什麼事情都做不成了？

事實上，當年李國鼎呈現的是一個行政領導的範例，那是因應當時特殊政治環境下的權宜做法；但科學其實並不適合以行政領導，科學需要的是學術領導。也就是說，應該先由科學社群產生共識，來決議什麼是台灣重要的問題，然後再把我們的人力集中起來，尋求不同學門間的合作，大家協力共同解決問題。……

時代不一樣了，二十年前，台灣的科學社群還沒有發展成熟，但是今天台灣的科學社群，已比從前成熟很多，學術界應該要揚棄長久以來依靠強人行政領導的習慣，而以學術來領導科技發展[21]。

成立科學社群未竟之功

此時，在《科月》四十歲之時，有關成立科學社群的議題雖然再度被提起，但是困難度較過去似乎只有增加，而未減少。《科月》成員、長庚大學生命科學系教授周成功絕望地說：「現在的科學社群已經陷入絕境了，因為科學資源的分配一直無法做到公平。」《科月》成員程樹德也說，美國、英國的科學促進會可以同時有官方與民間私人的支持，支持項目包括科學探險與各種研究，使得「科學促進會」成為民間一股很強的力量。但是台灣的民間力量一直不太注意科學社群，以致很難從民間得到長期經費的支助，只能靠政府。

由於目前所有的科學資源全部來自政府，當國科會等學術單位僅以論文、SCI為成就指標時，台灣科學界為了延續科學研究，只好接受這個資源爭奪的遊戲規則。劉源俊因此認為，除了政治意識型態的問題外，「當科學整個被政府壟斷的時候，我想這個社群真的是出不來。」劉源俊說，因為台灣民間實在沒有這麼大的力量。

這個當然也就是林孝信擔心的，但愈是這樣子，林孝信就愈覺得應該要有一個屬於民間的科學社群，來制衡政府的壟斷以及強制。現任《科月》總編輯、理事長林基興也說，成立「台灣科學促進會」是目前非常重要的一件事，林基興認為科學家要有一個交流的平台，而非各自為陣，科學家也可藉著此一平台與政府溝通政策，也可和國外科學界溝通接洽，甚至在政府不方便出面的時候，便可由「科學促進會」成員首先進行科學家間的溝通。因此，他認為由歷史最悠久的《科學月刊》來登高一呼成立「台灣科學促進會」，是非常重要的一項目標。

換言之，《科學月刊》平時是靜態的一本雜誌，然而，《科月》透過約稿、寫稿，這個科學的社會網絡自然會愈滾愈大。一旦社會有重大事件出現時，大家都很自然要《科學月刊》出面來帶動，這才是科學社群真正的意涵。

註：21 吳文成口述，楊玉齡整理，一九九九年九月於國家衛生研究院。此文出自《肝炎聖戰》一書，楊玉齡、羅時成（二〇〇二）著，頁：四—五，《天下文化》出版。

《科月》從誕生到目前有些未竟之業，它曾經激盪出科普的火花，寫下難忘的一頁，但也同時留下了些許遺憾，凸顯了台灣科學結構的整體問題。此刻眾人議論《科月》、檢討《科月》，更重要的還是想把握《科月》曾展現的奉獻精神，並且懷念台灣科學界曾經有一群人，為理想而聚集，不計報酬地投入自己的時間與精神，那種科學的熱誠，雖然沒有掌聲，卻從未影響這些科學家有關科學改革的心意。

同時，《科月》曾經帶給年輕人的科學啟蒙，讓年輕學子對科學有了具體的興趣與方向，更是《科學月刊》不可磨滅的社會貢獻。當年，這群年輕科學家默默付出力量，在《科月》分享科學新知，讓科學與台灣脈動發生關聯，在台灣開展出科普運動的主要動脈。《科學月刊》即使已不是市場行銷的常勝軍，在美編包裝上還是不夠出色，但在台灣科學史的推動上，《科月》確實曾經跨出最困難的第一步，並保有民眾對它更深的期待。

然而，更值得思索的是科學社群的組成，真的還要再像傳統一樣，都是自然科學界的成員嗎？長期以來台灣的人文界與自然科學界像是兩個極端的範疇，彼此間並無太多來往，這多少造成台灣科學社群發展的極限性。

如今《科月》經營已滿四十年，台灣的科普運動發展以《科月》為重要里程碑，曾經為台灣的年輕一代，產生啟蒙的作用；也在科學新知的帶動上，帶出以雜誌進行科學傳播的創新方式。然而，《科月》嘗試經營一個科學社群，卻遺憾地留下未竟之功，這些都是紀念《科月》四十年，可以更深刻討論的課題。

最終來看，在當今逐漸冷漠與追求功利的台灣學界文化中，《科月》參與者留下的社會關懷精神，還是台灣社會最珍貴的資產。只是，人文社會知識份子擅長以大量論述記錄了人文領域學者參與台灣成長的經歷；相較下，理工科知識份子較「志不在此」，以致他們固然同樣曾經全心投入台灣科學領域的發展，卻始終缺乏有系統的記錄。從這個觀點來看，本書有關《科學月刊》四十年的回顧、記錄與檢討，算是補充了這個空白。

本書更想強調的是，《科學月刊》的故事，是台灣讀者理解早期工科知識份子的一個縮影，如今重提這些往事，實因對未來有更多的盼望與期待。不論是科普運動、或是科學社群等，都是此刻非常值得台灣努力的重要課題。由此來看，再一次回顧《科學月刊》，真正想召喚的是未來更多實質的付出與奉獻，而非只是訴說一千零一夜的故事而已。

後記：一次刻骨銘心的寫作

時間到了二〇〇九年的十一月五日，我終於把這本書的初稿交到編輯手中。從事文字工作二十餘年來，這幾乎是我第一次不得不遲交稿件，複雜的心情實在難以用文字形容。

決定為《科學月刊》做一本歷史記錄，是一個很偶然的靈感。二〇〇八年中，我與好幾名學者共同參與一個有關全球暖化的「科學傳播」國科會整合型計畫。由於其他成員都是傳播學者，多從傳播的角度來進行研究；我於是起意從「科學社群」的另類角度來進行探討。我對自然科學自是外行，但是我卻想起《科學月刊》，那是我以前在《中國時報》工作時，常在同事江才健桌上看到的雜誌，我知道那是一本集結眾多自然科學家一起編輯的老雜誌。經過一番資料蒐集後，我提的計畫是研究《科學月刊》的社會網絡，以探討科學社群與科學傳播的關係。

這是一個學術的思考觀點，得知研究計畫通過的時間已經是民國九十七年十二月中了，我無意間把當時寫的計畫書再看一遍，「赫然」發現《科學月刊》創刊於一九七〇（民國五十九）年一月一日，換言之，二〇一〇（民國九十九）年一月一日即是《科月》滿四十年的日子。基於對《科月》的角色認知以及過去長年為新聞記者的敏感度，我決定在學術研究之前，先為《科月》寫一本通俗易讀的科學史著作，以便讓更多人了解台灣的科普發展與我們自己的科學文化。

起了這個念頭後，昔日新聞記者的衝勁立刻湧了上來，我知道《科月》發展歷程有四十年之久，扣掉出版需要的時間，我預計進行的採訪加寫作時間不到一年。這一年間，還有忙碌的教學、研究工作要進行，是不是要做這件事讓我猶豫了幾天。最後我決定，還是要把握這個難得的時間點，努力把這本書寫出來。我在二〇〇八年的十二月二十六日，第一次和「科學月刊基金會」董事長劉源俊教授碰面，接著便刻不容緩地展開閱讀檔案資料、採訪等工作。

為了加快速度，我請五名研究生簡郁凌、蕭裕民、吳柏羲、王哲偉、江苡瑄分擔《科月》四十年雜誌的資料蒐集工作，他們每人以八年為分工單位，分別到圖書館書架上，將我預想可能需要的《科學月刊》資料先影印回來，以便我快速消化吸收；另外，我則自己到圖書館翻閱《科技報導》，再到在台北羅斯福路「科學月刊社」，大量閱讀內部檔案，把需要的資料影印下來，把要用的照片帶回去掃描。我請三個大三學生徐瑩峰、黃艾如、樂嘉妮幫我把需要的資料先完成電腦打字，讓我可以更快地彙整。然後，最重要的工作來了，我必須一個個打電話，開始《科月》成員的約訪工作。我每次訪談回來的錄音帶，我的另幾個大三助理同學林雨萱、賴合新、許庭瑜、鄭伊婷、吳雨璇先幫我一字不漏地聽出來，同樣完成電腦打字，我再來重新檢視，這樣，終於能讓寫作進度加快些。

幸運的是，幾乎每一個受訪的《科月》成員都是非常熱心地接受我的口述歷史訪問，讓我逐漸進入狀況，體會也愈來愈深。在訪問的過程中，我彷彿又回到昔日熟悉的新聞記者角色，覺得一頁頁有趣生動的台灣科學史，正藉由這些人口中娓娓道出。我在訪問中也才明白，台灣的科學史其實是台灣近代複雜政治社會生態下的一環，這些「老科月」除了有一股天生對科學的熱情外，他們更經歷了一場時下年輕人無法理解的時代考驗。台灣在當年正是外交頻頻受阻、國家卻又專制戒嚴的時代，這些年輕科學家寧願放棄美國的高物質享受，回到不民主的台灣，貢獻自己的科學專業。他們在教學之餘，以最大的熱情參與《科月》，共同為台灣進行一場科普的洗禮，也在無意間，發展了台灣第一個隱形的科學社群。

採訪這些人的過程是令人印象深刻的。我到台南林孝信家中訪問這位《科月》創辦人，還在他家過了一夜。為了爭取時間，他邊做晚飯邊談，邊吃晚飯邊談，晚飯吃完又繼續談，錄音機還在不停地轉，我注意到林孝信已經非常疲憊。等我專心地在舊相簿中找一些與《科月》可能有關的老照片時，林孝信竟然已經在椅子上呼呼大睡了。

另外，我到中央大學訪問劉康克；到長庚大學訪問羅時成；到中國醫藥大學訪問黃榮村、周昌弘；到東吳大學訪問劉源俊、曾惠中；到台灣大學訪問林和、牟中原；到清華大學訪問劉容生；到中研院訪問李遠哲、李國偉；在陽明大學前的咖啡店訪問周成功；到台中訪問陳國成；到新竹科學園區訪問盧志遠；以及在不同的咖啡廳、學校、或是到「科學月刊社」與這些參與者進行深度訪談。就這樣前後訪問了三十餘人，有些學者還談了不只一次。特別是劉源俊教授，被我「騷擾」得最厲害。

其中，讓我驚奇的是訪問李怡嚴教授。李怡嚴原在清華大學物理系任教，但是已經退休。我打電話到清華大學物理系與詢問他的老友，他們表示只能以寫信方式聯繫。於是，我試著寫信，沒想到過幾天後竟然接到回音。李怡嚴教授還親自到我交大的研究室接受訪問，擔心我資料不全，又另外寫信給我。看到他的筆跡，與四十年前科學月刊通報上的筆跡相似，更讓人感歎時光之飛逝。

另外，巧合的是，清華大學圖書館在民國九十八年五月舉辦「一九七〇年代保釣運動文獻之編印與解讀」國際論壇，當年參加保釣運動的左派、右派、中間自由派第一次齊聚一堂，那一次的研討會像是一次豐富的歷史饗宴，讓我真的能夠理解知識份子愛國卻又複雜難理的心情。而當時的左右對峙，是時代的不幸，卻也對這群理工知識份子，形成人生巨大的轉折。

《科月》有許多故事面相是非常動人的，然而，要以不到一年的時間完成採訪與寫作，對我來說實在是心中的重擔，我幾乎過著沒有假期的日子。按照過去的出版經驗，我必須預留三個月時間進行編輯與後製，因此，我得在九月底把稿件全部完成，眼看時間一天天過去，我必須更加把勁才來得及，於是決定暑假依然留在新竹交大的研究室，每天趕寫《科月》。

我的家人對我的情形都非常了解，也都很支持，我都是和先生、兩個孩子打電話聯絡訊息，以了解他們的生活情形。尤其是我親愛的女兒亦恩，雖然我不在家，但我每天都會打電話給她，聽聽她的聲音，也知道她剛接學校辯論社社長一職，心情既興奮又忙碌，即使是暑假期間，也有許多事要進行。社區鄰居來家裡，沒有一次看到我，就問亦恩：「媽媽怎麼都不在家？」亦恩笑著告訴她：「媽媽的書沒寫完，她在學校趕書。」

我知道亦恩是了解我的。特別是她也很喜歡寫作，小學畢業作品就是一部四萬字的小說。平時亦恩也常在網路世界發表自己的作品，對文字創作非常熱愛。

就在七月廿七日，一早我就出現在交大的研究室，趕寫《科月》的稿子，忙了一陣後，就和家人通電話。「媽，我在學校」，亦恩在電話中這樣告訴我。

只是，我沒料到，沒多久的時間過後，我就接到學校打來的緊急電話，說是「學生賴亦恩出了車禍」，問我要送哪一家醫院。我急忙趕回台北，在路上即接到女兒「生命有危險」的訊息，此刻實在無法形容當時內心的煎熬。後來知道亦恩是走在學校大門前的人行道，遭到一輛無駕照貨車快速撞擊，在十二天的急救無效後，我就這樣失去了我摯愛的女兒。

我無法理解人生為何如此？我為女兒惋惜，心裡更是萬般不捨，哀傷與沉痛的心情使得一切工作都停擺了。但是，我曾經承諾《科月》的出版計畫一直梗在心中，我還是很希望把這件事完成，不想讓《科月》人失望；同時，我也想到了亦恩，正要升高二的亦恩固然熱愛寫作與文學，但她卻是選擇第二類組（自然組），因為她覺得理解科學的過程十分有趣。我突然覺得，我應該努力讓這本書即時完成。

於是，即使無法停止對女兒的思念，我又開始《科月》的寫作，並補做了幾個訪問。我的交大同事魏玓協助我聯繫出版事宜，我則專心寫稿。通過交大出版社匿名審查程序後，昔日《中國時報》的老同事黃君儀、林禮珍，在編輯上提供更多的協助，我的學生徐瑩峰、黃艾如又幫忙我一起完成最後的校對工作，才能讓這本書以最好的面貌即時出版。

這本書記錄許多「科月人」一生的心路歷程，這些自然科學家能夠不計個人利益，為台灣的科普盡心盡力；也從科學社群的立場，為台灣的科學政策提供評言。縱然還有若干有待努力之處，但「科月人」無疑已為台灣留下珍貴的科普基礎。如今回顧這四十年，對他們而言，無疑是刻骨銘心、永生難忘。

對我這個幕後報導者而言，心中雖有難以言喻的喪女之痛，但想起女兒過去總是對我說：「媽媽加油」，就會帶給我很多力量，我總算把這本書寫出來了。我知道這本書在內容上仍有許多有待加強之處，然而回想起這段歷程，對我也是刻骨銘心。而在無法挽回的人生遺憾中，願本書能做為亦恩熱愛寫作的延續。同時，我摯愛的女兒亦恩對寫作的豐沛熱情，也將在我心中沸騰，持續發熱。

而在最後，本書要誠摯地向所有「科月人」表達敬意。「科月人」表現出對科學的殷切，並且集體展現出理想與奉獻的精神，其實是基於他們對台灣的熱愛。但願本書能正確還原「科月人」的心情，也願年輕一代讀完本書，能在心中產生新的啟蒙與發想，激發更多的科學熱情，與延續「科月人」永不消失的台灣之愛。

附錄：

受訪者名單

劉源俊：前東吳大學校長，東吳大學物理教授，為《科學月刊》主要發起人之一。參與《科月》四十年，曾擔任《科月》總編輯、社長等各種職務，為《科月》終身義工，現職為「科學出版事業基金會（後簡稱科學月刊基金會）」董事長。第一次受訪於二〇〇八年十二月廿六日。第二次受訪於二〇〇九年三月廿六日。第三次受訪於二〇〇九年四月十七日。

宓世森：筆名辛鬱，為文藝作家，因認識《科月》發起核心成員王渝，而成為《科月》在台灣發起的主要成員。曾任《科月》業務經理、社長、基金會董事等職，參與《科月》四十年，曾帶動若干科學家對文學書寫的興趣。受訪於二〇〇九年一月九日。

林　和：台灣大學大氣系教授，曾任《科學月刊》編輯委員、輪值總編輯，非常熱心推動各校訂戶，並曾出版個人詩集，受訪於二〇〇九年一月十六日。

吳育雅：北一女教師，曾任社務委員，就讀成功大學時開始接觸《科學月刊》，成為自己的科學啟蒙刊物。受訪於二〇〇九年一月四日。

周成功：長庚大學生命科學系教授。曾任《科月》總編輯、社長等職，最大貢獻為創辦《科技報導》，為《科月》帶來極大的廣告財源。第一次受訪於二〇〇九年二月三日。第二次受訪於二〇〇九年十一月三日。

劉康克：中央大學水文所教授，從《科月》讀者變成《科月》的參與者，曾任科月編輯委員、社務委員、總編輯等職。受訪於二〇〇九年一月十九日。

李國偉：中央研究院數學所研究員，在軍中服役時曾投稿《科月》，長期參與《科月》。曾任《科月》編輯委員、董事。第一次受訪於二〇〇九年二月四日。第二次受訪於二〇〇九年七月一日。

洪萬生：台灣師範大學數學系教授，原是《科月》的讀者、投稿者，後成為《科月》編輯委員、社務委員，受訪於二〇〇九年二月九日。

曹亮吉：大考中心顧問，前台大數學系教授，《科月》核心發起人之一，其所主持的〈益智益囊集〉是《科月》早期極受歡迎的專欄。曾任《科月》總編輯、社長。受訪於二〇〇九年二月十三日。

林孝信：台中弘光科技大學特聘教授，《科學月刊》創辦人，綽號「和尚」、「聖人」、「石頭」，長達二十一年被列為黑名單，無法入境回國。第一次受訪於二〇〇九年二月十八、十九日。第二次受訪於二〇〇九年十月廿六日。

盧志遠：欣銓科技董事長，從大學生時代就參與《科月》，擔任校對義工，後來留學回國後，曾任《科月》編輯委員、社長。受訪於二〇〇九年三月三日。

金傳春：台大流行病學研究所教授，曾任《科月》編輯委員，多次為《科月》撰寫流行病學相關文章，並曾以記者角色，為《科月》訪問科學家吳健雄等人。在《科月》發展中期，參與頗為踴躍。受訪於二〇〇九年三月廿日。

江才健：資深科學記者，《知識評論》雜誌創辦人。曾先後負責《科月》、《科技報導》的編務工作，並使《科技報導》以更具時效性的面貌呈現。同時也協助《科月》與《中國時報》的合作關係。受訪於二〇〇九年三月十九日。

王道還：中研院史語所助理研究員，曾任《科月》編輯委員，長期從事科普書的翻譯工作，並說服遠流出版社，在台灣成功推動《科學人》的創刊，是為《Scientific American》中文版。受訪於二〇〇九年二月十日。

李怡嚴：前清大物理系教授，為《科月》在台灣創辦時的靈魂人物。為「科學月刊基金會」第一任董事長，後來把該職務轉交給同校的張昭鼎教授。受訪於二〇〇九年三月卅日。

羅時成：長庚大學生命科學系教授，雖然參與《科月》期間較晚，但參與極深，曾任《科月》總編輯、社長、董事，至今仍熱心參與。受訪於二〇〇九年三月廿七日。

劉容生：清大光電工程研究所教授，《科月》成員，但參與不多，早期在台大發起自覺運動與《新希望》刊物。受訪於二〇〇九年三月卅一日。

鄧維楨：文化工作者，《大學雜誌》創辦人，曾為《新希望》刊物後期的靈魂人物。受訪於二〇〇九年四月二日。

劉廣定：前台大化學系教授，《科月》資深成員，曾任《科月》社務委員、總編輯、是《科月》長期義工，並曾擔任第五任「科學月刊基金會」董事長。受訪於二〇〇九年四月十日。

朱　樺：台大數學系教授，《科月》讀者，認為受益於《科月》的〈益智益囊集〉極深，並確立其個人對於數學的興趣。受訪於二〇〇九年四月廿四日。

張之傑：資深編輯人暨科普作家。長期參與台灣科普發展，曾任《科月》總編輯、社務委員、董事，目前仍積極參與中。受訪於二〇〇九年四月廿三日。

王亢沛：前台大物理系教授、東海大學校長，曾任《科月》社務委員、總編輯，第三任基金會董事長。受訪於二〇〇九年四月十八日。

江建勳：前國防醫學院教授，長期參與《科月》，曾擔任編輯委員、社務委員、董事等職，至今仍持續參與，對於新聞中的科學有一定的觀察研究。受訪於二〇〇九年四月卅日。

郭中一：東吳大學物理系副教授，曾任《科月》編輯委員、社務委員、總編輯。受訪於二〇〇九年四月十七日。

李　黎：作家，參與保釣運動，先生薛人望亦為《科月》成員。受訪於二〇〇九年五月三日。

陳鼓應：前台大哲學系教授，主張自由主義，保釣運動時曾到美國觀察。受訪於二〇〇九年五月三日。

胡卜凱：美國保釣成員，《科月》成員。受訪於二〇〇九年五月三日。

黃榮村：中國醫藥大學校長，為《科月》台灣方面負責人楊國樞學生，極早便加入《科月》與科普書寫。曾任《科月》編輯委員、社務委員、現任董事，受訪於二〇〇九年五月五日。

周昌弘：中國醫藥大學講座教授，《科月》成員，曾任社務委員、輪值總編輯，為台灣關心紅樹林運動主要發起人。受訪於二〇〇九年五月五日。

牟中原：台大化學系教授，《科月》成員，受訪於二〇〇九年六月卅日。

李遠哲：中研院前院長，《科月》成員，推動科學理念與《科月》一致。受訪於二〇〇九年七月一日。

程樹德：陽明大學微生物及免疫學研究所教授，一九九〇年九月回國，回國一、二個月後便加入《科月》至今，曾任《科月》編輯委員、社務委員、副理事長、總編輯。受訪於二〇〇九年十月廿八日。

林基興：行政院科技顧問組研究員。就讀建中、台大時期就擔任《科月》駐校推銷員，一九九一年回國後加入《科月》，現任《科月》總編輯、已是第六年擔任《科月》總編輯，並為「科學月刊社」理事長。受訪於二〇〇九年十月卅日。

王曉波：台大哲學系教授，其部分談話取材於五月三日清華大學「一九七〇年代保釣運動文獻之編印與解讀」國際論壇內容。

李　黎：作家，其部分談話取材於五月三日清華大學「一九七〇年代保釣運動文獻之編印與解讀」國際論壇內容。

李雅明：清華大學電機系榮譽退休教授，其談話內容取材於五月二日清華大學「一九七〇年代保釣運動文獻之編印與解讀」國際論壇內容。

花俊雄：美東華人社團聯合總會常務副主任，其談話內容取材於五月二日清華大學「一九七〇年代保釣運動文獻之編印與解讀」國際論壇內容。

項武忠：美國史丹佛大學數學系教授，其部分談話取材於五月二日清華大學「一九七〇年代保釣運動文獻之編印與解讀」國際論壇內容。

劉志同：世界自由民主聯盟顧問，其談話取材於五月二日清華大學「一九七〇年代保釣運動文獻之編印與解讀」國際論壇內容。

科學月刊第〇期發刊辭

這是一為高中到大學青年辦的科學月刊，預定明年正式創刊。這是一本試印本，不公開出售。大部份文章，創刊後都會再出現。因為出在第一期前，所以叫他第零期。

為什麼我們要有第零期？

這得從我們為什麼要辦這份刊物以及用怎樣的態度來辦這份刊物說起。

我們的動機很簡單：希望腳踏實地去做點事，以代替學生常有的空談。試印本旨在徵求大家對這方面的看法及對本刊的意見，並聯絡更多朋友。

離鄉背景的我們，大多會有一種漂泊無定的感覺。學業或事業的順利，往往彌補不了內心那種無所從屬的空虛。大家的成就，總是我們想到自己國家的貧乏，別人的進步，更使我們想到自己社會的敝陋。這份痛苦的感受，促使我們興起要為自己同胞、社會服務的念頭，這也便是我們共同的出發點。

既然要做事，為什麼不選擇國內最需要的事——如文、法方面的介紹——來做呢？這是限於我們的能力。我們知道，要使社會進步和現代化，政治、經濟等固然是最有力的因素；然而，我們認為一般民眾知識的提高、健全的社會價值體系的建立等等，更屬基本的要素。科學知識的介紹，正屬於後者。

有人認為，國內現已大力提倡科學，連中學生都一窩蜂去學理學工，似乎，我們不用再錦上添花。然而，大家的崇拜科學，並不表示對科學真的瞭解了；相反地，我們認為這種崇拜是盲目的、病態的。即使大力提倡，我們也認為不夠紮實穩固。學校的教育只教學生如何應付考試，在社會上更缺乏夠水準的科學刊物或其他社教工具來維持應有的科學知識水平。於是報章上常有宣揚易經包括相對論之類的文章；於是一本充滿荒謬的科學書（吳國柄著：原子核子能學）居然能暢銷到要再版的地步，在這種情況下，我們能說國內的科學發展是健全的嗎？

所以，我們要辦一份科學月刊，不僅要作為學生們的良好課外讀物，也要成為一項有效的社教公器，不旦普及科學，介紹新知，並且要啟發民智，培養科學態度，為健全的理想社會奠定基礎。

這是我們的動機。再說我們的態度。

既然我們想主動做點事，當然不能抱應付敷衍的態度。特別這類刊物具有教育意味。我們不但要保證內容無誤，而且要讓讀者容易閱讀。因此，在審稿方面，除內容外，每篇稿都要請幾位外行人看過，並請專人修改文辭；為了解國內程度與需要，我們買了許多參考資料（如中學教科書、翻譯名詞等），還要將這份試印本送到國內作讀者意見調查；為使讀者樂意閱讀，用紙印刷我們都十分考究，但為減輕讀者負擔，定價將盡量低廉，學生訂閱將有國內絕無僅有的對折優待；為穩定稿源，並維持一定水準，在創刊前將集足六期稿件，為加強對讀者的服務，將成立一「讀者信箱專欄」義務回答各類問題等等。總之，我們的態度是要辦就得好好辦。

雖然，上述的條件是一本有份量刊物的必需條件，但卻不是容易做到的。靠我們自己，我們辦不到，靠大家一齊合作，我們或能實現這個理想。我們願先做些預備工作——試印本便是大家共同出錢出力的成果，把我們的理想和計劃公佈出來，歡迎你來參加，讓這件有意義的工作，也有您的一份貢獻——不僅稿和錢，最重要的是一份熱忱。

無論您是捐款或寫稿，或想知道刊物的詳況，請與下面任何一人聯絡：

臺灣：李怡嚴　清華大學物理研究所

美國：林孝信　S.S.Lin, 5328. S. Greenwood Av., Apt. 3B. Chicago.

第零期為一個起點。在0與∞之間，到底我們能走多遠，要由您的參加來決定。

共同發起人：

（以姓名筆劃順序）于樂勝　王九逵　王文隆　王如章　王青雲　王重宗

王重華　王執明　王家堂　王　渝　王詩逸　任鷹揚　江志樞　江清源

何七然　吳力弓　吳家瑋　吳瑞碧　吳建福　宋頎賢　阮大仁　李怡嚴

李琪明　李超騤　李遠川　辛　鬱　沈哲鯤　宗家齊　周一心　周同培

周芙蓉　林孝信　林克瀛　林尚武　林煌明　洪成完　洪秀雄　施繼渝

胡卜凱　胡宏聲　祝開景　段乃華　高亦涵　婁良輔　徐中時　徐世勳

徐均琴　徐徽明　袁　旂　袁家元　梁上元　孫賢鉥　夏沛然　康明昌

張火水　張系國　張昭鼎　張智北　張慶勝　陳文彥　陳石彝　陳宏光

陳宜琴　陳　達　陳滿枝　陳福泰　陳穗生　陳蔡鏡堂　陳讚煌　曹亮吉

曹晴暉　曹錦綸　許世雄　許景盛　項武義　彭宗宏　游昌禮　黃健次

黃碧瑞　黃智光　葉公杼　楊中芳　楊紀宗　楊恩成　楊盛祖　楊國樞

楊覺民　虞和健　趙一夫　劉凱申　劉源俊　劉醇聰　賴世立　賴昭正

蔡式淵　蔡嘉寅　盧秀菊　謝光強　魏弘毅　瞿海源　顏　晃　顏晃徹

蕭次融　蘇美貴

科學月刊第一期發刊辭

這是你的雜誌 代發刊辭

習慣上，一個新創刊物的發刊辭都是介紹它的內容、性質以及創刊的動機。以之衡量，這份刊物是不必寫發刊辭的：因為科學的大概內容以及其性質都不難了解；科學又是較客觀的知識，一份科學刊物很少用來宣揚某種主義或觀點。至於在台灣辦一份科學刊物，其動機亦不外是——科學對現代社會的重要性，國內缺乏類似刊物，以及協助大中學的科學教育，藉科學之介紹而將科學精神帶到行政處事上，帶到日常生活思想上，等等。這些道理人人都說得出來，不必再多費口舌、關鍵在於能否確實做到而已。因此。我們不擬再唱八股式的爛腔。

這裏我們想改從另一個角度來談談這個刊物。

不少的讀者大概都正從目錄裡文章的撰譯者，或者從其它的廣告宣傳裡，發現許多稿源來自旅美的中國人。可能有不少人便聯想為：這是份旅美學人辦的雜誌。「旅美學人」這個名詞，從國內一窩蜂崇洋留學的風氣，從報章雜誌對少數歸國留學生繪聲繪影的描述，早已使多少人對它抱著一種敬畏的心理，彷彿是一種又貴重又不敢碰又怕落地鏗鏘一聲打碎了的寶物。於是，這麼有份量的「旅美學人」辦的刊物，自然是非同凡響了。

我們願很誠懇地說，如果你抱有這種想法，那麼我們就很失望了。不錯，確有一些成名學者贊助此事，但這並不等於是「旅美學人」辦的刊物。事實上，熱心人員中有一大半都是默默無聞的留學生，大部分仍在求學階段。我們一樣會犯錯誤，我們最擔心的事，就是我們所犯的錯誤會被「留學生」甚或「旅美學人」的名銜所蒙蔽。

我們提出這些決不是故示謙虛。我們有幾個很大的缺點：首先留學生對國內的情形多較隔閡，所學的東西幾乎都是象牙塔型的，可能與國內的需要配合不上。我們的目的，絕不是要替美國研究所製造一些優秀的準研究生。普遍地提高國內科學水準才是我們的原意。其次，科學的發展是一日千里的，可以介紹的東西如此多。我們不願意做不負責的、看到一篇便翻譯一篇，因此在題材的選擇方面總是爭端最多之處。我們盡力選擇最切合需要的來介紹；可是，由於能力的限制，我們不敢保證所選擇的是最適宜的；即使有時找到所需題目，也未必能找到理想人才來執筆。第三，美國的幅地如此廣大，撰稿人員與工作人員散處各地，連絡討論不易；大家都忙於工作求學，對這份刊物的服務完全是基於熱心。在許多工作的推展上，自然比不上專門人員。

這些坦誠的說明，並不是要替我們未來可能的瑕疵預留藉口。我們只希望報告讀者，除了科學知識或許因地利之便稍微多知道些外，我們並沒有比大家高明了什麼。

我們願意嘗試。但嘗試的成功與否，不全是我們所能決定的。唯有讀者的來函批評，才能減少我們象牙塔的弊病，也唯有如此，才是許多熱心義務服務的同學，最大的報酬。「讀者來函」，「讀者信箱」，「教學心得」，「書評」，「門外漢」等等專欄，都是針對這個需要而設的。

這是你的雜誌，不是我們的雜誌。不要被動地等待我們出什麼文章，便讀什麼文章。積極主動地把你的看法，你的要求，你的困惑寫出來，讓我們這個社會共有這份刊物吧！

科學月刊四十年「大小事一起記」

一九六九年九月十五日：第〇期《科學月刊》出版，後有近六千個同學表示願意成為訂戶。

一九六九年十二月：第〇期獲得熱烈迴響，《科月》訂價十元，學生訂戶每冊五元，一般訂戶七折優待為七元。

一九七〇年一月一日：《科學月刊》正式出版。

一九七〇年一月：第一期初印一萬五千冊，發行一空，部分訂戶是再版後才收到。

一九七〇年二月至十二月：訂戶達一〇二九五份，到十二月時，均維持超過一萬人的訂戶數量。其中學生訂戶佔九五%，一般訂戶佔五%。

一九七一年一月：一九七〇年全年廣告為二三萬三四二元，扣除佣金二萬四千九一〇元，平均每期廣告實收一萬七千一一九元。

一九七一年四月：每期印一萬七千冊，基本定價為十二元。學生訂戶每冊調整為六元，一般全年訂戶每冊八・五元，半年訂戶每冊十元。學生訂戶共計五四五一人。

一九七一年九月：九月十六日宣布十月調整定價，但之前訂購者仍按原價，以致發行及廣告業務均有起色，一個月餘訂戶增加兩千三百餘份，廣告業務本期多達三萬六千三百餘元，獲得突破發展。封底廣告賣到一萬元。

一九七一年十月：從十月號起調整價格，每冊為十二元，廣告收入為二萬九千三百元。

一九七一年十月：「科學圖書社」開始出書，正式營業，社址與《科學月刊》相同。《科月》與「科學圖書社」共同成立「中部地區連絡中心」，負責中部業務推展，由藍坤助主持。

一九七一年十二月：廣告收入達六萬三千五六〇元，廣告客戶達三十家，是創刊以來最好的成績，訂戶為二八五八人。

一九七二年一月：封面是以國內三大環境汙染的三張照片，採用分割畫面處理，是《科月》有封面以來的首次嘗試。

一九七二年六月：大專聯考首次採用電子計算機閱卷，《科月》推出「電子計算機閱卷」專輯。

一九七二年八月：完成首次讀者意見調查，調查人數有四六五五人。

一九七三年一月：因《科月》連年賠累，調漲國內長期訂戶價格為兩年每冊一〇・八元，一年、半年每冊十一・六元，學生訂戶兩年每冊七・九元，一年每冊八・三元，半年每冊九元，零售價維持原狀。

一九七三年八月：大專聯考於今年全面使用電腦閱卷。《科月》在七月七日大專聯考後，舉辦數學及自然科學試題討論會。

一九七三年九月：配合新學年的開始，本期特別增刊八頁。

一九七三年十月：國立中央圖書館來函，訂閱《科學月刊》一百份，作為國際書刊交換之用。

一九七四年一月：增加「我們的話」、「動手做」、「幼苗」三個專欄。

一九七四年三月：調整稿費，翻譯稿每千字一百二十元，自撰及改寫者稿費從優。

一九七四年三月：調整《科學月刊》版面，力求生動、吸引讀者。

一九七四年五月：因應大專聯考，推出一系列文章介紹甲組、丙組大學科系，作為高中畢業生選系參考，受到好評銷售一空，因而全面再版。

一九七五年五月：總統　蔣公逝世，《科學月刊》為表示哀悼誠意，特將本期封面改為黑白印刷。

一九七五年九月：「科學月刊社」所策畫的電視節目〈科學天地〉，改編成一套上、下兩冊的叢書出版。

一九七五年四月：自本期開始，每篇文章後面附上作者（或譯者）的照片和簡介。

一九七六年十一月：為了解讀者意見，於十一月號附加了一份「讀者意見調查表」，為鼓勵回答，訂有抽獎辦法。

一九七七年三月：闢〈讀者來函〉一欄。

一九七七年十月：與「中華文化復興運動總會」合辦一系列「通俗科學講座」。

一九七七年十二月：《科學月刊》獲得第一屆優良雜誌金鼎獎。

一九七八年四月：原《科月》訂戶推介兩位新訂戶訂閱科學月刊者，可免費獲得一本趣味數學專集《益智集》，被推介訂閱的兩位新訂戶也分別獲贈。另外，慶祝《科學月刊》一〇〇期，推出贈獎活動。

一九七九年一月：本期編輯將近尾聲時，傳來美國與中共建交的消息。

一九七九年三月：中美建交後，基於台灣安全考量，開始介紹國防科學文章。

一九八一年一月：自今年起每年舉辦「通俗科學寫作獎」徵獎活動。

一九八二年一月十五日：《科技報導》創刊，以八開的小報形式出刊，每月出刊一次。採免費報形式發行。

一九八二年五月十五日：《科技報導》宣布，可以用每年一百元台幣訂閱。

一九八三年一月：自本期開始，內文增加部分套色，以提升編印品質。

一九八三年三月：第二屆「通俗科學寫作獎」因來稿太少，暫予停辦。

一九八三年九月：增加「科學與人文」專欄。

一九八四年十二月：榮獲金鼎獎技術類優良雜誌獎。

一九八五年四月：改寫並刊載美國科學促進會（AAAS）於一九八四年十一月出版的專輯，討論

〈二十世紀重大科學成就〉並增加新專欄。

一九八六年八月：慶祝《科學月刊》二〇〇期，增加十六頁。並闢「當代科學回顧與展望」、「當代科學重大問題」與「科月和我」紀念專輯。

一九八六年十一月：李遠哲獲得諾貝爾化學獎，《科月》以李遠哲演講時照片作為封面，並刊登演講稿，與《科月》同仁們的討論。

一九八七年十一月：《科月》編輯委員「科學史組」改名為「科技史與科學哲學組」。

一九八九年三月：「科學月刊社」在台北召開首次會員大會。

一九八九年五月：紀念五四運動，舉辦「科學的人文省思」研討會。

一九八九年七月：《科學月刊》改用桌上型電腦排版，跨出編輯電腦化的第一步。

一九八九年十二月：《科學月刊》二十周年，李登輝總統特頒「推廣科學教育，促進科技發展」之賀詞。當時《科學月刊》約有一百名科學界人士為會員。

一九九〇年一月：推出二十周年紀念特刊，刊出廿二篇文章，增加卅二頁，內容主要介紹台灣本土科學的研究脈絡。另外，確認《科學月刊》會員，共一百三十六人。

一九九〇年十二月：《科學月刊》舉辦第一屆民間科技會議，主題為「科技與本土」。

一九九一年一月：因讀者反映字體太小，自本期開始將內文字體放大一些，版面編排稍有變更。

一九九一年二月：推出為剛入門讀者設計之「基礎科學」專欄。

一九九一年十一月：悼念《科月》老友楊覺民，刊登〈悼念楊覺民老師〉一文。

一九九一年十二月：本期不惜成本採全彩印刷，為讓作者們精心拍攝的幻燈片能完整呈現。又因稿擠，擴增八八頁。

一九九二年三月：南斯拉夫籍作者I. Gutman來台，擔任國科會化學中心訪問教授，並以英文撰寫

〈$(CH)_6$分子〉，再請中研院同仁翻譯投稿《科學月刊》，該文在台首次發表。

一九九三年一月：《科月》舉辦第二屆民間科技會議，主題為「科學教育」。

一九九三年六月：悼念「科學月刊社」社長張昭鼎辭世，刊載〈張昭鼎紀念文集〉。

一九九四年三月：李遠哲去國卅二年後，決定長期回台，並接任中央研究院院長。《科學月刊》本期刊登二月十八日李遠哲上任後，首次演講內容。

一九九五年二月：本期評論〈承先啟後的廿五周年〉，從《科月》的初創抱負，談到目前侷限以及未來的目標。

一九九五年九月：自本期開始，《科月》字體與版面設計陸續改變。

一九九五年十月：因更換電腦排版，系統九月延遲出刊，向讀者道歉。

一九九六年一月：更換紙質較佳的紙張。

一九九七年一月：《科學月刊》全新改版。

一九九八年二月：本期推出「科學與科幻」專輯，從科學角度談科幻。

一九九八年五月：「科月與高中生對談」的座談會，廣納讀者建議，讓年輕的高中生為《科月》注入年輕的青春活力。

一九九八年九月：中央研究院成立七十周年，於九月廿六日舉辦慶祝活動。《科學月刊》製作〈中央研究院七十周年特別報導〉。

一九九九年一月：今年一月底，由國家太空計畫室主導之中華衛星一號，將由美國代理在佛羅里達州發射。《科月》推出相關報導。

二〇〇〇年七月：總編輯程樹德，帶領「海峽兩岸古生物學研習營」前往對岸，編輯室手記由陳渝暫代。

二〇〇一年四月：《科學月刊》光碟問世，涵蓋三六〇期《科月》，特惠價一萬九千九百元，另加贈《科學月刊》兩年份。

二〇〇二年一月：推出自然攝影彩頁。

二〇〇二年二月：本期「海洋與台灣」特輯，整本採全彩印刷。

二〇〇二年六月：本期「中國古生物學」特輯，整本採全彩印刷，以饗讀者。

二〇〇二年九月：自今年八月起，張之傑任總編輯職位，並在編輯室手記中陳述編輯方針，希望未來《科學月刊》能準時出刊、增加稿源，並在內容上與其他同類雜誌有所區隔等。

二〇〇三年三月：《科月》第三三九期，為紀念四〇〇期刊載〈走過400迎向無限〉十三篇由現任董事、理事、編委及歷屆董事長、理事長、社長、總編輯和特殊熱心人士的文章。

二〇〇三年五月：因伊拉克戰爭，推出「戰爭科技」專輯，由《軍事迷》主編宋玉寧組織，介紹美國於伊拉克戰爭中動用之武器。

二〇〇三年九月：今年四月與書報商「台灣英文雜誌社」達成協議，但因SARS延遲至本期開始才在書店等通路上架。

二〇〇三年十月：中國將發射神舟五號載人火箭，《科學月刊》企劃特別報導。

二〇〇三年十二月：本期除了諾貝爾獎特別報導之外，因應飛機發明一百周年，也推出特別企劃。另外，自本期起與六家科學刊物聯合刊登廣告。

二〇〇四年五月：刊登〈漫談微爆流〉一文，作者是個高中生。

二〇〇四年六月：配合六月份第二次國中基本學力測驗，推出國中基測專欄，希望吸引為數龐大的國中生家長注意。

二〇〇四年七月：張之傑因健康因素請辭總編輯，由新任理事長，同時也是《科技報導》總編輯林基興，接下《科學月刊》總編輯，兩刊統一調度。

二〇〇七年一月：榮獲第十五屆台北國際書展「老字號金招牌」特別獎，此獎為金鼎獎三十年以來，首次頒發。

二〇〇七年九月：《科學月刊》重新改版，認為過去以增加漫畫等方式，來吸引年輕人的方向錯誤；改版後期許《科月》能成為科學界的《好讀》與《破報》。

二〇〇七年十二月：今年十一月初接到沈君山校長秘書來電，得知沈君山校長三度中風，請求停送《科學月刊》。

二〇〇八年五月：《科學月刊》換用紙張。

二〇〇九年九月：《科學月刊》在台灣師範大學舉辦「慶祝《科學月刊》第零期出刊四十週年紀念茶會」。

國立圖書館出版品預行編目資料

台灣科學社群40年風雲：記錄六、七O年代理工知識份子與《科學月刊》/ 林照真作. -- 第一版. -- 新竹市：交大出版社, 民99.01

面； 公分

ISBN 978-986-6301-03-2 (平裝)

1. 科學家 2. 知識分子 3. 臺灣傳記

309.933 98023583

台灣科學社群40年風雲

——記錄六、七O年代理工知識份子與《科學月刊》

作　　者：林照真
編　　輯：黃君儀
美術編輯：林禮珍
封面設計：林禮珍・黃君儀
出 版 者：國立交通大學出版社
發 行 人：吳重雨
社　　長：林進燈
總 編 輯：顏智
地　　址：新竹市大學路1001號
讀者服務：03-5736308、03-5131542
（周一至周五上午8:30至下午5:00）
傳　　真：03-5728302
網　　址：http://press.nctu.edu.tw
e-mail：press@cc.nctu.edu.tw
出版日期：99年1月1日第一版
定　　價：350元
ISBN：9789866301032
GPN：1009804026
展售門市查詢：國立交通大學出版社
http://press.nctu.edu.tw
或洽政府出版品集中展售門市：
國家書店（台北市松江路209號1樓）
網　　址：http://www.govbooks.com.tw
電　　話：02-25180207
五南文化廣場台中總店（台中市中山路6號）
網　　址：http://www.wunanbooks.com.tw
電　　話：04-22260330